▶ 독자적으로 화약무기를 개발해 국가적 위기를 극복했던 최무선.
그의 집념과 노력은 아들 최해산에게로 계승·발전된다.

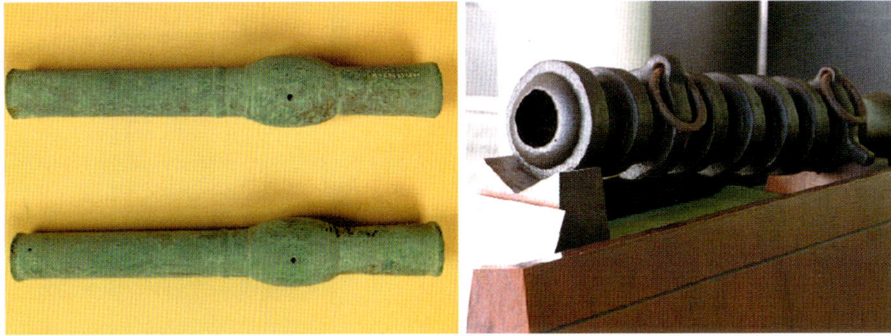

▲ 고려는 이러한 화약무기로 두통거리였던 왜구를 제압할 수 있었다.

▲ 고려 말 연해를 침범해 큰 피해를 입혔던 왜구들. 고려는 왜구를 근절하기 위해 근거지인 대마로 정벌을 단행했다.

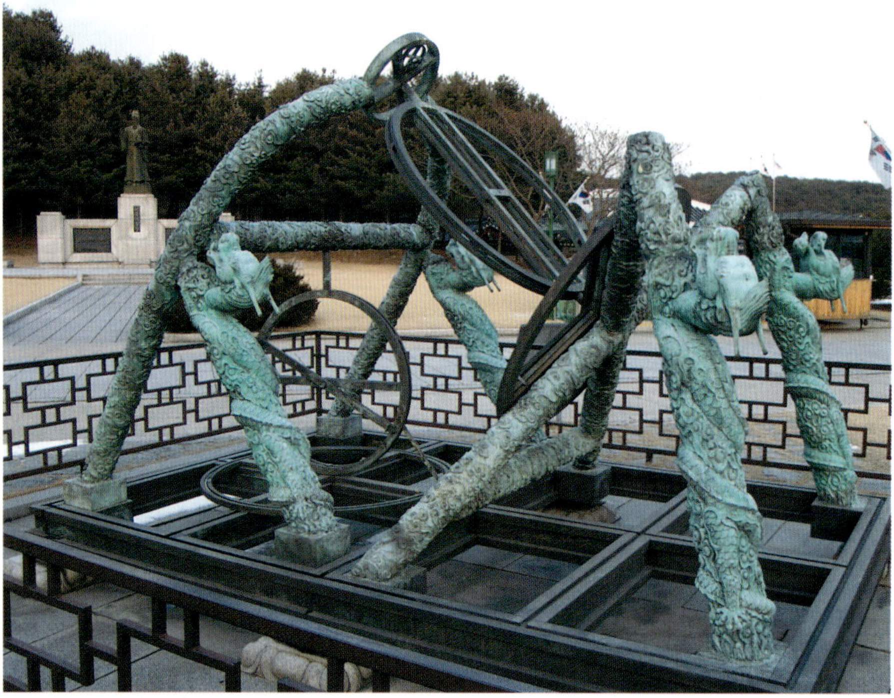

▲ 원나라 곽수경이 제작한 의기를 참고해 제작한 천체관측기구 간의. 장영실 등이 먼저 목재로 만들어 시험해보고 이후 구리로 제작하여 경회루 북쪽에 설치하였다.

◀ 세종 때 이순지가 제작에 참여했을 것으로 추정되는
〈천상열차분야지도〉

▶ 보루각 자격루. 야간의 시각을 추정하기 위해 제작한 물시계로 장영실, 이천 등이 제작하였다. 세종 당시의 자격루는 모두 소실되어 지금은 전하지 않는다.

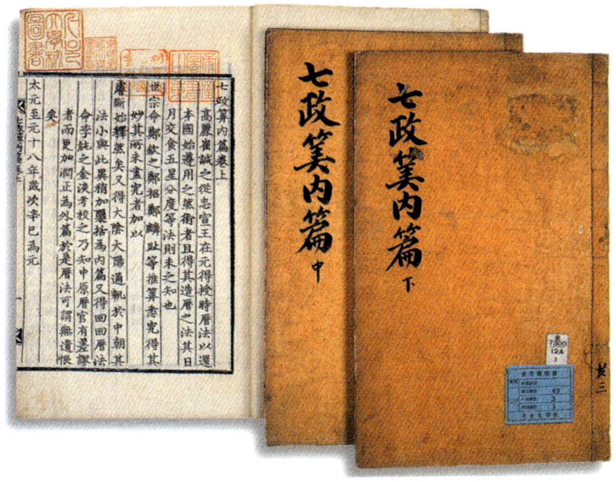

▶ 이순지, 김담이 세종의 명을 받아 원·명의 역서를 참고하여 조선 실정에 맞게 수정한 역서 칠정산 내외편. 이는 세종 때의 천문학을 완성하였는 평가를 받는다.

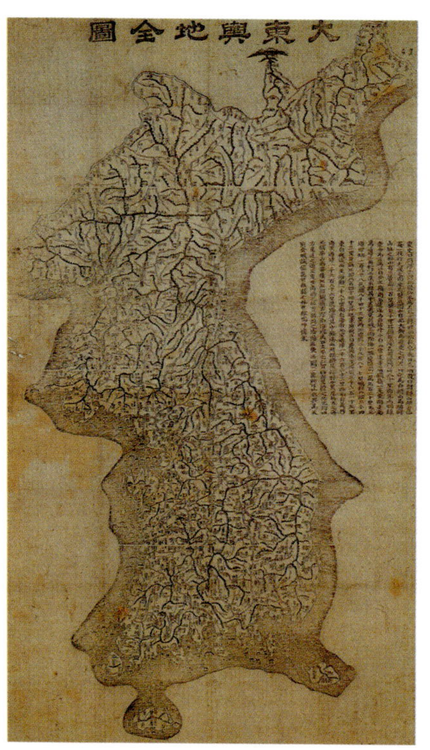

▲ 김정호의 생애는 많은 부분 잘못 알려져 있거나 베일에 싸여 있다. 그의 파란 많은 생애를 웅변해주는 〈대동여지도〉.

▲ 무한우주를 바라보았던 경계인이자, 자신의 독특한 과학사상으로 조선사회를 비판한 담헌 홍대용.

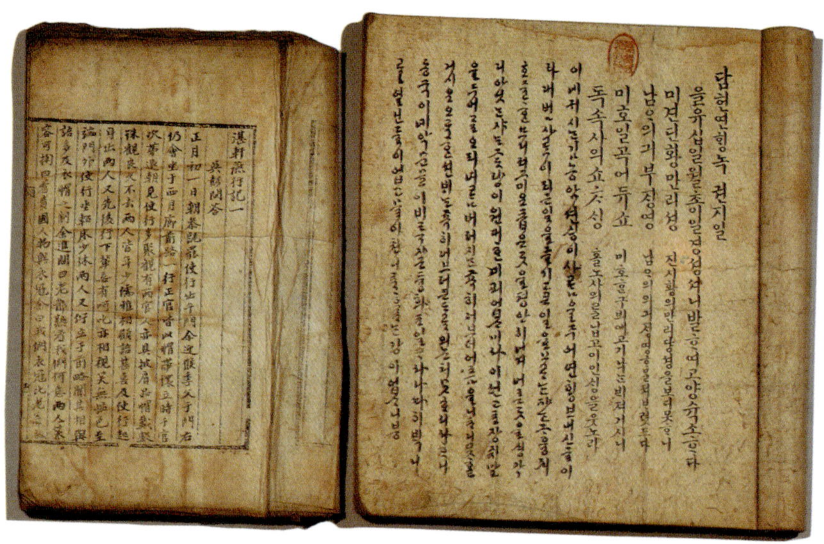

▲ 홍대용의 『담헌연행록』. 당대에 한글로 쓰여진 흔치 않은 기행문으로, 문학사적 가치 또한 매우 높다.

▲ 한국농업과학연구소에서 연구에 몰두해 있는 우장춘. 그는 '씨 없는 수박' 보다 훨씬 가치 있는 연구성과를 일구어낸 세계적인 과학자였다.

▶ 해방 후 한국에서는 '우장춘 박사 환국추진위원회'를 조직해 우장춘을 초빙했다. 이에 우장춘은 "아버지의 나라 한국을 위해 최선을 다하겠으며 이 나라에 뼈를 묻겠다"고 화답했다.

▲ 학생들이 그린 이원철의 캐리커처와 흉상. 이원철은 한국최초의 이학박사로, 해방의 기쁨과 한국전쟁의 시련을 모두 겪었다.

◀ 이원철이 사용했던 6인치 망원경. 1929년 앨범에 실린 사진이다.

▼▶ 일생을 무서운 노력으로 일관한 전형적이고 모범
적인 과학자 이태규. 언론에서는 그를 가리켜 노벨상
수상이 유력했던 과학자라고 언급한곤 했다.

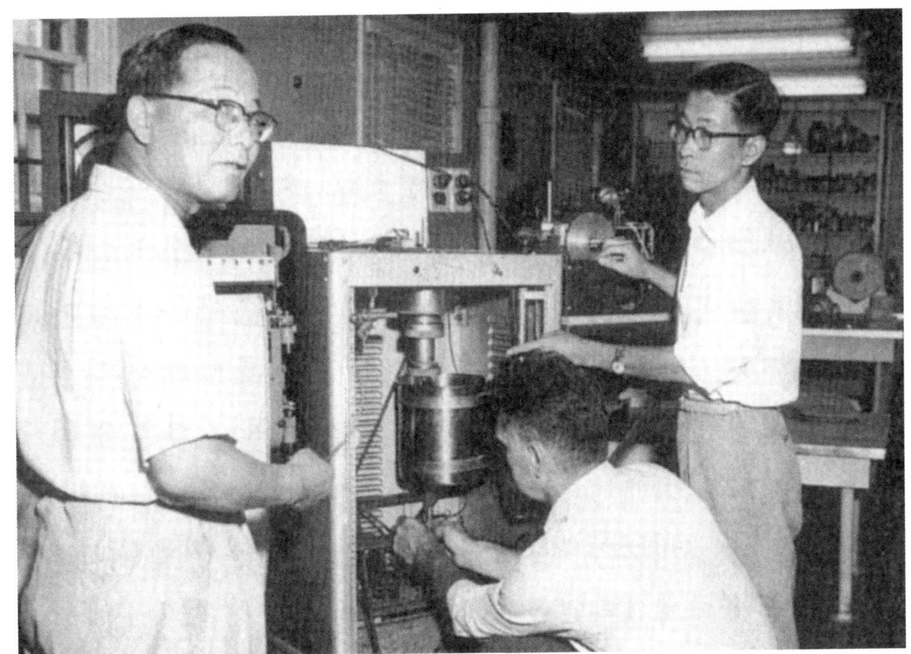

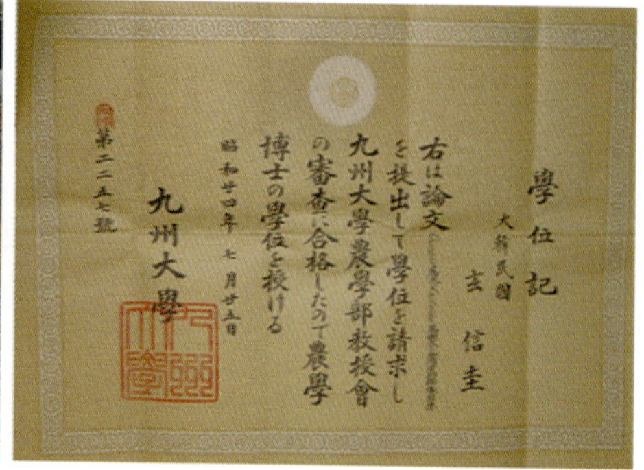

▲ 나무와 함께 살아간 한평생, 현신규를 기리는 임목육종 공적비(왼쪽)와 큐슈 대학에서 수여한 현신규의 박사학위기.

◀ 임목육종연구소에 있는 리기테다 팻말. '고 향산 현신규 박사 한국 임목육종 창시 기념'이라고 쓰여 있다.

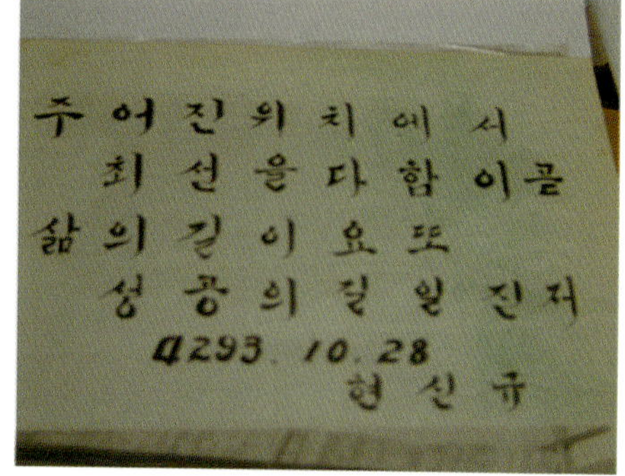

▲ 임목육종실험실(왼쪽)과 현신규의 좌우명. 현신규는 당시 한국의 현실에 대한 정확한 인식 위에서 최선의 방법을 찾아내 적극적으로 실천한 임목육종학자였다.

한국
과학기술
인물12인

「이 도서의 국립중앙도서관 출판시도서목록(CIP)은 e-CIP 홈페이지(http://www.nl.go.kr/cip.php)에서 이용하실 수 있습니다. (CIP제어번호: CIP2005001499)」

김근배 김호 나일성 문중양 박재광 배우성 송상용
신동원 이문규 임종태 전상운 전용훈 지음

한국 과학기술 인물 12인

선금실지준용호철춘규
무천임영순대정원장태신
최이세장이허홍김이우이현

해나무

추천의 글

　이 책에 수록된 글은 2004년 1월부터 12월까지 매달 한 차례씩 한국과학사학회가 주최하고 한국과학문화재단이 후원한 학술세미나 '이 달의 과학기술 인물'에서 발표된 것들이다. 세미나에서 다룬 12명의 과학기술 인물은 우리나라 과학기술 역사에서 빼어난 업적을 남긴 인물들로, 2002년에 한국과학사학회와 한국과학문화재단이 공동으로 선정하여 '과학기술인 명예의 전당'에 모신 분들이다.

　흔히 우리는 과학기술문화의 전통이 찬란한 민족이라고 자부한다. 사실 이 책에서 언급하고 있는 12분 외에도 높이 평가할 전통시대와 근현대의 유명·무명의 과학기술 인물이 상당히 많다. 우리가 언급할 인물이 적은 것이 문제가 아니라 그들에 대한 '구체적인' 관심이 별로 없었음이 정말 문제라 해야 할 것이다. 그런가 하면, 근대이행기 과학기술의 침체를 개탄하며 외부의 영향이 없었더라면 근대적 과학기술문화를 누릴 수 없었을 것이라고 자학하고, 침략과 침탈의 역사를 은총으로 여기는 도착적 증세를 보이는 경향도 있다. 과연 우리의 근대 과학기술문화사를 그렇게 보아야 할 것인가? 이 책이 그 문제에 대해 직접적인 해답은 아니더라도 생각의 실마리는 던져준다고 생각한다.

이 책의 필자로는 전상운, 나일성 교수처럼 이 분야 연구에 거의 평생을 바친 한국과학기술사학계의 제1세대부터 제2,3세대에 해당하는 중진, 중견, 신예 학자들이 망라되어 있다. 말하자면 이 책은 우리 한국과학기술사 학계의 자화상이라고 해도 과언이 아니다. 물론 전상운, 나일성 교수들 이전에, 또 1960년 한국과학사학회가 탄생하기 전에, 한국과학기술사에 대한 연구가 전혀 없었던 것은 아니지만 1960년대부터 본격적인 연구가 시작되었다고 해도 크게 틀린 말은 아닐 터이다. 그동안 한국과학기술사에 관한 저서와 논문들도 해를 거듭하면서 양적으로 풍성해지고 질적으로도 충실해졌다. 한국과학기술사 학계가 '우리 것' '우리 분야'만 내세우는 옹졸함을 뛰어넘어 국내외 관련 분야 학자들과 활발하게 교류하고 그들의 새로운 방법과 지견을 폭넓게 받아들인 덕택일 것이다.

한국의 과학기술 인물들에 대한 책이 없었던 것은 아니지만, 이 책은 학술적인 면에서 지금까지의 연구 성과를 가장 충실히 반영하면서 동시에 대중적으로 널리 읽힐 수 있는 미덕을 가지고 있다. '우리 것'만이 아니라 모든 과학기술과 그 정신을 아끼는 분들께 자신 있게 일독을 권한다. 훌륭한 글을 써주신 필자들과 모양새 있게 책으로 엮어준 해나무 출판사 여러분에게 깊이 감사드린다.

황상익

(서울대학교 의과대학 교수, 한국과학사학회 회장)

| 차 례 |

최무선

| 박재광 |

최무선의 생애

최무선(崔茂宣)은 『고려사』와 『조선왕조실록』, 그 밖의 옛 기록에 이름을 많이 남기고 있지만, 그의 생애에 대해 자세히 알 수는 없다.

그는 1328년 경상북도 영천시 오계동 마단에서 광흥창사(廣興倉使)를 지낸 최동순(崔東洵)의 아들로 태어났다. 그의 어린 시절에 대해 알려진 것은 거의 없다. 하지만 당시 고려는 왕권 다툼이 심하였으며, 잦은 왜구의 침탈로 해안지방에 많은 피해를 입고 있었다. 특히 1350년대에 들어서 왜구의 침입이 전라도·경상도 해안지역에 확산되어 막심한 피해를 입었으며, 그 피해는 해가 갈수록 심해지고 있었다.

그는 조운선의 동향이라든가 왜구에 의한 피해상을 몸소 느끼면서 자랐는데, 이는 광흥창사로 일한 아버지의 영향이 클 것이다. 이러한 것들이 그가 왜구에 대해 더 심도 있게 생각하는 계기가 되었고, 그래서 이에 대한 대책 마련에 골몰하게 되었던 것이 아닌가 싶다.

그가 관직에 오른 경로도 제대로 알려져 있지 않다. 당시 고려는 이미 과거제도를 시행하고 있었지만, 과거뿐만 아니라 조상의 음덕으로 관직을 얻는 경우도 많은 형편이었다. 아버지가 광흥창사를 지냈기 때문에 최무선도 과거보다는 음서로 관직에 올랐을 가능성이 높다고 할 수 있다. 이후 관직에 나아간 최무선은 오랫동안 화약무기의 개발에 골몰하였고, 결국 화약을 제조할 수 있는 기술을 개발해낼 수 있었다. 그러나 당시 기록을 보면 최무선이 만든 화약을 사람들은 크게 신뢰하지 않았던 것으로 보인다. 이미 화약을 중국에서 수입해 쓰고 있었기 때문에 구태여 그것을 국산화할 필요성은 크게 느끼지 않았던 것이다. 그리고 당시 화약이라면 중국에서도 그랬던 것처럼 불꽃놀이에나 쓰는 것이지, 그것으로 대단한 무기를 만들 수 있으리라고는 생각하지 않는 사람들이 많았다.

하지만 바로 이 점에서 최무선의 생각은 다른 사람들과 크게 달랐다. 장난감으로만 쓰기에는 중국에서 수입하는 화약은 너무나 중요했다. 그는 고려에서도 화약제작소를 차려 화약을 국산화하고, 화약을 이용한 무기도 개발하여 왜구 소탕에 널리 활용하자고 설득하기 시작했다.

최무선의 오랜 노력이 결실을 본 시기는 1377년 10월이다. 최무선의 건의가 받아들여져 화통도감(火筒都監)이 설치된 것이다. 이는 우리 역사에서 아주 중요한 의미를 지니는 사건으로 『고려사』 권81에 '처음으로 화통도감을 설치했는데, 판사 최무선의 주장을 받아들인 것이다' 라고 간단히 기록되어 있다. 그는 이 화통도감에서 대장군포 · 이장군포 · 삼장군포 · 육화석포 · 화포 · 신포 · 화통 · 질려포 · 주화 · 촉천화 등을 제작하였고, 이 화포를 장착한 누선이라는 전함도 건조하였다.

이후 최무선은 1380년(우왕 6년) 8월, 진포해전에서 자신이 만든 화약과 화약병기를 이용하여 왜구를 섬멸하였다. 당시 진포해전에서 최무선은 해도 원수 나세(羅世), 심덕부(沈德符) 등과 참전하여 왜선 500척을 불태우고 포로로 잡혀 있던 고려인 234명을 탈환하는 대전과를 거두었다. 전투가 끝난 후 나세 등 세 장수가 진무 몇 명을 보내 승전 보고를 올리자 우왕은 크게 기뻐하였다. 또 이들이 개경으로 돌아오자 큰 잔치와 놀이를 벌여 환영하고, 세 장수에게는 금 50냥, 비장 3명에게는 은 50냥씩을 하사했다.

또 최무선은, 1383년에는 정지와 함께 관음포해전에 참전하여 47척의 군선으로 적선 17척을 불사르고 왜구 2400여 명을 섬멸하는 전과도 거두었다.

이후 최무선의 행적은 자세히 알 수 없다. 다만 『신증동국여지승람』에 실린 정이오의 『화약고기(火藥庫記)』에 진포해전의 공로로 순성익찬공신이라는 호가 내려지고, 광정대부문하부사와 중대광영성군에 제수되었다는 것, 그리고 조선 건국 이후 늙어서 중용되지 못하다 1393년(태조 2년)에 정헌대부 검교참찬문하부사가 되고, 판군기시를 겸임하게 되었다는 정도가 단편적으로 기록되어 있을 뿐이다.

이후 최무선은 집에서 머물며 화약 제련과 화포 제작 비법을 책으로 엮는 일에 몰두했던 것으로 보인다. 훗날 그가 임종할 때 부인에게 '아들이 장성하거든 주라'고 한 『화약수련법(火藥修鍊法)』『화포법(火砲法)』『용화포섬적도(用火砲殲賊圖)』 등이 그것이다. 그의 부인은 이를 잘 감추어두었다가 그의 아들이 열다섯 살이 되자 내주었다고 한다.

최무선은 1395년(태조 5년) 3월에 향년 70세로 별세하여, 개성 동문 밖의 옥림사(玉林寺) 근처에 묻혔다(영천 최씨 족보). 1401년(태종 1년) 11월에 조선 태종은 최무선에게 대광보국숭록대부 의정부 우정승 판병조사를 추증하였고, 영성부원군에 봉하였다. 『고려사』에는 많은 사람들의 전기가 '열전'으로 분류되어 있지만, 여기에 최무선의 전기는 들어 있지 않다. 진포해전 당시의 세 명의 장수 가운데 유일하게 『고려사』 열전에 이름이 오른 사람이 나세인데, 그 나세의 공을 설명하는 부분에서 최무선의 공로가 거론되고 있을 뿐이다.

한편 아버지에게 화약과 화약병기 비법을 전해받은 최해산(崔海山,

1380~1443)도 아버지의 뒤를 이어 화약·화기 전문가가 되었다.

최해산은 1401년 윤3월, 스물한 살의 나이에 군기시 주부로 특채되어 역시 화약무기를 담당하게 되었다. 당시 태종은 화약병기의 개발에 진력하였는데, 이를 위해서는 화약기술을 가진 기술자가 필요하였고, 이때 권근(權近)이 태종에게 최해산의 등용을 건의하였다. 당시 권근은 화약을 발명한 최무선의 후손과 목화씨를 도입했던 문익점의 후손을 특별히 관직에 임명할 것을 건의하였고, 그것이 모두 받아들여졌다.

이후 최해산은 조선 초기 화기 개발에서 주도적인 역할을 맡았다. 최해산은 그후 경기우도의 병기와 군함을 담당하는 별감으로 승진했다. 특히 그는 1407년(태종 7년) 12월에 군기감에서 고성능 화약을 새로 만들어 실험에 성공하였고, 1409년 10월에는 화차(火車)를 제작하여 태종이 친히 지켜보는 가운데 해온정(解溫亭)에서 시험 발사를 했다. 이러한 공로를 인정받아 군기소감(軍器少監)을 거쳐 군기감승(軍器監丞)이 되었다. 그리고 이후에도 무기 개발을 주도하였으며, 1433년에는 좌군절제사로 도원수 최윤덕을 따라 북방 정벌에 참여하기도 하였다.

최무선과 고려의 화약병기

화약의 제조

고려시대에는 거란, 여진, 몽고, 왜구 등 외세의 침략으로 전쟁이 빈번하였으며, 그에 따라 새로운 무기가 널리 이용되었다. 그중 하나가 화약병기인데, 당시로서는 신무기라 할 수 있다.

지금까지는 화약과 화약병기가 최무선에 의해 발명되었다고 알려져 있다. 그러나 우리나라에서 화약과 화약병기가 사용된 것은 최무선이 화약을 제조한 1377년(우왕 3년) 이전인 공민왕 대임을 『고려사』 등의 여러 기록을 통해 알 수 있는데, 이에 대해서는 논란의 여지가 있다.

이러한 논란을 떠나 고려 말에 이르러 화약의 사용이 많아지고, 또 잦은 왜구 침입 때문에 화약병기의 필요성이 어느 때보다 높았다는 점에서 독자적인 화약 제조의 가능성은 성숙되었다고 할 수 있다. 그리고 핵심 기술이라 할 수 있는 화약 제조에 최초로 성공한 이는 최무선이다.

따라서 최무선에 의한 화약과 화약병기의 제조는 우리나라의 독자적인 기술에 의한 것이라고 보아야 할 것이다. 다만 최무선이 어느 시기에, 어떤 경로를 통해서 이러한 기술을 습득하게 되었는가에 대해서는 좀더 연구 검토해보아야 할 것이다.

이제 최무선의 화약 제조과정을 기록을 통해서 자세히 추적해보도록 하자. 다음 사료는 최무선의 화약 제조에 대한 내용을 기록하고 있다. 이해를 돕기 위해 가급적 전문을 보여주겠다.

10월. 처음으로 화통도감을 설치하였는데 이것은 판사 최무선의 건의에 의한 것이다. 최무선이 원나라 화약 제조 기술자 이원(李元)과 한 동리에 살면서 대우를 잘해준 다음 그에게 은근히 화약 제조 기술을 물어보고 자기 집 하인 몇 명에게 이를 전습시켜 시험해본 다음 마침내

나라에 건의하여 화통도감을 설치케 한 것이다. (『고려사』 권133, 열전 46, 3년 10월 신우)

검교참찬문하부사 최무선이 졸하였다. 무선의 본관은 영주요, 광흥창사 최동순의 아들이다. 천성이 기술에 밝고 방략이 많으며, 병법을 말하기 좋아하였다. 고려조에 벼슬이 문하부사에 이르렀다. 일찍이 말하기를, "왜구를 제어함에는 화약만한 것이 없다" 하였으나, 국내에 아는 사람이 없었으므로, 무선은 항상 강남(중국―필자)에서 오는 상인이 있으면 만나 화약 만드는 법을 물었다. 한 상인이 대강 안다고 대답하므로, 자기 집에 데려다가 의복과 음식을 주고 수십 일 동안 물어서 요령을 얻은 뒤, 도당(都堂)에 말하여 시험해보자고 하였으나, 모두 믿지 않고 무선을 속이는 자라 하고 험담까지 하였다. 여러 해를 두고 헌의(獻議)한 끝에 마침내 성의가 감동되어, 화약국(火藥局)을 설치하고 최무선을 제조(提調)로 삼아 화약을 만들어내게 되었다. 그 화포의 이름은 대장군포·이장군포·삼장군포·육화석포·화포·신포·화통·화전·철령전·피령전·질려포·철탄자·천산오룡전·유화·주화·촉천화 등이었다. 기계가 이루어지매, 보는 사람들이 놀라고 감탄하지 않는 자가 없었다. 또 전함의 제도를 연구하여 도당에 말해서 모두 만들어냈다. 경신년 가을에 왜선 300여 척이 전라도 진포에 침입했을 때 조정에서 최무선의 화약을 시험해보고자 하여, (무선을) 부원수에 임명하니, 도원수 심덕부·상원수 나세와 함께 배를 타고 화구를 싣고 바로 진포에 이르렀다. 왜구가 화약이 있는 줄 생각지 못하고 배를 한 곳에 집결시켜 힘을 다하여 싸우려고 하였으므로, 무선이 화포를 발사하여 그 배를 다 태워버렸다. (……) 아들이 있으니 최해산이다. 최무선이 임종할 때 책 한 권을 그 부인에게 주고 부탁하기를, "아이가 장성하거든 이 책을 주라" 하였다. 부인이 잘 감추어두었다가 해산의 나이 15세에 약간 글자를 알게 되어 내어주니, 곧 화약을 만드는 법이 었다. 해산이 그 법을 배워서 조정에 쓰이게 되어, 지금 군기소감으로 있다. (『태조실록』 권7, 4년 4월 임오)

정이오가 지은 『화약고기(火藥庫記)』에 군기시 부정 최해산 군이 나에게 말하기를, "나의 선군(先君)이 일찍이 왜구가 침입하면 제어하기 어려움을 근심하여, 수전에서 화공을 쓸 방책을 생각하고서 염초를 구워서 쓸 기술을 찾았다. 당나라 이원이란 자는 염초 굽는 장공인데, 공이 매우 후하게 대우하고, 은밀히 그 기술을 물어서 집에서 부리는 종 몇 명을 시켜 사사로이 기술을 익히게 하여, 그 효과를 시험한 뒤에야 조정에 건의하여 홍무 10년 정사 10월에 처음으로 화통도감을 설치하여 염초를 굽고, 또 당나라 사람으로 우리나라에 와서 살고 있는 자를 모집하여 전함을 만들게 하고 공이 직접 감독하였다. 그러나 모두 공의 이러한 일을 위험하게 여겼다. 왜구가 전라도·충청도에 크게 침입하여 그때 인심이 흉흉하였으나, 심덕부·나세와 우리 선군이 세 원수가 되어 누선 80척에 화통과 화포를 비치하고서 진포에서 맞아 공격하여 왜선 30척을 불사르고 괴수 손시라(孫時剌)를 잡아 죽였으니, 홍무 13년 경신 8월의 일이다. 그 공로에 대한 상으로 금과 비단이 하사되었고, 순성익찬공신의 호가 내리고, 광정대부문하부사에 제수되고, 조금 뒤에는 중대광영성군에 제수되었다. 우리 태조가 즉위하시던 이듬해 계유년에는 정헌대부 검교참찬문하부사가 되고, 판군기시를 겸임하게 하였으니, 공을 등용하려 한 것이다. 을해년 봄 3월에 70세로 사망하였다. 금상 전하께서는 건문(建文) 3년 11월에 대광보국숭록대부 의정부 우정승 판병조사에 추증하고, 영성부원군에 봉하였다. 내가 그 끼친 은택을 입어 벼슬길에 나간 지 1년 사이에 군기시 주부에 제수되었다가, 감승으로 승진되고 지금은 부정이 되었다. 나는 위로는 전하의 위임하심이 융숭함을 생각하고, 아래로는 선신(先臣)이 전해준 비밀의 기술을 이어받아 밤이나 낮이나 혹 직책을 이행하지 못할까 두려워하였다. 도읍을 옮기던 초기에 본감의 청사가 비좁고 누추하였으나, 다시 수리하지 못하였는데, 기축년에 이르러 별감 이도(李韜)와 같이 겸판사 면성군 한규(韓珪)에게 보고하여 임금께 아뢰게 하여 먼저 무고(武庫)를 자문(紫門) 안에 세워서 각 도에서 바친 무기를 오는 대로 받아서 보관하고, 다음에는 본감을 수리하고 정유년에는 화약 제조를 감독하는 청사가 비로소 준공되었다. 마땅히 화약에 대한 시말을 기록하여 청사의 벽에 써붙여서 선군이 애쓰던 뜻을 무궁한 후세에 드러나게 해야 하겠기에, 오직 자네에게 이것을 부탁하는 것이니, 부디 써주기 바란다" 하였다. 지금 상고하건대, 본감의 구조가 대청(大廳)·야로소(冶爐所)·조갑소(造甲所)·대고(臺庫)·제조고(提調庫) 등과 여러 공장들이 거처할 행랑방을 합하여 82칸이다. 최군은 생각하기를, '이만하면 본감은 거의 완성되었다고 하겠으나, 아직 화약감조청(火藥監造廳)이 구비되지 않았다' 하고, 금년 정유년 봄에 또 제조 이종무(李從茂) 공에게 고하여 임금께 구체적으로 아뢰게 하였더니, 마침내 공조에 명하여 개성에 있는 예빈시(禮賓寺) 건물을 철거하고, 그 재목과 기와를 가져다가 짓게 하되, 공무의 여가로 감독하기를 게을리하지 않아 단청을 칠하여 두어 달 만에 준공하고, 남은 재목으로 궁전소(弓箭所) 등 15칸을 지었으니 모두 최군의 계획과 지휘에 의한 것이다. 최군이 본감에 처음

들어왔을 때는 화약이 겨우 6근 4냥이 있었고, 각궁이 200장 정도이고, 중소 화통이 겨우 각궁의 수효와 같았는데, 지금은 화약이 6980근 9냥이고, 각궁이 1420장이며, 중소 화통이 1만 3500자루이고, 다른 병기도 이 정도이니, 이상이 화약고 연혁의 대략이다. 처음 당선(唐船)에 있는 화기 한 개를 깨뜨려, 충청도에서 의정부로 가서 그 이름을 군기시판사 곽해룡(郭海龍)에게 물으니 대답하기를, '화기는 중국에서도 비밀로 취급하는 기술이므로, 내가 비록 중국에 오래도록 있었으나 나 또한 모른다' 하였다. 그후 최군이 이 직책에 들어와서 그 화기를 보고서 말하기를, '이것은 완구포(碗口砲)이니 평소 선군에게서 그 이름과 제도를 익숙하게 들은 것이다' 하였다. 전하께서 최해산에게 명하여 그것을 주조하라 하니, 최군이 물러 나와 대·중·소 20개를 만들어 올리자, 이것을 해온정에 나가서 발사 시험을 하니, 화석포(火石砲)가 150보의 거리까지 나갔으므로 최군은 내승마(內乘馬)를 상으로 받았다. 아, 최군은 위로는 융숭한 위임을 저버리지 않았고, 아래로는 그 아버지가 비밀리에 남겨준 기술을 잃지 않아, 아버지가 앞에서 시작한 것을 아들이 뒤에서 계승하였으니, 참 유능한 신하라 하겠고, 또한 유능한 아들이라 하겠다. 부원군의 이름은 무선(茂宣)인데, 성품이 통달 민첩하여 각 분야의 책을 널리 상고하였고, 또 중국어를 잘 알았다. 나라를 위하여 마음을 썼으므로 능히 이원의 기술을 얻었으니, 그의 사려가 깊고 멀다 하겠다. (『신증동국여지승람』)

화포가 어느 때부터 쓰였는지는 알 수 없고, (……) 또 우리나라에는 본래 화약이 없었는데, 고려 말엽에 당나라 상인 이원의 배가 개성 예성강에 닿아 군기감 최무선의 종 집에서 묵었는데, 최무선이 그 종으로 하여금 후대하도록 하여 이원에게서 염초법을 배웠다. 우리나라에 화약이 있게 된 것은 최무선으로부터 시작된 것이다. (『서애집』)

정이오의 『화약고기』에 이르기를, "최무선이 왜구가 함부로 날뛰어 제어하기 어려움을 근심하고 수전에 화공의 계책을 생각하여 염초를 만들어 쓰는 기술을 구하였다. 당인 이원은 염초장인데, 공이 대우하기를 심히 후하게 하여 그 만드는 법을 물어서 가동으로 하여금 사사로이 익히게 하고 그 효력을 시험한 연후에 조정에 건의하였다. 정사년(우왕 3년, 1377년)에 비로소 화통도감을 설치하여 염초를 구워내고, 중국 사람으로 와서 머무르는 자를 모집하여 전함을 만들었다. 마침 왜구가 크게 이르자 화통·화포를 갖추어 진포에서 역격(逆擊)하여 그 배를 불사르고 그 괴수를 죽이니, 그 공을 포상하여 중대광영성군(重大匡永城君)을 제배하였다. 본조에서 그 아들 최해산을 군기시 부정으로 삼았는데, 태종 기축년(태종 9년, 1409년)에 겸판사 면성군 한규에게 건의하고 임금께 전문하여, 맨 먼저 무고를 자문 안에 세우고, 각 도에서 바친 군기를 바치는 대로 따라 간직하고, 다음으로 본감을 영선함에 미쳐, 정유년(1417년)에 이르러 화약감조청의 일이 비로소 완성되었다" 하였다. (『증보문헌비고』)

이상의 기록에서 최무선이 왜구 격퇴를 위해서는 화기가 절대적으로 필요하다는 것을 알고, 오랫동안 노력한 끝에 중국인 이원이라는 자에게 기술을 배워 가동들로 하여금 이를 습득하게 하였고, 이후 화약 및 화기 제조소인 화통도감까지도 설치하였음을 알 수 있다.

최무선이 이원에게 습득한 기술은 염초 제조술이었다. 당시 화약병기의 개발에서도 화기 자체보다는 이를 운용하는 화약이 더 중요하였고, 화약을 만드는 데 가장 큰 난관은 염초의 확보였다. 이는 공민왕이 명나라 조정에 화약을 분급해달라고 청한 기록으로 짐작할 수 있으며, 이후 조선시대에도 그러하였다.

이러한 사정으로 볼 때 화약 제조법을 습득한 시기는 1377년의 화통도감의 설치보다 수년 앞선 시기였을 것이다. 그리고 앞서 소개한 기록에도 나와 있지만 원나라 상인인 이원의 배가 개성 예성강으로 들어와 군기감 최무선의 종 집에서 묵었는데, 최무선이 그 종으로 하여금 후대하도록 하여 이원에게서 염초법을 배운 것이다.

물론 다른 의견도 있다. 조선 세조 때 양성지(梁誠之)가 최무선의 사당 건립을 건의하면서 "신라 때부터 단지 포석(砲石)의 제조만 있고 역대로 화약의 법이 없었는데, 전조 말에 최무선이 처음으로 화포의 법을 원나라에서 배워가지고 돌아와 그 기술을 전하니, 지금은 군진에서 사용하여 이로움이 말할 수 없습니다. 최무선의 공은 만세토록 백성의 해를 제거하였습니다"라고 하여 그가 직접 원나라에 들어가 배웠다는 것을 밝히고 있다. 이와 관련하여 다음과 같은 기록도 있다.

신이 또 생각하건대 화포는 군국의 비밀한 무기인데, 고려 말 최무선이 비로소 원나라에 들어가 배웠고, 명나라 초 고황제(高皇帝)가 왜를 방어하라고 하사하였습니다. 우리 세종조에 이르러 『총통등록(銃筒謄錄)』이 사가에 퍼져 있는 것을 모두 내부(內府)에 거두어들였는데, 그 뒤 군기감 바깥 동쪽 문루에 21건을 간직하고 춘추관에 1건을 간직하였으니, 생각이 또한 주밀합니다. (『성종실록』 권97, 9년 10월 신축)

어모장군 최식(崔湜)이 상서하기를, "신의 증조 최무선이 중국에 들어가 화포 쏘는 법을 배우다가 드디어 우리나라에 전파하였는데, 지금도 시험하여 쓰고 있습니다. 지난 경신년 무렵에 왜구들이 깊이 내지까지 들어오고 변방 고을에서 사람을 죽이고 해치게 되었을 적에는 최무선이 그 화포를 사용하여 적의 선봉을 꺾었으니, 그 공로가 진실로 적지 않습니다" 하고, 이어서 그의 집에 간직하고 있던 『용화포섬적도』 1축과 『화포법』 1책을 올렸는데, 모두 고화와 고서였다. (『성종실록』 권206, 18년 8월 경오)

그렇지만 앞서 소개한 구체적인 자료가 있는 이상, 최무선은 화약 제조법을 고려로 들어온 원나라 상인 이원에게서 배운 것으로 보아야 한다. 물론 그전에 최무선이 원나라에 들어가 화약 제조법을 구하려는 노력을 기울였을 가능성도 높다. 백방으로 화약 제조법을 구하였고, 중국 상인들에게도 화약 만드는 법을 물었는데, 이원이 안다고 하여 그를 후대하면서 배웠던 것이다.

화통도감이 제작한 화약병기

화통도감은 1377년(우왕 3년)에 설치되었다고 했다. 그러나 그 구성이나 규모 등에 대해서는 자세히 알 수 없다. 화통도감에 관한 자료는 앞서 언급한 『고려사』 열전과 백관지, 그리고 『태조실록』 『신증동국여지승람』 『증보문헌비고』 등이 유일하다.

위의 기록을 통해서 당시 화통도감에서 대장군포 · 이장군포 · 삼장군포 · 육화석포 · 화포 · 신포 · 화통 · 화전 · 철령전 · 피령전 · 질려포 · 철탄자 · 천산오룡전 · 유화 · 주화 · 촉천화 등의 화약병기가 제작되었고, 그 성능이 상당히 위력적이었다는 것을 알 수 있다.

이후 이를 바탕으로 1378년 4월에는 화기 발사의 전문 부대라 여겨지는 화통방사군(火筒放射軍)을 대사(大寺)에 3명, 중사에 2명, 소사에는 1명을 배치하고 있다. 이후『고려사』에서 화기 사용 기사를 적지 않게 찾아볼 수 있는데, 해전에 대비하기 위해 화포가 증강되고, 격구와 더불어 화포희(火砲戲)를 즐기며, 화전으로 적의 목책을 불살랐다는 기록 등이 그것이다. 결국 고려는 화통도감을 통해서 화약병기를 제조하여 이를 효율적으로 사용했음을 알 수 있다.

여기서 조선 초기의 자료를 바탕으로 당시 화통도감에서 제조한 화약병기에 대해 좀더 자세히 살펴보고자 한다. 문헌자료가 적어 판단하는 데는 상당한 어려움이 있다.

먼저 대장군포 · 이장군포 · 삼장군포 · 육화석포 · 화포 · 신포 · 질려포 등은 발사무기에 해당되는 것으로 적의 성루, 성문, 성벽, 배, 공성장비 등을 타격하고 파괴하는 데 쓰였던 화기로 보인다. 이 중에서 대장군포 · 이장군포는 비교적 큰 화포에, 다른 것은 비교적 작은 화포에 속할 것이다. 특히 대장군포는 조선 초기의 '장군화통'과 유사한 것으로 고려 화통방사군의 대표적인 화포라 할 수 있으며, 이러한 화포는 주로 철촉이 달린 나무로 된 대형 화살을 쏘았을 것이다.

육화석포는 조선시대의 완구와 유사한 화기로 둥근 돌로 만든 포환을 발사하는 무기로 보인다. 특히 발사 시에 포신 밖으로 나오는 불꽃이 여섯 가지 색깔을 낸다 하여 '육화석포'라는 이름이 붙여지지 않았나 싶다. 이는 1032년과 1122~27년에 전국의 요새에 비치되어 사용된 뇌등석포와 유사한 것으로 보인다.

한편 질려포는 조선시대까지도 사용된 화약병기로, 속이 빈 둥근 나무통과 뚜껑으로 이루어져 있다. 나무통 안에 지화통(地火筒)과 소발화통(小發火筒)을 나란히 넣고, 그 둘레에 화약을 채워 넣었으며, 화약 위에는 작은 철조각들을 넣고, 그 위에 쑥잎을 채웠다. 질려포는 폭발할 때 마름쇠가 비산되어 인마를 살상하는 무기이다. 1136년의 서경공방전을 설명한 "석포로 화구를 쏘니 불길은 번개 같고 수레바퀴처럼 생기고 컸다"라는 기록에서 나오는 화구가 질려포와 유사한 무기가 아닌가 한다.

신포 역시 조선시대까지 사용된 신호용 화약무기로서 발사 시의 폭발 소리와 내뿜는 불·연기 등으로 진을 치거나 성곽과 진영에서 서로 신호를 교환할 때 쓰였다.

한편 1380년의 진포해전에서 최무선은 전함에 화차(火車)를 거치시켜 전투를 승리로 이끄는데, 화차는 원래 그가 만들었다는 화약무기에는 포함되지 않는다. 다만 당시의 대학자였던 권근이 쓴, 진포대첩을 축하하는 시문에 화차라는 용어가 최초로 등장한다. 내용 중에서 화차 부분만 소개하면 다음과 같다.

때맞추어 태어난 우리 임의 지략으로 30년 왜란이 하루 만에 평정되었네. 바람 실은 전함은 나는 새도 못 따르고, 적진을 무찌른 화차는 우렛소리 울리네. 주유(周瑜)가 갈대숲에 불 놓은 것은 웃음거리일 뿐이고, 한신(韓信)이 배다리〔木罌缶〕를 만들어 건넌 것을 자랑하지 마소. 이제부터 큰 공이 만세에 전해지고, 능연각(凌煙閣)에 초상화 걸려 공경 가운데 으뜸일세. (『양촌집』 권4, 賀崔元帥破鎭浦倭船)

이 시문은 진포해전에서 왜선을 격파한 최무선 부원수를 축하하는 내용이고, 진포해전이 순수한 해전이기에 화차에 대한 부분 역시 해전에 대한 설명이라고 보아야 하겠다. 결국 우리나라에서는 권근이 최초로 화차라는 용어를 사용했다 할 수 있다.

이와 함께 고려시대에는 각종 분사식 화기도 많이 사용되었는데, 화전·주화·천산오룡전·유화·촉천화 등이 그것이다. 이들 화기는 화약의 힘으로 적진을 불사르거나 인마를 살상하는 무기이다.

먼저 주화에 대해서는 조선시대의 『세종실록』 권118에 자세히 언급되어 있는데, 그 내용은 다음과 같다.

"주화는 대단히 이로운 것이다. 말 타고 쓰는 게 편리하다. (……) 말 탄 사람이 허리에 끼거나 화살통에 넣고 말을 달리면서 발사하면 맞은 자는 죽음을 면치 못할 뿐 아니라 그 광경을 보고 소리를 듣는 자는 모두 질겁한다. 밤에 쏘면 빛이 하늘을 비추므로 무엇보다도 먼저 적의 사기를 꺾을 수 있다. 적이 숨어 있는 곳에서 쓰면 연기와 불이 흩어지면서 생기니 적이 놀라서 숨어 있지 못한다." 이 기록에서 우선 주화는 화살통에 넣을 수 있는 화살이며, 다음으로 발사하면 불빛과 연기를 내면서 날아가는 화기라는 것을 알 수 있다.

그리고 화전은 화살에 달린 화약통에 불을 붙인 다음 화살을 활에 재워 날리는 무기로서, 성현(成俔)이 쓴 『용재총화(慵齋叢話)』에 구체적으로 묘사되어 있다. 성현은 왕궁의 불꽃놀이에 대해 쓰면서, 묻어 놓은 화전에 불을 붙이면 날아올라가 하늘을 찌르고 요란한 소리와 유성 같은 광경이 펼쳐지며, 길게 늘인 밧줄 끝에 설치한 화전에 불을 붙이면 밧줄을 따라 화전이 날아간다고 묘사하고 있다.

앞서 언급한 바와 같이 김부의가 화전과 같은 무기를 나라의 방어에 쓸 것을 왕에게 권고한 일이 있었고, 『고려사』 「김방경전」에서는 화시(火矢)를 쏘니 그 연기와 불길이 하늘을 덮었다는 기록도 있다. 여기서 화시란 화전과 같은 것이라 할 수 있다.

이처럼 화전·주화는 추진화약의 작용에 의한 분사식 화살이다. 추진 원리는 현대 로켓과 같으므로 우리나라의 화전, 주화는 오늘날 로켓의 원조라고 할 수 있다.

서양의 관련 기록에 따르면, 로켓의 원형은 아시아에서 발명되어 11~13세기에 아라비아 사람 또는 몽고 사람에 의해 스페인에 전해져 1249년에 그곳에서 쓰이고 그후 독일과 이탈리아에 전해져 1258~81년에 쓰였다고 한다. 중국의 경우에는 12세기 초에 사용되었다고 한다. 이 시기는 고려의 김부의가 왕에게 화전을 군사무기로 쓸 것을 건의한 시기와 일치한다.

어느 나라에서 로켓의 시조가 나왔는가는 아직 밝혀지지 않았으나 어쨌든 일찍이 우리나라에서 화전을 쓰기 시작하였을 뿐만 아니라 그것을 더욱 발전시키고 많은 분사추진식 무기들을 제작 이용해왔다는 것은 사실이다.

천산오룡전·유화·촉천화는 기록에 이름만 남아 있을 뿐 그에 대한 구체적인 자료는 없다. 다만 그 이름에서 어느 정도 유추해볼 수 있을 듯하다.

천산오룡전은 산을 꿰뚫고 불도 내뿜는 다섯 마리의 용과 같은 위력을 가진 화살이라는 뜻으로 보아 5연발 분사식 불화살로 추측된다. 유화 역시 흐르는 불이라는 뜻으로 보아 분사식 화약무기로 해석된다. 이는 연등놀이를 묘사한 『연재집』 권19에 실린 시에 '천만 가지 등불은 나무에 층층, 유화는 이루 셀 수 없거니' 라는 구절이 있는 것으로 보아 분사식 불화살을 불꽃놀이에 이용하지 않았나 생각된다.

축천화 역시 비행할 때 '하늘과 부딪치는 불'이라 묘사된 것으로 보아 분사추진식 화약무기로 이해할 수 있다. 하늘과 부딪쳤다는 표현의 실례로 이색(李穡, 1328~98)은 연등놀이에서 쏘아올리는 폭죽이 하늘을 나는 것을 보고 시집 『목은집』 권23에 "불은 폭포처럼 하늘과 부딪친다. 흡사 빠른 번개 같기도 하여라"라고 썼다. 또 1464년(세조 10년) 1월 4일에는 연등놀이를 '백양봉 마루에 직상화(直上火)를 설치하고 이날 저녁때 동시에 쏘니, 화염이 하늘에 닿았다'고 기록하였다. 이 하늘과 닿았다는 직상화는 물론 분사식 폭죽인데, 축천화도 이와 유사한 것으로 생각해볼 수 있다.

그러나 아쉽게도 이상의 고려시대 화기는 현재까지 남아 있는 것이 한 점도 없다. 다만 고려시대 것으로 추정되는 유물이 우리나라와 일본에 몇 점 있다. 우리나라에 있는 것은 경희대 박물관에 소장된 고총통 두 점이다. 이 고총통은 외형으로 볼 때 명나라 초기의 총통에 영향을 받아 제작된 것으로 보인다. 이 총통은 청동으로 만들어졌으며, 전체 길이 237~240mm, 부리부의 입구 지름이 16mm이다. 이 총통은 스웨덴의 로셀트 소총통 및 중국의 14세기 총통과 내부 구조가 거의 같고 세종 말기에 등장하는 조선의 독자적인 총통과는 내부 구조가 다르다는 점에서 고려 말 최무선에 의해 제작되었거나 적어도 세종 말엽 이전에 제작된 한국 최고의 총통으로 추정된다.

또 일본에서 발간된 『병기고』(웅산각, 1941)에 의하면 고려시대 화기 유물 두 점이 일본에 있다고 한다. 그 화기는 청동제로, 표면에 '숙자유승(叔字鏓勝)'이라는 글자가 새겨져 있다. 이 유물에 대해 저자는 12세기 이전 조선의 화창(火槍)이라고 소개하고 있다. 이 두 '화창'의 총신 길이는 35~36cm, 구경은 14mm와 21mm이며 큰 것의 표면에는 '숙자유승, 무게 4근 8냥, 길이 1자 9푼'이라고 새겨져 있다고 한다.

화기의 전술적 활용

왜구 침탈이 극심해지자 고려는 이러한 위기를 해결하기 위해 고심해 방안을 강구하였지만 현실성이 부족하였다. 당시 고려의 주된 방왜책(防倭策)은 왜구의 장기인 해전을 포기하고 오직 육전에만 의존하는 소극적인 전략으로 일관하고 있었다. 따라서 왜구는 연해지역을 자유자재로 공격하고 나아가 수도인 개경까지 침입할 정도였다. 이러한 상황에서 고려는 한때 외교적 교섭과 회유책을 써서 일시적으로 효과를 보는 듯했으나, 왜구는 이내 침략을 재개하였다.

이 과정에서 방왜책으로 수군을 건설하자는 적극적인 주장도 있었다. 이색은 1352년(공민왕 원년)에 수영에 익숙한 도서민을 중심으로 수군을 편성해 연안에서 왜구를 방비하자고 주장하였다. 그후 1373년(공민왕 22년)에 우현보(禹玄寶)가 왜구에 대한 대응책으로 군선을 건조하고, 무장한 수군으로 해전을 담당하자는 더 적극적인 방왜책을 주장하였다. 이듬해에는 이희(李禧)가 해도민으로 수군을 조직하고 5년의 기간으로 왜구의 침략을 근절시킬 수 있는 수군 재건을 촉구하였다. 이와 함께 정지(鄭地)도 수군 재건을 건의하였다. 이에 고려 조정은 이러한 건의를 받아들여 이들에게 수군의 훈련을 담당하도록 하였다.

그리하여 고려의 대왜전술은 육군에 의한 지상전 중심의 방어 전략에서 수군에 의한 해전 중심의 공격 전략으로 전환되었다. 한편 왜구도 이러한 고려의 전략에 대응하여 적극적인 공격 전략으로 맞섰다. 따라서 왜구의 침구는 한반도 전 해안지역에 광범위하게 이루어지고, 섬을 거점으로 삼아 대규모 선단을 동원한 집단적인 행동도 당당하게 감행하는 추세였으며, 해안지역에서 내륙지역으로 그 세력을 확대해 나갔다.

따라서 고려와 왜구의 전투는 일진일퇴를 거듭하는 공방전이 지속적으로 이어졌다. 이처럼 왜구 토벌에 고려군이 고전한 데는 군사력 문제도 있었지만 무엇보다 무기체계상의 절대적 우위를 확보하지 못한 데 있었다고 할 수 있다. 당시 고려 수군이 보유한 무기는 궁시(弓矢)와 창검(槍劍)에 불과하였으므로, 이러한 무기로 해상에서 왜구의 선단을 격침시켜 근절한다는 것은 거의 불가능한 일이었다.

고려는 왜구 토벌작전에 무기체계상의 획기적인 변화가 필요하다고 판단하였다. 고려는 원나라가 일본 정벌전에 사용한 화약병기의 위력을 일찍이 실감한 바 있었다.

이러한 시기에 최무선은 왜구 격퇴에 화약병기가 절대적으로 필요하다는 인식하에 지속적인 노력을 기울여, 마침내 이원에게 염초 제조의 비법을 배워 화약 제조에 성공하였던 것이다. 당시 고려는 다량의 화약과 이를 사용하는 화기의 제조가 급선무였다고 할 수 있다. 그렇지만 화약의 제조는 한 개인의 노력으로 성취될 수 있었으나, 이의 생산과 실제 사용은 국가적 차원의 후원이 필요했다. 특히 화약은 국가의 전략무기에 해당하는 화기였으므로 개인이 자의적으로 생산할 수 있는 것이 못 되었다. 이에 최무선은 화약과 화기의 제조를 담당할 화통도감의 설치를 건의하였고, 그 결과 1377년에 화통도감이 설치되었던 것이다. 이 화통도감을 통해 각종 화기와 발사물이 제작됨으로써, 화약 및 화기의 제작기술은 급속도로 발전하게 되었다.

또한 최무선은 이러한 화기를 적재하고 활용할 전함 건조를 직접 담당하였다. 고려는 일찍이 일본 정벌전을 통해서 전함 건조 경험을 인정받았고, 이미 공민왕 대에는 전함을 건조하여 그 전함에서 화통을 발사한 예도 있었다. 최무선은 종래의 고려 전함의 장점을 살리고, 단점을 보완하여 새로운 전함을 건조하였다. 그 전함은 누선이었는데, 이 전함의 제작에는 중국인 기술자도 동원되었고, 화포도 장착한 것으로 보아 이전의 전함에 비해 견고하고 화력 역시 막강했을 것이다. 이후 고려는 1378년에 군선에서의 화포 발사를 시험한 일이 있었는데, 이를 주관한 인물도 최무선으로 추정된다.

화기로 무장한 고려의 전함이 대 왜구전에서 그 위력을 발휘한 전투가 1380년(우왕 6년)에 벌어진 진포해전과 1383년에 벌어진 남해의 관음포해전이었다.

1380년 8월, 왜구는 전선 500여 척을 이끌고 전라도 진포를 거점으로 삼아 내륙에 침입하였다. 고려 조정에서는 최무선의 화기를 시험해볼 수 있는 기회로 여겨, 그를 도원수로 임명하여 참전케 하였다. 당시 고려 수군은 전선이 100척에 불과하여 수적으로 5분의 1밖에 안되는 열세였다. 그러나 화포를 갖추고 있었기에 무기체계 면에서는 오히려 유리하였다. 당시 왜선들은 대규모 작전을 위해 각 전선들을 연결시켜 하나의 거대한 해상 요새를 형성하고 고려 수군을 맞았다. 따라서 종래의 고려 수군이라면 왜선의 위세에 눌려 감히 근접할 엄두도 내지 못했을 것이나, 화포로 무장한 고려 수군은 이 초대형 선단을 화포로 공격해 500척을 전소시켰다. 이후 퇴로를 차단당한 왜군

잔당도 내륙으로 도주하다가 운봉에서 이성계(李成桂) 군에게 섬멸당하였다.

이 진포해전은 우리나라 해전사상 두 가지 중대한 의미를 지닌다. 자체 생산한 화약과 화포로 장비한 수군이 치른 최초의 해전이었다는 점과, 해전술상 화포가 장비된 전함이 투입되어 함포 공격을 감행한 최초의 전투라는 점이다. 즉, 기존 해전에서의 기본 전술이라 할 수 있는 당파전술(撞破戰術)에 한 차원 높은 함포전술(艦砲戰術)이 가미되어 새로운 변화를 이룩했다는 점이다. 이러한 점에서 진포해전은 해전술의 발전에 중요한 계기가 되었다고 할 수 있다.

결국 고려는 화약과 화포를 제조하여 전함에 장비하고 이를 전술적으로 활용함으로써, 화약을 최초로 발명한 중국은 물론 세계 어느 나라에도 뒤지지 않는 해전술을 구사하는 단계로 발전하게 된 것이다.

이후 고려는 진포해전의 승리를 바탕으로 자신감을 되찾았으며, 이를 토대로 해상 방어를 적극화하여 정지 장군을 해도원수로 임명, 해상초계를 강화하였다. 특히 화포의 전술적 운용의 경우에도 시험적인 적용 수준을 발전시켜 응용할 수 있는 단계에 도달할 수 있도록 노력하였다.

이와 같은 노력이 결실을 본 또 하나의 전투가 1383년에 벌어진 관음포해전이었다. 진포해전에서 대패한 왜구는 보복을 위해 다시 120척의 대선단을 이끌고 남해를 침입하여 연해주군(沿海州郡)을 약탈함으로써 민심이 매우 흉흉하였다.

이에 합포원사 유만수(柳曼洙)는 정지에게 급보를 보내 이를 알리고 원군을 요청했다. 급보를 받고 출정한 정지는 섬진강에 도착하여 흩어져 있던 합포의 군사를 모았으며, 당시 왜군은 대선 20척을 선봉으로 배마다 강경군(强勁軍) 40명씩을 배치하고 남해의 관음포에 이르러 우리 군의 동향을 엿보고 있었다.

이에 정지는 때를 기다려 함대를 중류로 내려가게 하고 돛을 올려 박두량에 이르렀다. 이후 화포와 궁시로 적을 공격하여 적선 17척을 불살랐다. 이 전투에 대해 정지는 "내가 육전에서나 수전에서 적군을 격파한 적이 많았지만 이번과 같은 쾌승은 처음이었다"고 자평했고, 당시 문인 정이오는 다음의 시가를 통해 이 승리를 칭송하고 있다.

> 망운산 아래 바람에 나부끼는 돛폭을 바라보니, 작은 배들이 쉴새없이 동서로 오가는구나. 영웅이 남긴 그날의 그 일일랑 묻지도 마소. 지금도 사람들은 기뻐하며 나라 안에 제일가는 공을 세웠노라고 말한다오. (『신증동국여지승람』 권31, 남해조)

이 해전에도 최무선이 직접 참전하여 공훈을 세웠는데, 당시 그는 화포 운용을 책임진 것으로 보인다. 관음포해전은 함포의 전술적 운용에서 진포해전보다 진일보한 면이 있었다. 진포해전은 정박한 적선, 즉 고정 표적에 대한 함포 공격인 데 비해 관음포해전은 해상에서의 이동 표적에 대한 공격이었다. 이 해전이 진정한 의미에서 함포를 사용한 최초의 해전이라고 할 수 있겠다.

이후 고려는 이 해전의 승리를 바탕으로 종래의 수세적인 왜구 토벌작전에서 적극적인 작전으로 전환하였으며, 구체적인 방략으로 왜구의 근거지인 대마도 정벌론이 대두되었다.

대마도 정벌은 1387년 정지가 주장하였는데, 이는 고려 수군의 전력이 이전에 비해 크게 향상되었다는 확신을 바탕으로 이루어진 것으로, 고려 수군의 전력 향상에 가장 큰 비중을 점하는 것은 전함에 장비된 화포였을 것이다.

고려의 대마도 정벌은 1389년(창왕 원년)에 이루어진다. 경상도 원수 박위(朴葳)로 하여금 전함 100척으로 대마도를 정벌케 하였던 것이다. 당시 고려군은 대마도 해안에 정박중인 적선 300여 척을 소각하고, 연안의 주거시설을 모조리 불태웠다. 대마도 정벌 이후 왜구의 침공은 현저히 축소되어 거의 종식된 것이나 다름없을 정도였다.

이 대마도 정벌에서 화포의 활용에 대한 구체적인 기록은 없으나, 전투 양상이 집결된 대선단에 대한 집중 공격이었던 것으로 볼 때 화포가 크게 활용되었을 가능성이 높다.

이처럼 고려가 화포를 이용해 진포해전, 관음포해전 및 대마도 정벌에서 왜구의 기세를 완전히 꺾음으로써 대 일본 외교에서도 새로운 변화가 나타났다. 당초 고려 조정은 1375년부터 거의 매년 일본에 통신사를 파견하여 왜구의 금압(禁壓)을 요청하였지만 그때마다 일본은 왜구의 금압이 매우 어렵다는 뜻만을 전하는 소극적인 자세로 일관하였다. 그러나 1380년대에 이르러 고려 수군이 왜구 토벌전에서 승세를 잡자 일본은 태도를 바꾸어 빈번히 고려에 사신을 파견하여 방물을 바치거나 포로를 송환하여 오는 등 고려와의 친선관계 유지를 위한 노력을 경주하였던 것이다. 특히 1390년(공양왕 3년) 10월에는 일본을 대표하는 국승 현교(玄敎) 등 40여 명의 사절을 보내어 고려에 대한 칭신(稱臣)을 자청하였다. 이때 사절의 일행인 승려 도본(道本)이 칭신 이유에 대해 "일찍이 중국이 일본에 대하여 칭신하지 않은 까닭을 추궁하였을 때, 우리나라는 이에 대답하기를, '천하는 천하의 천하이지 어찌 한 사람의 천하가 되랴' 하고 끝내 칭신하지 않았는데,

이제 대국(고려)에 칭신하는 이유는 곧 의를 흠모함에서 비롯된 것입니다"라고 말한 것으로 보아 고려의 적극적 공세에 스스로 몸을 낮추고 있음을 알 수 있다.

조선 초기의 화기 발달

조선시대에 들어와 태종은 1417년에 화약 제조청을 설치하고 화기 발달에 크게 주력하였다. 그리하여 즉위 초에 화약 6근 4냥, 화통 200여 자루에 불과했으나 이후 화약 6980여 근, 화통 1만 3천여 자루를 보유하기에 이르렀다. 이 기록 이외에도 태종 15년 7월에 탁신(卓愼)이 화통(火㷁) 수가 만여 자루에 도달하였지만 수요가 부족하니 남아 있는 주철 2만여 근으로 더 주조할 것을 건의한 것으로 보아 화통의 제작량은 지속적으로 증가하였음을 짐작할 수 있다.

또 화약병기가 발달함에 따라 이를 운용하기 위한 부대가 나타나기 시작했다. 군기감별군(軍器監別軍)이라는 명칭이 『실록』에 처음 등장하는데, 1404년(태종 4년) 5월의 일이다. 또한 같은 해 8월에 화통군(火㷁軍)을 증편하였다는 기록도 있고, 1409년(태종 9년) 10월에는 화기 시험발사 후에 화통군에게 상을 내렸다는 기록도 있는 것으로 보아 화약병기를 운용하기 위한 화통군이 존재했음을 알 수 있다. 이어 1415년(태종 15년) 4월에는 기존 화통군 600명에 새로이 400명을 추가하여 1천 명으로 증편하였으며, 다음 해에는 이를 10만 명으로 증편함으로써 화기의 운용이 활발해진다.

이처럼 조선 초기 화약병기 성능이 지속적으로 개량되고, 제작량이 증가하였으며, 화통군이 운용되는 등 국방 무기체계가 발전한 데는 최무선의 공이 크다고 하겠다. 비록 그가 1393년(태조 2년)에 정헌대부 검교참찬문하부사가 되고, 판군기시를 겸임하였다는 정도의 내용만이 단편적으로 나타나지만 그의 제작비법이 아들 최해산에게 계승 발전되어 활용되었기 때문이다. 이러한 공을 인정해 태종은 1401년(태종 1년) 11월 최무선에게 관직을 추증하고, 영성부원군에 봉하였다.

특히 최해산은 아버지의 비법을 전수받아 남방 왜구와 북방 여진에 대응할 육상용 화기의 개량과 이의 전술 개발에 노력하였는데, 대표적인 것이 육상전에서 기동력이 탁월한 수레에 화기를 탑재한 병기인 화차이다.

그는 태종 9년(1409년) 10월 18일, 육상용 화차를 제작하였는데, 국왕이 친림한 경복궁 북편 후원인 해온정에서 발사 시범을 보였다. "소차(小車) 위에 철로 만든 날개를 부착한 철령전(鐵翎箭) 수십 발을 동통(銅桶)에 넣어서 소거에 싣고 화약으로 발사하면 기세가 맹렬하여 적을 제어할 수 있었다"고 표현된 이 발사시험은 당시로서는 성공적이었다. 그러나 태종과 세종 연간에 걸친 여러 차례의 정벌전에 이 화차의 사용과 관련한 구체적인 기록은 나타나지 않는다.

한편 조선시대에 들어와서 화약병기가 발달함에 따라 다양한 화기를 제작 운용하기 위한 화기교범서가 간행되었는데, 그 근간이 되었던 것은 최무선이 직접 서술하여 그 아들에게 비전한 『화약수련법』과, 최무선의 활약을 전하기 위한 것으로 보이는 『화포법』과 『용화포섬적도』이다. 『화약수련법』은 『태조실록』에 수록된 최무선 조의 기사를 통하여 알 수 있으며, 『화포법』 및 『용화포섬적도』는 성종 18년 8월에 그의 증손 최식이 상소에서 언급하고 있다. 이 상소에서 최식이 언급하고 있는 『화포법』은 화기 제작과 관련된 책자로 보이는데, 후대에 전해지지 않으므로 세부 내용은 알 수 없다.

이들 화기교범서는 이후에 발간된 『총통등록』『세종실록』 권133 (1448), 『총통도(銃筒圖)』『국조오례의서례(國朝五禮儀序例)』 권4, 『병기도설(兵器圖說)』(1474), 『총통식(銃筒式)』(1565) 등의 책자 발간에 참고자료로 널리 활용되었을 것이다.

우리 역사에서 최무선의 의미

고려 말의 화약과 화약병기의 자체 생산은 우리나라 국방 과학기술의 획기적인 위업이라 할 수 있다. 우리나라의 화약병기 제조는 비록 중국에는 뒤졌으나 일본이나 여진족보다는 160년이나 앞선 것으로, 조선 중엽에 이르기까지 무기체계상 동아시아의 선진국으로 자처할 수 있는 힘이 되었던 것이다.

최무선은 고려 말에 한반도 연안은 물론 내륙에까지 준동했던 왜구 문제를 해결할 수 있는 병기로서 화약의 필요성을 인식하고 이의 개발에 착수하여 끝내 성공하였다. 또한 그는 화통도감 설치를 건의하여 관철시킴으로써 화약병기를 자체 생산하기 시작했다. 최무선은 이 화통도감에서 대장군포·이장군포·삼장군포·육화석포·화포·신포·화통·화전·철령전·피령전·질려포·철탄자·천산오룡전·유화·주화·촉천화 등의 다양한 화기를 제작하였다. 또한 누선이라는 새로운 전함도 건조하여 화포를 장착해 함포로 운영하였다.

고려는 화약의 독자적 제조에 이어 이를 군사용으로 응용 발전시켰다. 그 이면에는 고려의 왜구에 대한 정책 변화가 깔려 있다고 할 수 있다. 이후 화포를 탑재한 고려 전함은 두 차례의 해전과 대마도 정벌을 통해서 왜구 토벌이라는 국가의 기본적인 전략 목표를 달성하는 데 크게 기여하였다. 특히 진포해전은 우리나라의 해전사상 중요한 전기를 마련했다고 할 수 있을 만큼 큰 성과를 거두었다.

이렇듯 대 왜구 방어전략이 성공을 거두면서 대외정책에도 그대로 반영되어 일본이 자발적으로 고려에게 신복(臣服)하는 부수적인 효과도 거두었던 것이다.

이러한 고려 말의 대내외적인 성과의 밑바탕에는 화약을 개발하고자 하는 최무선의 집념과 노력이 깔려 있었고, 최무선에게서 시작된 화약 제조 비법은 그의 아들 최해산에게로 계승 발전되어 조선 화약병기의 기술적 수준을 높이는 데 결정적인 역할을 했다고 판단된다.

이후 조선은 이를 바탕으로 남방 왜구와 북방 여진에 대응할 육상용 화기 개량과 이의 전술 개발에 노력하였다. 화약병기가 지상전에서 사용됨으로써 전술상에도 많은 변화가 일어났다. 종래는 방어전술 중심이었으나 공격전술 이론이 개발되었으며, 대규모 부대편성과 전술체제에서 소부대 편성과 전술로 전환되었다. 개인 화기의 비중이 높아지면서 지휘와 조직에도 변화가 나타났던 것이다. 그리고 무기체계상의 비교우위 상황은 그후 상당 기간 남북세력에 대해서 우월한 외교관계를 맺을 수 있게 해 고려는 오랫동안 평화를 유지할 수 있었다.

이러한 일련의 과정에서 최무선과 그의 아들이 차지하는 비중은 매우 크다고 할 수 있다. 자신의 비법을 책자로 남긴 최무선과 이를 바탕으로 최고의 화기전문가로 성장한 최해산의 역할은 조선 초기 화기 발달의 중요한 원동력이었으며 그 역사적인 의미가 크다 하겠다.

　　화약과 화약병기는 최무선 한 개인과 그 가문의 헌신적인 관심과 노력의 산물이라 할 수 있다. 그러나 결코 개인의 노력만으로 그러한 성과를 거둘 수는 없었을 것이다. 그러한 노력을 뒷받침해주는 국가 정책이 그들로 하여금 더욱 큰 파급효과를 거둘 수 있도록 유도하였다. 일찍이 권근이 최무선의 아들을 등용하도록 건의하였고, 양성지가 최무선을 기리는 사당을 건립할 것을 주장하기도 했는데, 이는 화약병기의 제조를 통해서 국가 방위에 결정적으로 기여한 최무선에 대한 올바른 평가를 도모하고, 그 업적의 역사적 의미를 되새기게 해주는 것이다.

이천

| 김호 |

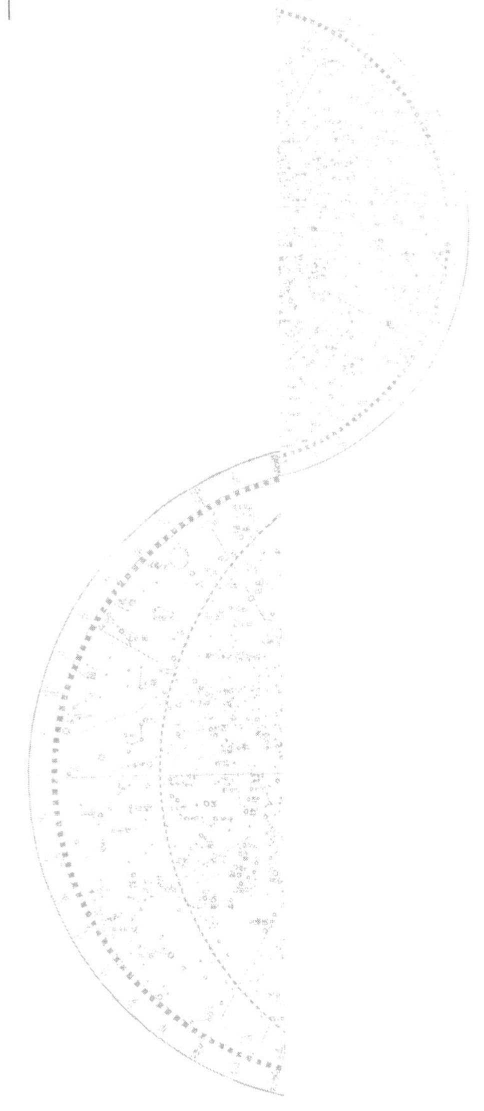

문무를 겸비한 장인

조선 초기 '각종 문물제도와 천문의기를 정비한 임금' 하면 자연스레 세종 임금이 떠오른다. 그만큼 세종 치세에는 측우기, 간의를 비롯한 천문기기에서 악기, 제기(祭器), 군기(軍器)에 이르는 각종 의기(儀器)와 무기들이 새로 제작되었다. 세종과 같은 성군 밑에는 그에 못지않은 훌륭한 신하들이 포진하게 마련이다. 다음에 소개할 백곡 이천(栢谷 李蕆) 역시 그들 중 한 사람이다.

1376년에 태어나 1451년 76세를 일기로 사망하기까지 이천은 국가의 각종 공사(工事) 및 문물 제작을 독려하고 감독하는 테크노크라트로서 일생을 보냈다. 그뿐만 아니라 당시 북방에서 준동하던 여진족 무리를 격퇴하는 장수로서도 뛰어난 활약을 보였으니 한마디로 문무를 겸전했다는 표현이 적합하다.

사실 이천에 대한 기왕의 연구는 그리 많은 편이 아니다. 일찍이 과학사학자들이 세종 대 과학기술정책의 중심에 서 있던 그의 천문의기 제조, 활자 제작, 그리고 화포 관련 업적들을 연구했을 뿐이다.[1] 이후 1993년 한국과학기술재단이 발간한 학술세미나논문집에 다시 한번 기왕의 연구가 종합된 적이 있다.[2]

이 글은 선학들의 옥고를 토대로 그의 생애와 관련한 몇 가지 새로운 사실을 추가하고 북방을 개척한 그의 공로를 조금 더 부각시켜보았다. 동시에 이천을 단순히 과학기술자로 바라보기보다는 각종 '과학기술'에 능통한 고위 관료 즉 테크노크라트로서 살피고자 했다. 조선 초기 학자들은 대부분 경사(經史)와 함께 의학, 천문, 농업 등 실용 지학에도 상당한 관심을 가지고 있었다. 이천 역시 그러한 조선 초기의 학풍을 잘 보여주는 문인이자 무인이었다.

이천의 생애

출생과 외가

이천은 1376년 경상도 예안현 선성(宣城) 북쪽의 지령산(芝靈山) 아래 이상동(李相洞)에서 태어났다고 전한다.[3] 그의 초명(初名)은 길(佶)이었으나 후일 천으로 개명하였으며 호는 백곡이며 본관은 예안이다.[4] 원래 예안 이씨의 관향(貫鄕)은 전의(全義)이다. 시조인 이도(李棹)는 왕건을 도와 고려 개국을 도왔으며, 후손인 문하평장사 이임(李仟)은 몽고군을 물리친 공이 있었다. 이임의 아들 가운데 둘째가 바로 혼(混)인데 학교를 발전시키고 유학을 일으킨 것으로 알려져 있다. 이어 승언(昇彦)은 대장군(大將軍)을 지냈으며, 이익(李翊)은 보문각제학(寶文閣提學)을 역임하였는데 그가 후일 예안에 봉작되면서 이를 본관으로 삼아 예안 이씨의 개조(開祖)가 되었다.

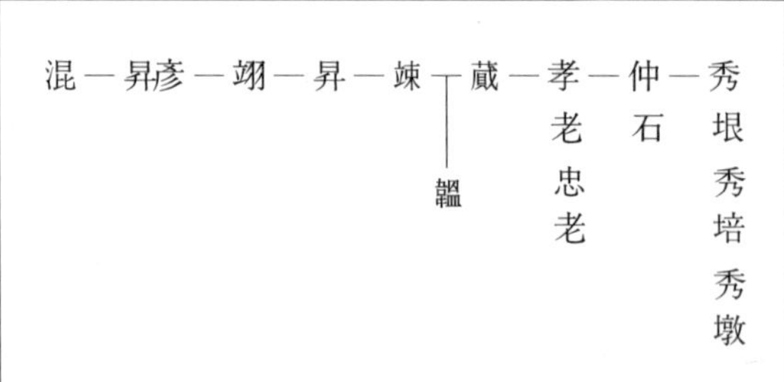

이천의 가계도(출전: 『전의예안이씨성보 全義禮安李氏姓譜』 권1)

이천의 조부인 승(昇)은 성균관 좨주를 지냈으며, 아버지 송(竦)은 고려말 군부판서(軍簿判書)에 올랐을 만큼 문인 집안으로서의 가격(家格)이 높았다. 특히 이송은 곡성 염씨를 부인으로 맞이하면서 권문(權門)으로서 더욱 세도를 떨칠 수 있었으니 이천의 어머니 염씨는 고려 말 임금을 대신할 만한 권력을 휘두르던 염흥방의 누이동생이었다. 이천의 외가로 말하자면 고려 말 최고의 권문세가로 알려진 곡성 염씨 집안이었다.[5]

이천의 외조가 염제신[6]이요, 외숙이 염흥방이었다는 말이다. 염흥방은 임견미와 함께 고려 말 우왕 대 후반 정국을 천단(擅斷)하던 인물 중 하나였다. 그는 공민왕 대에 등과한 후 성균관 중건사업을 주관하면서, 문신들에게 질품에 따라 포(布)를 기부하도록 하는 등 국고에 의존하지 않고 국학을 중흥하여 왕의 신임을 받았다. 이어 지신사(知申事)에 오르고 홍건적 평정에 참여하여 공신이 되었다. 우왕 초반 북원(北元)의 사신을 영접하려는 이원임의 친원정책에 반대하였다가 이에 동조하는 신진 사대부들과 함께 유배당하는 시련을 겪기도 했지만, 1382년(우왕 8년) 이후 임견미 세력과 긴밀히 연결되면서 권력을 잡게 되었다. 임견미 등과 혼인으로 얽히면서 친인척 관계를 형성했기 때문이다. 임견미와 염흥방 등은 친속 관계로 형성된 광범위한 족당(族黨) 세력을 바탕으로 중외(中外)의 요직을 독점하였다. 『고려사』에 "염흥방이 삼사좌사(三司左使)로 임명되었을 때 신우가 친히 정사를 돌보지 않았으므로 염흥방이 아우 염정수 및 우현보와 더불어 국무를 전횡하여 모두 구두로 결정하거나 혹은 임금에게 보고하지 아니하고 행한 것도 있었다"고 기록될 정도였다.

염흥방의 권력이 얼마나 대단하였던지 가노(家奴)들조차 위세를 부렸다. 한번은 부평부사 주언방이 아전을 보내어 군정(軍丁)을 점검하였는데 부평에 살던 염흥방의 종들이 백성 40여 명을 거느리고 도리어 아전을 때려 거의 죽을 지경이 되었다. 이에 주언방이 스스로 사도도지휘사(四道都指揮使)의 군첩(軍牒)을 가지고 집에 이르러 노비들을 다스리려다가 또다시 종들에게 구타당했을 정도였다. 얼마나 백성들을 괴롭혔는지 당시 광대놀음 가운데는 염흥방의 노비들이 백성들에게 세금을 수탈하는 형상이 극화되기도 했다 한다.[7]

외숙의 몰락으로 화를 입다

임견미 당여(黨與)의 전횡을 우려하던 우왕은 최영 등과 연계하여 이들의 제거 계획을 수립하였다. 이는 염흥방의 가노였던 이광과 밀직부사(密直副使)를 역임했던 조반의 전토 분쟁의 처리과정에서 일단락되었다. 이른바 1388년(우왕 14년)의 '조반[8] 사건'이 그것으로 염흥방의 전횡과 이에 빌붙은 노비들의 망동은 오래가지 않아 몰락을 자초하게 되었다.

당시 임견미, 이인임, 염흥방이 흉악한 종을 풀어놓아 양전을 가진 자들을 모두 수정목(水精木)으로 때리고 이를 빼앗았다. 그 주인이 비록 공가(公家)의 문권(文券)이 있더라도 감히 더불어 항변치 못하므로 당시 사람들이 이것을 '수정목공문(水精木公文)'이라 하였다. (……) 염흥방의 가노 이광이 전 밀직부사 조반의 백주(白州)에 있는 전토(田土)를 빼앗았다. 조반이 염흥방에게 애걸하여 염흥방이 그 전토를 돌려주었으나 이광이 다시 그 전토를 빼앗고 조반을 능욕하였다. 조반이 이광에게 나아가 애걸하여 청하니 이광이 조반을 업신여기고 더욱 학대하였다. 조반이 분을 이기지 못하여 수십 기로 포위하여 이광을 베고 그 집을 불지른 후 염흥방에게 고하고자 서울에 달려왔으나 염흥방은 이광이 죽었다는 소식을 듣고 대로하여 조반이 모반한다고 무고하고 순군을 시켜 조반의 어머니와 처를 잡으러 400여 기를 보내어 백주에서 조반을 잡아 심문하였다. (……) 조반이 말하기를 '6,7명의 탐오한 재상이 종을 사방에 풀어놓아 남의 전민(田民)을 빼앗고 백성을 학대하니 이것이 큰 도둑이다. 내가 이번에 이광을 벤 것은 오직 국가를 돕고 민적을 제거하려 하였을 뿐이니 어찌 모반이라 하느냐'고 했다. 고문하기를 종일토록 하였으나 불복(不服)하였다. 염흥방이 조반을 무복(誣服)시키고자 하여 극히 참혹하게 다스렸으나 조반이 꾸짖고 욕하며 조금도 굴하지 않고 말하기를, '나는 너희들 국적을 베고자 한다. 너와 나는 서로 송사하는 자인데 어찌 나를 국문하느냐' 하였다. 염흥방은 노기가 더욱 성하여 사람을 시켜 그 입을 치게 하였다. 왕복해는 거짓으로 졸며 못 들은 척하였다. 나머지 사람들도 감히 어찌하지 못하였으나 홀로 좌사의대부(左司議大夫) 김약채만이 불가하다 하여 그쳤다. 며칠 뒤에 신우가 최영의 집에서 오랫동안 의론하였는데 조반의 옥사를 논의한 것이다. 이날 염흥방은 다시 조반을 국문하고자 순군에 가서 옥관 및 대간을 청하였으나 모두 오지 않았다. (……) 드디어 염흥방을 순군에 내려 처벌했다.[9]

임견미와 염흥방의 천단을 저지하려던 우왕은 자신과 뜻을 같이하던 최영, 이성계의 협조를 받아 염흥방 등을 제거할 수 있었다. 염흥방의 죽음은 이천 집안에 큰 화로 작용하였다. 당시 수십여 명의 일가

친인척이 모두 죽임을 당했으니 이천의 아버지 이송 역시 이를 피할 수 없었다.

드디어 임견미, 이성림, 왕복해, 염흥방, 도길부, 염정수, 김영진, 임치를 사형에 처하고, 또 왕복해의 양부 문하찬성사 김용휘, (……) 염흥방의 매부 밀직 홍징, 임헌, 전법판서 이송, 임헌의 아들 임공위, 임공약, 임공욕, 왕복해의 형 왕덕해와 매서 개성윤 정각, 박인귀, 이희번 등도 참수하였다. (……) 염흥방의 형 서성군 염국보, 염국보의 아들 동지밀직 염치중, 사위 지부 안조동, 염흥방의 사위 성균제주 윤전, 호군 최지, 왕복해의 매부 대호군 김함, 그의 일족 전법판서 김을정, 장령 김조, 임제미의 아들 임맹양 등 (……) 50여 인을 참수하고 임견미 등의 자산을 적몰하였다.[10]

염흥방에 연좌된 자손들이라면 강보에 싸인 어린아이일지라도 무참히 살해되었다.

순군에서 임견미, 반익순, 염흥방, 도길부의 재산을 조사할 때 그들의 처는 고문으로 모두 옥중에서 죽었다. 사형자의 자손은 모두 모아 죽였는데 비록 강보에 있으나 이를 강에 던지니 숨어서 면한 자가 거의 없었다. 사형자의 처와 딸을 몰적하여 관비로 삼으니 무릇 30여 명이었다. 이성림, 왕복해, 이존성, 김영진, 신권, 손중흥과 임치의 여섯 살 난 아들을 모두 임진강에 던져 죽였다.[11]

이천 역시 위급한 처지에 놓였음이 분명하다. 불행 중 다행히 변란

중에 이천과 그의 동생 이온은 한 승려의 도움을 받아 산 속 암혈에 숨어 겨우 목숨을 보전하게 되었다.[12] 이천의 어머니 염씨 (1352[13]~1449[14]) 역시 환란중에 살아남았다. 이천의 외조 염제신은 모두 3남 5녀를 두었는데 이중 막내딸이 바로 이송의 부인, 즉 이천의 어머니였다.[15] 그런데 그녀는 남편 이송이 염흥방의 사건에 연루되어 참살된 후 개성윤(開城尹)을 지냈던 변남룡에게 개가하였다. 심지어 자신의 딸을 변남룡의 아들인 변훈의 아내로 삼으려고 하였다. 간원 의 비판이 연일 이어졌고 결국 변훈의 혼사는 이루어지지 못했다.[16]

남편 이송이 죽고 겨우 살아남은 염씨는 자식들을 데리고 변남룡에 게 의지한 것으로 추측된다. 그러나 변남룡마저 태종 대에 무고죄로 죽임을 당하고[17] 말았다. 이후 염씨와 이천 형제의 행적은 궁금하기 이를 데 없지만 자세한 정황을 알 길이 없다.[18] 집안의 모든 문서와 족 보 등이 산일되었음은 물론이요, 후일 그에 대한 자료가 거의 없는 이 유를 알 만하다.[19]

장성 후의 관력

현전하는 『백곡실기』와 『조선왕조실록』 등 몇 가지 자료를 중심으 로 정리한 이천의 관력은 다음과 같다.

이천이 처음 관직에 나선 것은 1393년(태조 2년) 하위 무관직인 별 장에 보임되면서였다. 그후 1402년 무과에 급제하였고 이어 1410년 무과중시에 합격하면서 본격적으로 활동하였다. 1415년 8월에 군기 감정에 올랐다가 이해 10월 공조참판이 되는데, 당시 그는 곡산·신 천 등 황해도 지역의 은광을 시굴하여 국가 소용에 충당하려는 계획

을 실행하였다.[20]

1419년 5월 이천은 우군첨총제에 임명되었다가 곧 우군부절제사가 되어 대마도 정벌에 참여하였다. 당시 이천은 우군을 거느린 이지실을 보좌하였다. 이 공으로 그는 6월 좌군동지총제에 올랐다. 그리고 바로 경상해도 조전절제사로 임명되어 경상도로 내려갔다.[21] 대마도 왜적이 본도로 돌아갈 때 땔나무와 식수를 준비해갈 것이니, 이를 경상도의 육지와 섬에서 기다렸다가 공격하라는 임무를 부여받은 것이다. 이듬해인 1420년 1월 서울로 돌아온 이천은 2월에 곧바로 충청도 병마도절제사로 보임되었다. 1420년 7월에는 중앙으로 불려와 공조참판에 임명되는 동시에 국장도감의 제조를 겸임하였다. 그리고 주자소에서 책을 인쇄할 때 사용하는 구리판을 개선하기도 했다.[22]

1421년 10월부터 1422년 4월까지는 도성의 보수공사를 시행하는 도성수축도감의 제조직을 겸임하였다. 당시 이천은 공청(公廳)이나 사가에서 사용하는 저울이 정확하지 않다는 임금의 주장에 따라 1500개의 표준 저울을 제작하여 전국에 반포하고, 백성들이 구매할 수 있도록 했다.[23]

한편, 1422년 5월 다시 한번 국장도감 제조를 겸임했는데 이때 재궁(梓宮)을 능 위로 쉽게 이동시킬 수 있는 사륜차를 개발하기도 했다.[24] 이해 10월에는 주자소의 새 활자 주조를 담당하여 하루 20여 장의 인쇄가 가능한 정교한 활자를 개발했으며,[25] 12월에는 우군동지총제에 보임되었다. 1424년 4월에는 천추사로 중국에 갔다가 이해 8월 귀국하였다.[26] 그리고 9월 태종의 능인 헌릉의 비석을 조성하는 도감의 제조를 겸임하였다.[27]

1425년 3월에는 안주선위사로 파견되었으며,[28] 이해 10월 우군총제 직을 맡아 훈련원에서 열린 과거시험 개장에 임금의 술을 대신 하사하였고,[29] 12월에는 병조참판에 임명되었다.

1426년 9월에는 중군총제에 보임되었으며, 이듬해인 1427년 1월 공조참판에 재임되었다. 1428년 7월 공조참판이던 이천은 함길도 성기(城基) 순심사로 추천되어 경원 등지에서 성터를 살피는 일을 했다.

이듬해인 1429년에는 평안도로 가서 성기를 심사했다. 이해 가례색 제조를 겸임하여 경상우도에 내려가 처녀를 간택하는 일을 담당했으며, 12월에 중군총제가 되어 동철(銅鐵)의 산지를 조사했다.[30] 동철을 포함한 동석을 확인하는 방법인 초철법을 권장하고, 전국 각지의 동철석을 찾아내 신고하면 양인에게는 직위를 주고, 천인에게는 물건으로 상을 주어 격려하자고 주청하였다.

1430년 9~10월에는 석공과 군인 100여 명을 데리고 양근 대탄의 돌을 깨뜨려 배가 운행할 수 있도록 운하 공사를 시행하고[31] 12월에는 가례색 제조를 겸임하여 충청도의 처녀 간택을 맡아보았다.

이듬해 1431년 1월 임금은 경복궁 근정전 화재를 대비하여 화재 진압 장치를 궁궐에 설치하도록 명령하였다. 이에 이천은 궁궐의 지붕에 쇠로 만든 걸이를 장치하는 임무를 맡게 되었고 선공감을 지휘하여 근정전·경회루·사정전·문무루·인정전·광연루·모화관에 사용할 쇠고리를 제작하였다.[32] 5월에는 병선의 개량을 위해 여러 가지 시험선을 제작하였으며[33] 노궁(弩弓)의 개발에 착수하는 등[34] 군기감의 무기 제작에 오랫동안 관여하였다. 12월에는 우군 도총제에 보임되었으며 1432년 3월에는 지중추원사가 되었다.

한편, 1432년 3월 상의원의 제조를 겸임하면서 악공의 악기와 관복의 개선을 담당하였다. 이해 7월 동지중추원사에 보임되었고, 12월에

선척을 단단히 건조하는 방법을 진달하였다. 8월에는 정인지, 김빈 등과 함께 혼천의를 제작하여 바쳤다.

1433년 8월에 태평관 개축도감 제조를 겸임하였고[35] 이해 윤8월 간의를 제작하는 도감의 제조를 겸직했다.[36]

1434년 7월 주자소의 활자 제작을 담당했으니,[37] 활자의 수려함과 정확함이 제고되었음은 물론이려니와 인쇄 속도가 이전에 비해 두 배로 빨라졌다.

1435년 12월에는 자헌대부(정2품 하계) 중추원부사가 되었으며, 1436년 6월 평안도 도절제사로 보임되어 압록강 이북의 야인 정벌에 나서게 되었다. 당시 이천은 아들과 함께 화포를 개량하였는데,[38] 대완구는 너무 무거워서 싣고 부리기에 어려워서 실제로 쓸모가 없고, 중완구는 성을 공격하는 데 편리하지만 소에 실을 수 없으며, 소완구는 너무 작으므로 중완구와 소완구의 중간쯤 되는 화포를 제작하는 것이 유리하다고 생각했다. 한편, 당시 전투에 활용하기 위해 주야에 구애받지 않고 시각을 측정할 수 있는 일성정시의를 개발하여 북변 진영에 배치하기도 했다.

1437년 여진 정벌에 나선 이천은 수개 조항의 작전사항을 건의하고 이만주를 격퇴한 공로를 인정받아 이해 9월 정헌대부(정2품 상계) 호조판서 겸 평안도 도절제사에 올랐다. 이른바 내외 관직을 겸임하는 유례없는 대우를 받았던 것이다. 10월 모친을 뵙기 위해 잠시 귀향하자 세종이 그를 위해 잔치를 베풀기도 했다.

1438년 2월 다시 평안도 도절제사로 근무하며 여진족의 준동에 대비하였다. 12월에 86세의 노모를 봉양하기 위하여 사직소를 올렸으나 윤허되지 않다가 이듬해인 1439년 5월 허락을 받았다.

1440년 7월 이천이 수비를 담당하던 북변에 여진족이 침입하여 조선 백성을 살해하는 일이 발생했다. 이천은 방비의 책임을 지고 파직되는 동시에 천안군으로 귀양을 가게 되었다. 그리고 이듬해인 1441년 2월 천안군에서 방환(放還)되었다.

1442년 5월 산릉수리도감 제조로 보임되어 헌릉 및 건원릉의 수리를 담당하였으며 곧이어 6월 중추원부사가 되었고 이듬해인 1443년 1월 중추원사로 승진하였다. 이해 11월에는 군기감 제조를 겸임하면서 야인들의 화포 제작 기술을 배우도록 요청하였다. 조선 중기 이후와는 달리 동철을 포함하지 않고 무쇠로만 화포를 제작하던 조선 초기에는 쇠의 단련이 매우 어려웠다. 이에 이천은 야인들의 쇠 부리는 기술을 수입하여 화포 제작에 응용하자고 주장한 것이다.[39]

1445년 3월에 이천은 수군을 이끌고 한강에서 수전을 연습하였다. 이천 등이 삼군을 거느리는데 군선마다 사졸 30여 인씩 승선하고, 다른 배 네 척에는 허수아비를 태워 적군으로 삼아 20보쯤 떨어진 거리에서 호각을 불고 북을 울리면서 주화포와 질려포를 쏘면서 전투를 시연한 것이다. 왕과 세자는 희우정 서쪽 산봉우리 (현재의 서울 망원동에 위치)에서 이를 관람하였다.[40]

1446년 3월에는 산릉제조를 겸임하였다. 1447년 이천은 수차나 수레와 같은 편리한 중국 문물의 도입을 적극 주장하였다. 여러 가지 물자를 운반하는 데 중국의 수레를 본떠 조선에서도 사용할 것을 주청하고 강주국(杠輈局)을 유지하자고 요청하였다. 그러나 다른 대신들과 세종은 중국과 다른 조선의 도로 사정을 고려하여 이를 폐지하였다.[41]

1449년 7월 모친상을 당하자 임금이 고기와 술을 내려 보냈다. 도승지 리사철이 다음과 같이 요청했기 때문이다. "지중추원사 이천이 나이 74세에 모상을 당하고 있는데, 이제 또 이질까지 앓고 있어 거의 생명을 잃을 지경입니다. (……) 고기 반찬을 내리소서."[42]

1450년 7월 이천은 판중추원사[43]1품에 승진하였으며 이해 8월 임금에게 궤장을 받았다. 1451년 5월 전선색(典船色) 제조를 겸임하면서 갑조선의 건조를 논의하였다. 이해 11월 세상을 떠났으니 세조 재위 시절인 1460년 5월 원종삼등공신에 봉해졌다.

이천의 활동

적극적인 신기술 도입

이천의 일생은 그의 활동과 관련하여 크게 몇 시기로 구분된다. 먼저 초반의 공조 재직 시절, 압록강 너머 파저강 일대의 여진족을 물리치던 평안도 도절제사 재임기, 마지막으로 호조 재직 시기이다.

특히 이천의 테크노크라트 기질은 각종 국가 공역을 무사히 감독 처리한 데서 잘 드러난다.[44] 이뿐만 아니라 실용적인 기술이라면 중국이나 일본, 여진에 관계없이 적극적으로 도입할 의지를 가지고 있었다. 예를 들어 중국에서 견문한 수레를 조선에 도입한 것이 그러하다. 당시 이천에 의해 도입된 중국의 수레 제도는 10년이 지났으나 널리 시행되지 않아 임금과 신하들이 혁파를 제안하였다. 백성들이 사용하지 않는 데다가, 강주국에 소속된 노자(奴子) 100명이 하릴없이 놀고 있다는 주장이었다. 이에 대해서 이천은 적극적으로 신기술을 도입하고 널리 활용하는 것이 얼마나 중요한지 누누이 주장하면서 현실에 안주하는 태도를 비판하였다.

강주의 시설은 신(이천)이 중국의 제도를 보고 설치하기를 청한 것이온데, 중국의 땅이라고 어찌 다 평탄하고 우리나라 땅이라고 어찌 모두 돌고 막혔겠습니까. 어찌하여 유독 중국에만 시행되고 우리나라에는 시행되지 않겠습니까. 그대로 시행함이 좋겠습니다.[45]

기술 발달과 개량을 위해 이천은 중국은 물론이거니와 필요하다면 조선에 비해 낙후된 야인이나 왜인의 기술도 적극적으로 수용했다. 조선 초 동철과 납철을 포함하지 않은 무쇠로 화포를 주조하기 때문에 철의 단련이 쉽지 않았는데 이러한 문제를 여진의 쇠 부리는 기술을 도입하여 해결하자고 주청하였다.[46]

활자의 개량

이천은 과학기술의 중요성에 대한 이해와 행정적인 능력을 겸비한 인물이었다. 이러한 자질이 있어 당시 국가 공역 사업의 거의 대부분을 책임졌던 것이다. 이천의 기술이 가장 잘 드러난 분야는 널리 알려진 대로 세종 대 활자 개발이었다.

지중추원사 이천을 불러 의논하기를, '태종께서 처음으로 주자소를 설치하시고 큰 글자를 주조할 때에, 조정 신하들이 모두 이룩하기 어렵다고 하였으나, 태종께서는 억지로 우겨서 만들게 하여, 모든 책을 인쇄하여 중외에 널리 폈으니 또한 거룩하지 아니하냐. 다만 초창기이므로 제조가 정밀하지 못하여, 매양 인쇄할 때를 당하면, 반드시 먼저 밀랍을 판 밑에 펴고 그 위에 글자를 차례로 맞추어 꽂는다. 그러나 밀랍의 성질이 본디 부드러우므로, 식자한 것이 굳지 못하여, 겨우 두어 장만 박으면 글자가 옮겨 쏠리고 많이 비뚤어져서 고르게 바로잡아야 하므로, 인쇄하는 자가 괴롭게 여겼다. 내가 이 폐단을 생각하여 일찍이 그대에게 고쳐 만들기를 명하였더니, 그대도 어렵게 여겼으나 지혜를 써서 판을 만들고 주자를 부어 만들어서, 모두 바르고 고르며 견고하여, 비록 밀랍을 쓰지 아니하고도 많이 박아내며 글자가 비뚤어지지 아니하니, 내가 심히 아름답게 여긴다. (……) 하루에 인쇄하는 양이 40여 장(紙)에 이르니, 자체가 깨끗하고 바르며, 일하기가 예전에 비하여 갑절이나 쉬웠다.'[47]

이천은 이외에도 경복궁 화재를 진압하기 위한 갈고리 장치를 개발하기도 했으며, 세종의 가장 위대한 업적 중 하나인 혼천의 제작과 관측소인 간의대 설치 공사의 책임을 도맡아 추진하였다.[48]

검, 창, 방패 등 개인 무기의 표준화

오랫동안 군기감의 무기 제조를 담당한 이천은[49] 각종 칼, 창 등 소형 무기류에서 화포, 병선에 이르는 군기들을 개발하고 제작하는 책임을 맡았다. 특히 편리하게 사용할 수 있도록 무기를 개량하고 표준화하는 일에 관심을 기울였다.

함길도 절제사 이징옥은 당시 생산되던 환도의 모양을 개선하자고 제안했다. 환도는 칼날이 곧고 짧은 것이 급할 때 쓰기가 편리한데 최근 생산되는 군기감의 환도는 장단이 일정하지 않아 불편하다는 호소였다. 이에 이천 등은 가장 적합한 환도의 길이와 너비를 연구하여 길이 1척 7촌 3분과 너비 7푼짜리 및 길이 1척 6촌 및 너비 7푼의 환도를 표준으로 정하였다.[50] 환도뿐 아니라 창검도 가장 적합한 길이를 연구해 제작하였다.[51]

이천은 활을 개량하여 노궁을 제작하는 일도 추진했다. 길주 사람 주천경이 노궁과 상양포(相陽砲)의 제작법을 자세히 안다고 전해지자 병조에서 그를 불러올렸고 이천의 감독하에 노궁이 제조되었다.[52]

창검과 같은 공격 무기뿐 아니라 방패처럼 적의 공격을 막아내는 무기류 역시 이천의 관심 대상이었다. 함길도에서 야인들과 싸워본 경험을 바탕으로 이징석이 제안한 삼엽 방패(彭排)는 너무 길고 넓어서 운반이 불편하다는 말이 많았다. 따라서 2첩으로 제작하여 말의 끈으로 묶어 조금 가볍게 만들어 공격과 수비에 편하게 개량하였다. 다만 군기감에서 이를 제작할 때 모양이 일정하지 않아 표준화하는 일이 무엇보다 중요했다. 따라서 군기감에 잘 만들어진 모형을 두고 그대로 제작하도록 하였다.

또한 나무로 만든 방패의 경우 썩을 우려가 있으므로 평상시 시위 용도로 국한하였다. 당시 조선의 방패뿐 아니라 이웃 유구국(琉球國)의 방패와 조선의 입방패(立彭排) 등도 비교 연구하여 불편한 것은 제작을 금지하는 등 방패의 개선작업도 아울러 진행하였다.[53]

화포의 개량

한편 화포는 조선의 병기 가운데 가장 중요한 무기였으므로 적절한 '개량'이 무엇보다 우선되었다. 이천은 실전 경험에 의거하여 너무 무거운 대완구나 작은 소완구 대신 중완구와 소완구의 중간 정도의 화포를 제작하여 말이나 소로 운반할 수 있도록 개선했다. 그의 아들 이효로 역시 아버지와 함께 무기 제작에 특기가 있었던 것으로 보인다.[54]

세종은 선왕인 태종께서 화포를 매우 중시한 일을 상기하면서 기왕의 화포들이 지닌 문제점을 지적하였다. 가령 지자화포 · 현자화포는 화약만 많이 들고 화살은 5백 보를 넘지 못하는 데다가, 발사하는 데 힘이 너무 들어 한두 번 쏘고 나면 팔이 아파 더이상 발사할 수 없을 지경이었다. 그래서 태종 당시 조금 작게 만들어보았지만 사정거리가 너무 짧다는 문제가 제기되었다. 또한 한 번에 여러 발을 쏠 수 있는 화포를 연구하였으나 성공하지 못했다는 비판도 이어졌다.

그후 중국의 화포 제도를 모범으로 한 황자 · 쌍전화포 · 사전화포 등 다연발 화포들이 제작되었고 가자화포처럼 거치대가 있는 화포도 제작되었다. 하지만 황자포는 화살이 4,5백 보에 미치고, 지자 · 현자포는 화약을 많이 써도 그만 못하고, 가자화포는 2,3백 보에 미치거나, 2백 보에 미치지 못하는 등 문제점이 노출되었다.

이순몽은 지자 · 현자포는 무겁고 화약이 많이 들어서 황자포에 비해 효율적이지 못하니 모두 없애자고 주장하였다. 이에 이천은 이미 만들어진 현자포를 굳이 부숴버릴 일은 없다며 더이상 제조하지 않으면 그만이라고 반박하였다. 차라리 이순몽이 유익하다고 주장한 세화포를 모두 없애자며 설전을 벌였다.

가장 좋은 방법을 연구하였으나 실패하자 세종은 조금 더 젊고 능력 있는 자들에게 군기감 제조를 맡도록 하고 이천은 평생 화포 개발에만 전념하도록 조치하기도 했다.[55] 이에 최무선을 뒤이은 최해산에 의해 추진되던 화포 개량 사업은 박강이 맡게 되었다.

병선의 개조

화포에 이어 병선의 속도 개선은 조선 초기 무기 개량의 급선무 중 하나였다. 이천은 조선의 병선들 가운데 대선은 굼뜨고 신속하지 못하여 왜적을 만나더라도 추격하지 못할 것이므로 경기도의 선장(船匠)을 함길도 등 낙후 지역에 보내 배들을 개량하도록 요청했다.[56]

또한 중국의 조선방법을 도입하여 시험선을 제작하는 일도 추진했다. 대개 조선의 배들은 밑바닥이 평평하고 외판을 하나만 두어 속도가 떨어지고 물이 새는 폐단이 있었으므로 외판을 겹으로 두는 갑조선을 제작하여 실험한 것이다. 그러나 어렵기만 하고 속도 개선에 별다른 효과가 없자 점차 갑조선의 제작이 기피되었다. 이에 이천은 다시 왜선의 제조방법을 도입하여 속도의 개선과 부패 방지를 실험하는 등 끊임없이 기술 개발을 시도하였다.[57]

이천은 군사작전을 위한 정교한 시계장치 개발에도 많은 관심을 기울였다. 일성정시의라는 휴대용 시계는 주야에 상관없이 시각을 정확히 알아야 하는 군사용으로 활용도가 매우 높은 시계였다. 일성정시의가 개발되자마자 함길도와 평안도의 북변으로 보내진 것은 당연한 일이었다.[58]

세종 대 천문의기 제작의 총책임자였던 이천이 일성정시의를 개발한 것은 그의 실전 경험과 무관하지 않은 듯 보인다. 이천은 세종 대 여진토벌 작전의 주장(主將)이었기 때문이다.

파저강 일대 여진 이만주의 토벌

이천은 장군으로서의 무공도 대단하였다. 1419년 5월 이천은 우군 첨총제에 임명되었다가 곧 우군부절제사가 되어 대마도 정벌에 참여했다. 이천은 우군을 거느린 이지실을 보좌하였는데 당시 대마도 정벌의 전황 기록이 『실록』과 이익의 『성호사설』에 자세하다. 이익은 친구에게 『국조정토록(國朝征討錄)』이라는 문헌을 얻어보고 당시의 정황을 기록해두었다.

세종 원년 기해(1419년) 여름 5월 신해일에 왜가 비인현으로 침입해 왔다. 얼마 후에 윤득홍과 평도전 등이 왜를 백령도에서 만나 사로잡고 목 베어 죽이니 남은 자는 모두 물에 빠져 죽었다. 도전은 본래 왜인이었는데 이보다 앞서 대마도에 밀통하기를, ‘조선서 너희들을 대우하는 것이 점점 박해진다. 만약 침략한다고 으름장을 놓으면 반드시 옛날처럼 대우할 것이다’ 라고 했다. 이때에 이르러 도전은 병마사를 도와 싸우게 되었는데, 힘껏 싸우지 않았으므로 평양으로 유배되었다. 그러므로 대마도를 정벌하자는 의론이 일어났는데 모두들 ‘적이 돌아간 후에 하자’ 고 하였으나, 오직 병조판서 조말생만이 ‘빈틈을 타서 하는 것이 좋다’ 하였다. 그리하여 장천군 이종무에 명하여 삼군도체찰사를 삼아 중군을 거느리게 하고 우박, 박성양, 황몽이 보좌하게 했다. 유습은 좌군을 거느리는데 박초, 박실이 보좌했다. 이지실은 우군을 거느리는데 이천, 이순몽이 보좌했다. 경상, 전라, 충청 삼도의 병선 2백여 척과 갑사, 별패, 시위, 선군 등 1만 7천여 명을 출동시켜 11일 뒤인 임술에 이종무 등이 작별을 고하는데 임금이 친히 백사정(白沙亭)에서 전송하였다. (……) 6월 임진일에 이종무는 모든 군사를 거느리고 50일 동안 먹을 군량을 배에 싣고서 바로 대마도를 향해 나아갔는데, 왜는 멀리 바라보고 저희 군사가 돌아오는 것으로 여겨 금을 가지고 와서 맞이하였다. 우리 대군이 잇달아 오르자 왜는 도망쳐 험한 지대로 들어갔다. 우리는 그들의 군함 1백 40여 척을 빼앗고 1백 50급을 참수했으며, 불태운 건물이 이루 헤아릴 수 없었다.[59]

이천은 단지 병기나 의기 등의 제작 책임자에만 머물지 않고 장수로서도 큰 활약을 한 것이다. 그의 장수로서의 면모는 1437년 여진족을 토벌하기 위한 정벌대의 주장이 되었을 때 잘 드러난다.[60] 수년 전인 1432년(세종 14년) 1월 조선 정부는 건주 여진족인 이만주가 주변의 여진족을 데리고 기병 400여 기로 여연(현재 평북 중강진)을 습격하자 이를 계기로 압록강 일대의 여진족을 제압하고 국경지대를 안정시키기 위하여 1433년 4월 이른바 제1차 여진 정벌대를 출동시킨 바 있었다.

최윤덕을 중심으로 한 대략 1만 5천 명의 정벌군은 4월 10일 강계도호부로부터 압록강을 기습적으로 건너 파저강을 따라 산재한 여진족들을 차례로 공격하였다. 170여 명의 목을 베고 200여 명을 생포하는 등 큰 전과를 올리고 10여 일 만에 조선으로 귀국하였다.

당시 이만주 역시 큰 피해를 입었으나 요행히 도주해 명나라로부터 건주위 도독이라는 직함을 받아낸 후 조선에 잡혀간 여진 포로들의 송환을 조선 정부에 요청하게 되었다. 조선측은 명나라와 이만주의 요청에 따라 포로들을 돌려보내고 여진족들이 파저강 일대에 다시 돌아와 거주하는 것을 용인하였다.

그러나 이만주는 다시 주변의 세력을 규합하여 1435년 이래 연속적으로 압록강 일대의 국경지대를 침입하여 사람을 죽이고 가축들과 곡식을 노략질하였다. 이에 1437년(세종 19년) 세종은 두번째 여진 정벌군을 출동시키게 되었다. 총병력 7800여 명의 정벌군은 이천의 지휘 아래 좌군, 우군, 중군 등 세 개 방면으로 나누어 압록강을 도하 8일간에 걸쳐 이만주의 근거지인 오미부 등을 비롯한 파저강 일대의 여진족을 공격하였다. 당시 이천은 주장이 되어 정벌군을 이끌고 여진족을 공격하는 작전을 수행하였다.[61] 당시의 전황은 작전 종료 후 평안도관찰사 박안신이 쓴 보고서에 자세히 나와 있다.[62]

9월 7일 좌군도병마사 상호군 이화의 부대와 우군도병마사 대호군 정덕성의 부대는 산양회(山羊會) 지점으로부터 압록강을 건너 적지에 진출하였으며 도절제사 이천의 부대는 만포구자(滿浦口子) 앞 여울목으로부터 압록강을 건너 적지로 나아갔습니다.

9월 11일 좌군과 우군은 당초 목표한 고음한리에 진입, 적의 농장을 협공하였는바 적이 포위를 뚫고 모두 도주하였으므로 좌군은 홍타리로 진격 방향을 바꾸었습니다. 이날 도절제사의 본대는 오자점으로부터 강을 따라 내려오면서 적의 소굴 12가호를 수색하여 대항하는 적 35명을 베고 5명을 생포하였으며 소와 말을 포획하는 한편 좁쌀과 기장 등 적이 비축해둔 곡식을 모두 불태웠습니다.

9월 12일 정덕성의 우군은 고음한리에서 파저강을 건너 우라산성(兀

刺山城)과 아한 일대를 수색하였으나 적이 모두 도망쳐 숨었으므로 1
명을 잡아 죽이고 가옥 및 콩 좁쌀 등 곡식을 남김없이 불태운 다음 즉
시 파저강을 다시 건너 이천의 본대와 합류하였습니다.

9월 13일 새벽 정덕성의 우군과 이천의 본대는 오미부에 도착하여
마을 전체를 포위하였으나 역시 적이 미리 알고 모조리 도주한 상태였
으므로 빈 가옥 24채와 쌓아둔 곡식을 불태워 없앴습니다. 소탕이 끝
나자 이천의 본대는 즉시 철수하여 귀로에 올랐으며 우군은 소토리에
주둔해 좌군을 기다렸습니다. 좌군은 홍타리를 수색하여 적 10명을 죽
이고 남녀 9명을 생포한 후 우군과 합류하였습니다. 이날 해질 무렵에
막 도착한 우군이 미처 방어진을 결성하지 못한 틈을 노리고 적 기병대
가 기습 공격하여 일대 접전이 벌어졌지만 적은 성공하지 못하고 퇴각
하였습니다.

9월 14일 아침 적 기병대가 다시 좌군 진영을 향하여 함성을 지르면
서 돌격해왔지만 아군 화포의 사격을 받고 물러났습니다. 이날 좌군과
우군은 적지에서 철수하기로 하고 좌군이 선두에서 통로를 개척하고
우군이 후미를 제압하며 이동하였는바 철수 도중에 적의 기병 50여 기
가 다시 숲속에서 출현하여 기습하였으나 아군의 반격으로 전마 두 필
을 잃은 채 도주하였습니다.

9월 16일 좌군과 우군은 압록강 북안에 도착하여 그곳에 대기중이던
이천의 본대와 합류한 후 무사히 압록강을 건너 귀환하였습니다. 적 60
명을 죽이거나 생포하였으며 아군의 피해는 1명이었습니다.

준엄한 역사의 평가

이천은 세종 대의 가장 훌륭한 과학기술자이자 과학 행정가 그리고 장수였다. 그의 시호 '익양'은 그러한 면모를 잘 표현해주고 있다. 생각이 정교하며 깊고 먼 것을 '익(翼)'이라 하고, 갑주의 공로가 있음을 '양(襄)'이라 하니 익양공이 적합하다는 것이다. 이천의 천성이 정밀하여 화포, 종경(鍾磬), 규표(圭表), 간의(簡儀), 혼의(渾儀), 주자(鑄字)가 모두 그의 감독과 관장에서 나온 데다가 무략 또한 있었기 때문이었다.

그러나 다른 한편으로 이천은 준엄한 역사의 평가를 받기도 했다. 사후에 내려진 『실록』의 기록이 그것이다. '이천은 무예로 일어나 성품이 매우 정밀하여 오래 상의원 제조를 지냈는데, 뇌물을 많이 받으므로 세종께서 이를 알고 체직(遞職)했다. 그러나 정교한 일에 관계된 것이라면 이천에게 명하여 감독하게 하였으니 이로 말미암아 대우가 높았다' [63]

상의원 제조 시절 이천은 중국에 가서 포목과 비단을 무역하는 역관들에게 자신의 사적인 물품을 무역하도록 요구한 데다가 비단이 조금이라도 마음에 들지 않으면 상의원에 바칠 것과 교체하도록 강요했다. 따라서 사람들이 그를 비루하게 여겨 무진년의 난(외숙 염흥방으로 인해 이천의 집안이 피해를 입었던 사건)을 잊었느냐며 힐난했다는 것이다. 이천뿐 아니라 동생 이온마저 부패했다는 질책을 면하지 못했다. '이온은 일찍이 선공감정이 되어 공물을 대납할 때 장물죄를 범하고서 고신(告身)을 수탈당하고, 그뒤에 형 이천을 따라서 야인을 정벌하고 논공할 때 부정이 많이 드러났다' [64]는 평을 받았다.

세종 대 이천이 이룩한 공로가 『실록』의 평가로 완전히 부정되는 것
은 아니지만 후대의 평가는 두렵기만 하다.

세종 임금

| 전상운 |

15세기 과학사와 세종의 시대

세종(世宗) 임금의 시대는 우리나라 역사상 가장 화려한 시기이다. 수준 높은 학문과 과학문화 그리고 기술이 꽃피었고, 정치·경제·사회적으로 안정된 시기였다.

세종의 시대는 1418년(태종 18년)에 시작되어 1450년(세종 32년)에 막을 내릴 때까지 32년간 지속되었다. 태종의 양위로 21세의 젊은 학자인 세자가 임금의 자리에 오르면서 조선왕조는 새로운 시대를 열게 되었다. 이웃나라 중국에서는 1368년에 명나라가 세워져 그 커다란 대륙을 지배하고 있었고, 일본 열도는 전국시대의 소용돌이가 계속되고 있었다.

과학사에서 15세기는 이른바 중세가 끝나고 근대과학의 여명이 밝아오는 시기이다. 서방 라틴 세계의 문화의 빛은 아직도 희미하였고, 동방 아랍 세계의 찬란한 빛은 차츰 희미해져서 거의 꺼져가고 있었다. 수천 년의 역사를 자랑하는 중국 과학기술의 전통은 송·원 시대를 정점으로 차츰 기울어지는 듯하다가, 15세기 전반 명에 이르러 혼돈 상태에 머무르고 있었다.

세종 시대의 과학은 이러한 시기에 전개되었다. 그것은 우리나라 과학의 역사에서 가장 훌륭한 창조적 발전을 보여주었고, 서방세계는 물론, 아랍세계와 중국의 과학기술 수준을 능가하는 것이었다. 과학기술과 문화예술 등 모든 분야에서 이렇게 수준 높은 성과가 짧은 기간 내에 이루어진 적은 우리나라 역사에 일찍이 없었다. 그것은 조선의 독창적인 과학기술 전통의 구축으로 이어졌다. 15세기 전반기의 과학기술사에서 세종 시대와 같은 유형의 발전은 다른 어느 지역에서도 찾아볼 수 없는 일로 특히 주목할 만하다.

세종 시대의 과학기술은 송·원 시대의 중국 과학을 모델로 한 경우가 많았다. 그 시기에 가장 앞선 송·원 시대 과학기술의 성과를 적극 받아들이려고 노력한 것은 당연한 일이다. 세종 시대의 문헌들은 특히 원나라의 과학기술을 적극 수용했음을 강하게 내비치고 있다. 널리 알려졌듯이 원대의 과학기술은 아랍 과학의 직접적인 영향을 받았다. 원나라에는 아랍 과학자들이 많은 이슬람 과학의 문헌들을 가지고 들어와 있었고, 그중에는 과학기술 관료로서 고위직에 오른 사람도 적지 않았다. 아랍 과학은 세계 최고 수준이었고, 그 내용 중에는 이집트·그리스·로마 시대에 축적된 과학기술 전통도 담겨 있었다. 천문 역법 분야는 특히 세종 시대 과학자들을 매료시켰다.

세종 시대 과학자들은 원나라 과학 속에 스며들어온 이슬람 과학에 주목했다. 아랍 과학의 전통이 15세기 전반기, 동아시아 끝의 작은 반도에서 자라나고 있던 조선 과학에 접목되는 계기가 마련된 것이다. 그래서 세종 시대의 과학기술은 아랍 과학의 꺼져가는 전통을 원대의 과학을 매개로 새롭게 발전시켰다고 해도 좋을 것이다. 그러고 보면 세종 시대 과학은 이슬람 과학과 그 속에 계승된 서방세계의 과학, 그리고 중국을 중심으로 한 동아시아의 오랜 전통과학을 모두 모아 하나의 커다란 도가니 속에서 용융시켜 조선의 거푸집에 부어낸 것이라고 할 수 있다. 이로써 새로운 조선식 전통과학의 모델이 생겨난 것이다.

세종 때에는 우리나라의 오랜 역사와 전통 속에서 집적된 과학기술을 결산함으로써 자주적 성향이 뚜렷해지기 시작한다. 그래서 세종 시대의 과학은 뚜렷한 개성을 가지고 독자적인 문화를 전개해나갔다.

그러나 세종 시대의 과학과 기술은 아랍 과학처럼 외부세계에 큰 영향을 미치지는 못했다. 중국과 일본에 몇 가지 분야에서 영향을 주었을 뿐이다. 그래서 세종 시대의 과학은 외국 학자들의 주목을 별로 받지 못했고, 정당한 평가를 받을 기회를 갖지도 못했다. 우리나라 학자들의 세종 시대 인식에도 한계가 있었다. 1930년대 이후 민족주의 사학자들에 의해서 크게 각광받아, 세계적으로 자랑할 만한 과학적 업적으로 높이 평가된 세종 시대 과학기술의 몇 가지 성과는 민족적 자긍심을 북돋아주는 데는 성공했다. 하지만 그에 대한 학문적 고증이나 과학사의 연구방법에 의한 객관적인 평가와 체계적인 연구가 없어 자랑스러운 우리 역사의 하나로 우리 책 속에서만 빛나고 있었다.

이후 세종 시대의 과학은 동아시아 과학기술사와 의학사학자들 사이에서는 중요한 연구 과제로 등장하게 되었다. 1944년과 1946년 홍이섭의 『조선과학사』에 이어 1960년대 이후 전상운의 연구가 외국학계에 발표되면서 새로운 조명을 받게 된 것이다. 그리고 그 계량적인 평가는 학계의 공감을 얻기에 충분했다. 이 학문적 성과들이 제대로 정리된 이도오(伊東)·야마다(山田) 등의 『과학사기술사사전』은 세계 과학기술사 속에 세종 시대의 창조적 성과를 부각시킴으로써 우리는 그 성과를 객관적으로 확인할 수 있게 되었다. 그들이 작성한 연표에 따르면, 1400년에서 1450년까지 주요 업적으로, 동아시아에서 한국이 29건, 중국이 5건, 일본이 0건이며, 동아시아 이외의 전 지역이 28건으로 정리되어 있다. 세종 시대 과학기술이 15세기에 이루어진 다른 모든 나라의 성과를 능가한다는 사실이 선명히 드러나 있는 것이다.

자주적 과학기술이 전개되다

조선왕조는 양반 관료 국가이다. 왕조의 지배자들은 유교사상을 정치이념으로 통치체제를 구축하였다. 개국 초에는 정치적 · 사회적 안정이 급선무였고, 왕권의 강화가 우선되었다.

왕조의 통치자들은 유교적 왕도정치를 실현하고 백성들이 잘사는 안정된 사회를 만들기 위해서 과학과 산업기술의 발전을 우선해야 한다고 생각했다. 특히 세종과 그의 측근 관료학자들은 이 사실을 분명히 인식하고 있었다. 그리하여 자주적 과학기술의 전개, 그리고 산업기술의 혁신이 새 왕조의 기반을 튼튼히 다지는 데 가장 중요한 과제로 떠올랐다. 『조선왕조실록』과 조선 초의 여러 문헌들은 우리에게 그러한 사례를 여러 곳에서 분명히 예시해준다.

1403년(태종 3년), 태종은 대신들의 강력한 반대를 물리치고 계미자의 주조를 강행했다. 13세기 고려에서 발명되어 겨우 명맥이 이어지던 청동활자 인쇄술을 국가적 프로젝트로 삼아 기술혁신을 해낸 것이다. 이때 태종의 말을 권근은 이렇게 전하고 있다.

정치를 하려면 반드시 널리 책을 읽어 이치를 깨닫고 마음을 바로잡아야 수신제가치국평천하의 효과를 낼 수 있을 것이다. 조선은 중국의 바다 건너에 있어 중국 서적이 잘 들어오지 않을뿐더러 목판은 갈라지기 쉽고 만들기도 어려워 그것으로는 모든 책을 다 인쇄할 수 없다. 이제 구리(청동)로 글자를 만들어서 책을 얻을 때마다 그 책을 인쇄해 널리 펴내면 그 이로움은 참으로 무한할 것이 아니겠는가.

이는 백년대계의 뜻을 펴려는 거시적 정책의 실현이었다. 그리고 그 속에는 중국에만 늘 매달려 있을 수는 없다는 자주적 문화 창조의 강한 의지가 깔려 있다. 이 사업으로 조선왕조는 세계에서 처음으로 금속활자에 의한 인쇄기술 혁신의 기틀을 마련하게 되었다. 계미자의 주조로 조선은 많은 서적을 인쇄 출판하는 대량생산체제를 갖추었다. 출판물도 불교경전 위주이던 경향에서 한발 나아가, 역사책을 국영 인쇄공장에서 찍어 펴내게 된 것이다. 중국에서 기술적인 어려움 때문에 해내지 못한 금속활자 인쇄기술이 조선왕조에서 개발되어, 세종 시대에 경자자(1420년)와 갑인자(1434년)로 이어지는 기술혁신을 이룩하였다.

세종은 청동활자 인쇄기술의 혁신에 특별한 관심을 기울였다. 즉위한 지 얼마 안 된 세종 2년(1420년), 계미자 인쇄기의 기술상의 결점들을 해결하기 위하여 새로운 청동활자와 인쇄기의 개량을 명했다. 『세종실록』은 왕이 친히 연구하여 공조참판 이천 등에게 그 일을 맡겨 국가적인 과제로 추진하게 했다고 기록하고 있다. 세종은 그 기술적인 성공을 바탕으로 세종 16년(1434년)에 더욱 아름다운 책을 인쇄하기 위하여 갑인자를 만들게 했다. 아름다운 글자꼴을 그대로 살린 청동활자의 정밀한 규격화를 이루어낸 조선식 청동활자 인쇄기술을 완성한 것이다. 조선식 청동활자 인쇄기술의 완성은 세종의 주목할 만한 업적이다. 세종 시대의 과학자들은 그들이 개발한 15세기 최고의 첨단기술로 가장 아름다운 책들을 만들어낸 것이다.

조선의 청동활자 인쇄기술은 16, 17세기 일본의 청동활자 인쇄기술을 일으키게 했다. 18세기 에도 시대의 훌륭한 인쇄문화는 아름다운 갑인 청동활자와 이어지는 것이다. 그리고 조선의 청동활자 인쇄기술은 중국의 인쇄 문화 발전에도 큰 영향을 미쳤다.

세종 시대 청동활자 주조기술의 획기적 발전은 조선에서의 공업 생산품의 표준화·규격화의 모델이었다. 그리고 그 기술은 1445년(세종 27년)의 조선식 화포 제조의 표준화·규격화로 이어졌다. 그것은 15세기 기술사 최대의 성과로 평가된다.

세종 시대 천문역산학의 전개는 조선왕조의 자주적 과학기술 발전을 위한 웅대한 포부를 실현한 과정으로 특히 주목된다. 세종은 1432년(세종 14년)에 정인지에게 조선왕조의 자주적 천문 역법을 세우는 크고 야심 찬 국가적 프로젝트를 제안했다. 『세종실록』을 비롯한 조선 초기의 문헌들이 기술하고 있는 그때의 정황은 매우 인상적이다. 그것은 젊은 학자 임금인 세종과 집현전 학자들의 차원 높은 학문, 그리고 새로운 왕조의 문화 창조에 대한 정열에서 비롯되었다.

'제왕의 학' 인 천문역산학을, 중국의 그늘에서 그저 배우고 따르기만 하는 수준에서 그치지 않고 스스로 연구하고 관측하여 자기의 학문으로 전개하겠다는 것은 어떤 의미에서 중국 제왕학에 대한 조용한 도전이었다. 천문과 역법은 종주국 중국에서 황제의 권위를 입어 시행하는 영역이고, 변방 왕국은 정해진 제도에 따르는 것이 지당한 관례였다. 세종은 그런 관례에서 벗어나려 한 것이다. 조선왕조의 서울인 한양의 북극고도를 표준으로 천문관측과 역법계산을 하려는 야심 찬 시도는 중국의 황제적 권위에 거스르는 일이다. 15세기 동아시아의 천문사상과 정치·통치 사상이 얼마나 치밀하게 얽혀 있는지를 조금만 더 깊이 고찰해보면, 그 역학관계는 더욱 뚜렷해질 것이다.

대간의대라는 경복궁 천문대의 건설과 여러 가지 관측기기들의 제작, 수준 높은 관측제도에 따른 천문현상의 정밀한 관측, 그리고 『칠정산 내편(七政算內篇)』과 『칠정산외편(七政算外篇)』이라고 이름 지은 조선의 자주적 역법을 세운 일은 그런 측면에서 주목해야 한다. 『칠정산내편』이 편찬되고 나서 조선의 서운관에서는 명나라의 역법인 『대통력(大統曆)』은 중국역이라고 했고, 『칠정산내편』은 본국력이라고 했다. 그러나 조선왕조에서는 『칠정산내편』에 역법의 이름을 굳이 붙이지 않았다. 7행성의 운동에 대한 천문학적 계산이라는 매우 학문적인 표제를 붙여서, 중국 황제의 이름으로 편찬된 역법을 받아 시행하지 않는다는 오해의 소지를 없앴다. 이런 면에서도 세종 시대는 새롭게 조명되어야 한다.

세종 시대의 천문역법 전개에서 천문도 각석도 빼놓을 수 없다. 『증보문헌비고』는 1433년(세종 15년)에 새 천문도가 석각되었다고 전한다. 그러나 『세종실록』에는 이 사실에 대한 기록이 없다. 1395년(태조 4년)에 〈천상열차분야지도〉를 각석한 사실도 『태조실록』에 기록이 없다. 그런데 그 천문도에 시문을 쓴 권근은 그것이 고구려 천문도를 바탕으로 만들어졌다고 밝히고 있다. 또 천문도 제작에 참여한 서운관의 천문학자들과 당대 학자들의 관직과 이름을 밝혀 그것이 국가적인 사업이었음을 밝히고 있다. 태조의 왕권과 권위의 표상이었던 것이다. 최근 연구에 의하면, 〈천상열차분야지도〉에 새겨진 1467개의 별은 당시 중국 별자리 그림의 별 1465개와 다르다는 사실이 밝혀져, 조선 천문학자들의 자체 관측 결과로 해석된다.

1442년(세종 24년)에 제도가 확정된 강우량 측정법, 즉 측우기의 발명도 주목된다. 자연 현상을 기기로 측정하여 통계를 내는 과학적 방법 개발과 농업국가로서 농업기상학의 성립은 15세기 과학사에서 특기할 만한 성과로 평가된다. 세종 시대 측우기에 의한 강우량 측정법의 발명은 중국 명나라의 영락연간(1424년)에 전국 각 주에 우량계를 설치했다는 기록과는 전혀 다른 측면에서 이해되어야 한다.

『세종실록』에 의한 역사적 사실의 기록, 창조적 아이디어 발명의 배경과 그 과정이 중국과는 전혀 다른 과학적 전개를 보여주고 있다. 그것은 또 전국적으로 제도화된 수백 년에 걸친 관측 데이터가 유물과 함께 남아 있어서 기상학사의 귀중한 자료가 되고 있다.

농자천하지대본이라는 농업정책은 농업기상학과 함께 농업기술 문제 해결이라는 또 하나의 큰 과제를 풀어나가는 노력과 이어지고 있었다. 『농사직설』이라는 조선 농서의 편찬사업이 그것이다. 한국인은 조선 초까지 중국의 농업기술서를 근간으로 농사를 경영하고 있었다. 그러나 한국의 자연, 기후 풍토는 중국과는 다르므로 중국의 농업이론이나 지침서를 그대로 적용할 수는 없었다. 농가월령만으로는 앞선 농업기술의 전국적 확대를 기대하기는 어려웠다. 1430년(세종 12년)에 펴낸 조선의 농업기술 지침서인 『농사직설』은 이런 배경에서 출발한 것이다. 1430년과 1437년 두 차례에 걸쳐 목판으로 인쇄되어 전국적으로 보급된 이 농서는 15세기의 가장 훌륭한 실용적 농업기술서였다.

생명과학으로서의 의약학 분야에서도 조선의 풍토와 한국인의 체질을 바탕으로 한 의약학이 전개되었다. 그리고 한국인의 오랜 경험과 전통을 토대로 한 의학사상과 실제 처방에 따른 치료의 효험에 대한 인식은 향약의 의약학적 연구를 발전케 했다. 새로운 독자적 의약학의 체계를 세우는 일은 1433년(세종 15년)에 완성된 『향약집성방』에서 학문적인 결실을 맺었다. 그리고 이 연구와 병행하여 동아시아 의약학을 집대성한 『의방유취』가 1445년(세종 27년)에 편찬되었다.

이것들은 15세기 최대의 의서였다. 『의방유취』는 1477년(성종 8년)에 청동활자로 30질이 인쇄 간행되었다. 그것은 일본 궁내청 서릉부에 오직 1질 264책(12책은 에도 시대 복원본)이 보존되어 있다. 오늘날 널리 활용되는 자료는 1852년에 일본에서 목활자로 간행된 중간본이다.

일본에만 남아 있는 15세기 조선과학의 귀중한 자료 중에는 〈혼일강리역대국도지도(混一疆理歷代國都之圖)〉가 있다 1402년에 제작된 이 세계지도는 원대의 중국지도와 자료들을 바탕으로 한 것이지만, 서역의 여러 나라들과 동쪽의 조선과 일본을 제대로 그려넣어 세계지도로서의 정확함을 더하고 격을 높였다. 지도의 제작 솜씨도 훌륭해서 15세기 최고의 세계지도로 평가되고 있다.

세종 시대의 관료 과학자들은 정밀한 실측지도의 제작과 정확한 최신 정보를 담은 지리지의 편찬에 착수했다. 지리지는 정치 · 군사, 사회 · 경제적으로 매우 중요한 통치자료였다. 조선 전도는 과학적인 지도로서 거의 완전한 것이었고, 지도 제작 전문가들의 그림 솜씨 또한 뛰어났다. 지금 일본 내각문고 소장의 조선 지도는 15세기 전반기 지도 중에서 가장 훌륭한 것으로 평가되고 있다.

『세종실록』에 별책으로 구성된 지리지는 완전한 형태로 남아 있다. 1432년(세종 24년)의 『지리지』는 국가적인 사업으로 편찬된 지리지이고, 짜임새 있는 내용과 정확한 최신 자료를 담고 있어 15세기 조선 지리학의 학문적 수준을 평가하게 한다. 이 지리학의 성과에 이어 1469년(예종 1년)에는 정밀한 채색 지도를 삽입한 지리지인 『팔도지리지』가 편찬되었고, 그후 1487년(성종 18년)에 『동국여지승람』으로 재편찬 간행되었다.

세종 시대 지리학의 성과는 1471년(성종 2년)에 『해동제국기』를 편찬, 간행케 했다. 중국과 더불어 가장 가까운 이웃 나라로 오랜 우호교류의 역사를 가진 일본의 자연과 생활, 그리고 정치제도 등에 이르기까지의 최신 자료를 여러 장의 지도를 삽입하여 엮은 것이다. 『해동제국기』는 목판으로 간행된 일본의 지도책으로는 가장 오래된 자료로 높이 평가된다.

이러한 과학의 모든 분야에 걸친 발전의 기운은 산업기술 분야에도 활발히 이어졌다. 또 거기서 나타나는 중국과 일본과의 기술 교류 또한 특기할 만한 성과라고 할 수 있다. 청동활자 인쇄기술의 혁신과 더불어 많은 서적의 인쇄 출판은 질 좋은 닥종이의 대량생산을 유발했다. 청동활자의 주조와 새로 규격화된 조선식 화포의 전면 개주(改鑄), 놋그릇의 급속한 보급은 구리의 수요량을 증대시켰다. 조선왕조는 일본에서 닥의 씨앗을 수입해서 재배를 장려했고, 구리의 수입도 늘렸다.

세종은 또 일본의 수차기술을 도입하여 보급에 힘쓰기도 했다. 무명을 대량생산해 의생활의 혁명이 일어났고, 분청사기의 대량생산으로 사기그릇을 쓸 수 있게 되었다. 또 광주요에서는 훌륭한 청화백자도 생산되었다.

이것은 일본 문화에도 적지 않은 영향을 미치기 시작했고, 교류가 활발해지는 데 기여했다.

과학기술 혁신을 위한 정책이 지속적으로 전개되다

과학성과 실용성을 존중하다

『훈민정음』(해례본) 첫머리의 어제문에는 이렇게 씌어 있다.

우리나라 말소리가 중국과 달라서 한자와는 서로 통하지 않으므로 어리석은 백성이 말하고자 하는 바가 있어도 마침내 제 뜻을 펴지 못하는 사람이 많으니라. 내가 이를 불쌍히 여겨 새로 스물여덟 글자를 만드노니 사람마다 쉽게 익혀 날로 쓰기에 편하게 하고자 할 따름이니라.

국어학자 이기문은 그의 논문 「훈민정음의 창제」(『한국사』 26, 1995)에서 한글 창제의 동기를 논하면서, 국어는 중국어와 다르니 한자와는 다른 문자가 있어야 한다는 생각과 백성의 편의를 도모해야 한다는 생각이 이 어제문에 분명히 나타나 있다고 쓰고 있다. 훈민정음, 즉 한글의 창제는 세종을 통해 발휘된 우리 민족의 과학적 창조성을 보여준 커다란 업적이다. 그리고 뛰어난 과학성과 실용성을 갖춘 문자체계인 한글은 15세기 최대의 언어학적 업적이다.

이러한 세종의 생각은 세종 14년(1432년) 경연에서 천문기기 제작에 대해서 정인지에게 한 말에서도 찾아볼 수 있다. 천문관측기기를 제작하여 서울의 북극고도를 측정하고 독자적 관측제도를 확립해야 한다는 것이다. 15세기 최고의 천문대인 경복궁의 대간의대는 이렇게 해서 건설되었다. 그것은 커다란 국가적인 사업이었다. 완성된 대간의대에서는 밤낮을 가리지 않고 활발한 관측활동이 전개되었다. 그리고 마침내 조선의 자주적인 역법체계를 이룩하기에 이르렀다. 우리만의 관측기기로 자주적 역법에 의해 역서를 만드는 것은 우리 글을 가져야 한다는 정신과 그대로 이어지는 것이다. 이 혁신적인 정책과 과학성, 그리고 실용성을 갖춘 민족문화 창조의 정신이 세종과 정인지로 대표되는 의표창제의 천문과학 프로젝트를 추진하는 원동력이 되었다. 왕권으로 상징되는 최고 결정권자인 세종, 그리고 그를 측근에서 보좌하고 자문하는 최고의 학자 정인지의 등장은, 세종 대 과학기술 혁신의 성공적 수행에서 정책 수립자와 두뇌집단의 협동체제의 중요성을 생각하게 한다.

세종과 그의 측근 학자들은 과학성과 실용성을 존중했다. 세종 대 과학기술이 전개되는 과정에서 그러한 사례는 수차례 나타난다. 앙부일구라는 독특한 오목해시계의 제작도 그중 하나로 꼽을 수 있다. 이 해시계는 과학성과 정확성을 갖춘 뛰어난 측정기기이다. 세종 시대 과학자들은 거기에 공중 해시계로서의 실용적 기능을 더해 글을 모르는 백성도 보고 알 수 있도록 시신(時神)을 그림으로 그려넣었고, 사람들이 많이 오가는 한성의 종묘 앞거리와 혜정교에 설치했다. 앙부일구는 대표적인 조선의 해시계로서 조선시대 말까지 제작되었다.

이러한 세종의 정신과 의지는 과학기술 혁신의 정책수립으로 이어졌다. 세종은 열심히 배우고 직접 연구해 경연에서 학문과 과학기술, 그리고 정책에 대하여 논했다. 또 집현전의 학자들을 제도적으로 지원하고 격려했다. 집현전 학자들은 뛰어난 학문적 경륜과 충직함, 거기에 오랜 연구 경력을 갖춘 당대 최고의 두뇌집단이었다. 그들은 관련 과제에 대한 역대 고전의 연구와 기초자료 수집 정리에서 능력을 발휘하여 국가적 연구과제의 기틀을 잡아나가는 데 크게 기여했다.

천문관측기기 제작사업과 『제가역상집』 및 『칠정산내외편』의 편찬이 그랬고 측우기의 발명, 도량형의 정비, 『총통등록』의 편찬, 『농사직설』의 편찬, 『지리지』의 편찬과 팔도지도의 제작, 『향약집성방』과 『의방유취』의 편찬이 그러했다. 이와 같은 과학적이고도 실용적인 국가적 과제의 수행에는 집현전 학자들의 노력과 훈민정음의 창제정신에서 보이는 자주적 민족문화 창조의 강한 의욕이 깔려 있는 것이다.

기술 자립과 신기술 개발을 위한 거시적인 노력을 기울이다

조선 초 새 왕조의 제도와 문물을 정비하는 일은 왕권을 확립하고 왕조의 정통성과 권위를 세우는 데 반드시 필요한 국가적 명제였다. 이를 실현하기 위해서는 먼저 양반사대부들이 학문과 지식을 연마해야 했다. 그래서 태종은 책을 많이 출판해야겠다고 생각했다.

금속활자 인쇄술 개발이라는 태종의 아이디어는 놀라운 반면 무모한 것이기도 했다. 대신들은 기술적으로 불가능하다고 반대했다. 그런데도 태종은 고집을 꺾지 않았다. 나라를 잘 다스리는 길이 책 속에 있다고 믿었기 때문이다. 그리하여 1403년 만들어진 것이 계미자였다.

그렇지만 세종은 계미자에 만족하지 않고 그것을 개량하기로 결심했다. 『세종실록』 세종 3년(1421년)의 기사에는 "이리하여 왕이 친히 연구하여 공조참판 이천과 전소윤(前小尹) 남급에게 활자와 동판이 서로 맞아 틈이 안 생기게 하도록 명하였다"라고 씌어 있다. 또 세종 16년(1434년) 갑인자를 주조할 때, 세종은 태종이 계미자를 개발할 당시의 어려움을 이천에게 상기시키고, "태종은 강령(强令)으로 주조케 했다"고 말하면서, 새로운 청동활자를 잘 만들어 인쇄기술을 혁신하라고 강조했다.

이로써 조선왕조는 조선식 청동활자 인쇄기술에 의하여 필요한 책을 얼마든지 출판할 수 있게 되었다. 이것은 새로운 정보매체의 기술혁신이었다. 목판인쇄를 주류로 하는 중국의 서적 출판 방식에서 탈피하여 조선은 조선식 청동활자 활판인쇄술에 의한 서적 출판을 주류로 하는 전통을 세웠으니 실로 주목할 만한 변혁이었다.

『농사직설』을 통해 조선식 유기농법에 의한 집약적 경작기술의 효과적인 보급과 장려에 성공한 것도 커다란 성과로 평가된다. 이로써 중국의 농서와 그 농업기술에 미련을 가질 필요가 없어졌다. 조선의 자연과 풍토에 가장 적합한 선진 농업기술 지침서가 나왔기 때문이다.

『향약집성방』과 『총통등록』이 간행되었을 때에도 기술 자립의 성과가 나타났다. 기술 자립과 개발을 위한 노력은 산업과 기술의 거의 모든 분야에서 간단없이 전개되었다. 금속제련 및 합금기술과 제지기술, 그리고 요업기술과 토목·건축기술에서 괄목할 만한 성과가 이루어졌다. 조선의 과학자와 기술자들은 전통기술을 이어받아 새로운 기술을 개발하기 위해서 노력했고, 중국과 일본 등지의 새로운 기술 정보를 찾아내는 일을 게을리하지 않았다. 세종과 그를 보좌하는 학자 관료들은 그것을 정책적으로 밑받침하고 밀고 나가는 데 적극적이었고, 조선왕조는 기술과학자들과 장인들을 우대하는 정책을 임금의 특명으로 밀고 나갔다. 조선의 기술과학자들은 중국에 파견되어 중국의 첨단기술과 이론을 익혔고 조선의 기술과 비교 연구하여 확실한 체계와 기술이론을 세울 수 있었다. 새로운 조선의 기술과학이 성립된 것이다.

인재를 뽑아 기르고 두뇌집단을 움직이다

세종 대 과학기술의 유례없는 발전의 원동력은 그것을 헌신적으로 떠맡은 사람들이었다. 그들은 관료학자들과 과학자, 공학자, 그리고 신분이 낮은 장인 집단이었다. 그들은 세종의 정신적 물질적 지원과 격려에 고무되어 보람을 느끼면서 자기에게 주어진 일에 종사할 수 있었다. 조선시대의 몇 가지 기록들은 이러한 사실을 생생히 전해주고 있다.

그중에서도 장영실에 관한 기록은 정말 극적이다. 잘 알려진 것처럼 장영실은 동래현 관노였다. 아버지는 중국에서 귀화한 사람이고 어머니는 기생이었다고 『세종실록』은 전한다. 그런 장영실이 어느 날 세종의 부름을 받았다. 『연려실기술』에는 "세종 3년(1421년)에 남양부사 윤사웅, 부평부사 최천구, 동래관노 장영실을 내감으로 불러 선기옥형의 제도를 논란 강구하니 임금의 뜻에 합하지 않음이 없었다"고 했다. 정말 파격적인 일이다. 임금이 궁궐 안의 서운관에 당대의 천문학자 두 사람과 함께 관노 장영실을 부른 것이다. 그리고 그들은 천문학의 기본이 되는 관측기기인 혼천의의 제도에 대해서 연구하고 토론했다. 그 자리에서 장영실은 세종의 마음을 사로잡았다. "임금이 크게 기뻐하여 이르기를, 영실은 비록 지위가 천하나 재주가 민첩한 것은 따를 자가 없다"고 칭찬을 아끼지 않았다고 『연려실기술』은 전한다. 세종 대 최고의 기술과학자로서 장영실의 인생은 이렇게 극적으로 바뀌었다. 세종은 그 자리에서 장영실을 중국에 파견하여 천문기기 자료를 수집 연구하도록 명했다. 실로 놀라운 결단이 아닐 수 없다.

장영실은 어떤 인물인가. 사실 우리는 그에 대해서 별로 아는 것이 없다. 그가 세종의 부름을 받을 때까지 동래현의 일개 관노 신분으로 어떻게 그러한 천문기기를 논할 수 있는 지식을 얻었는지 아무도 모른다. 그는 윤사웅과 함께 중국에 파견되었다. 윤사웅은 당대 최고의 천문학자였지만 미천한 장영실이 과연 중국의 최첨단 천문기기 자료들을 어떻게 이해할 수 있었단 말인가.

"중국에 들어가서 각종 천문기기 모양을 모두 눈에 익히고, 빨리 모방하여 만들도록 하라. 또 보루각, 흠경각의 혼천의 설계도식을 만들어 가져오라"는 세종의 특명을 받고 윤사웅과 장영실은 중국에서 중국 역대의 천문기기에 관한 자료들과 문헌들을 조사 연구하고 천문서적들을 수집해 가져왔다. 그들의 중국 파견은 성공적이었다. 그들은 중국에서 첨단과학기술과 참고 자료에 직접 접하여 천문학자와 공학자로서 창조적 아이디어를 실현하는 데 결정적 계기를 맞았다. 『연려실기술』은 그 결과를 이렇게 쓰고 있다.

7년 을미 10월에 양각(兩閣)을 준공하여 임금이 친히 내감에 가서 두루 보고 이르기를 '기특하다. 훌륭한 장영실이 귀중한 보배를 성취하였으니 그 공이 둘도 없다' 하고 천민의 신분을 벗겨주고 승진시켜 실첨지를 제수하였다. 겸하여 물시계의 일을 살피게 하여 서울을 떠나지 않게 했고, 감조관 윤사웅 등 세 사람에게 좋은 말을 하사하였다.

장영실이 등용될 때의 상황은 『세종실록』(권 61)에도 비교적 상세히 나타난다. 그가 처음 등용될 때 여러 대신들이 극력 반대하여 왕도 뜻을 이루지 못하다가 태종의 지지하에 다시 논의하여 비로소 상의원의 별좌로 제수할 수 있었다고 기록되어 있다. 일종의 별정직인 종6품 벼슬로 궁정공학자로서의 장영실의 지위가 보장된 것이다.

종6품은, 천문학자로서의 서운관 전문직인 천문학 교수와 같은 지위이고, 고을의 책임자인 현감 벼슬과 같은 지위이다. 일개 천민인 관노에게 그런 자리가 주어진다는 것은 당시의 엄격한 신분제도와 과거제에 의한 인재 등용 정책을 감안하면 상상할 수 없는 파격적인 조치이다. 기술과학자로서의 천재적 재질이 인정되었기 때문이라고 할 수 있지만, 세종이 아니고는 결코 밀고나갈 수 없는 과감한 과학자 등용 정책이었다.

결국 장영실은 15세기 최첨단 자동시보장치를 채택한 정밀 물시계인 자격루와 옥루를 성공적으로 완성했다. 그것은 아랍과 중국의 자동물시계를 그저 모방한 것이 아니라, 많은 독창적 정밀기계장치를 조화시켜 개발한 창조적 시계장치로 주목되는 것이다.

과학자를 기르려는 세종의 뜻은 세종 대의 대천문학자 이순지의 경우에서도 찾아볼 수 있다. 이순지는 문과에 급제한 양반 집안의 준재로 그 앞길이 보장된 관료학자였다. 세종은 천문·역법을 맡기려는 의도에서 그에게 중인 계층의 학문인 산학(算學)을 연구하라는 특명을 내렸다. 당사자로서는 결코 달가워할 일이 아니었으나 이순지는 세종의 뜻에 순종했다. 15세기 최고의 천문학자 이순지는 이렇게 해서 탄생한 것이다.

세종 시대 천체관측의 주역으로 활약이 컸던 천문학자 윤사웅을 다시 발탁한 것도 세종의 과학정책을 반영하는 사례로 꼽힌다. 세종은 경복궁 간의대의 설립과 관측기기의 제작을 위해서 퇴임한 서운관의 관료천문학자 윤사웅을 특명으로 다시 불러들여 그 일을 전담하게 했다. 그리고 승정원에서 "변변치 못한 벼슬아치들에게 하루 동안에 특

명으로 큰 고을 수령의 책임을 제수하오니, 듣는 사람 중에 놀라지 않
는 이가 없습니다. 청컨대 빨리 명을 도로 거두소서" 하고 연일 두 번
씩 아뢰었으나 세종은 이를 받아들이지 않고 벼슬을 높여 남양부사를
제수하여, 언제라도 특별한 관측활동을 할 수 있게 했다. 윤사웅의 관
측활동은 세종을 만족시켰고 그래서 세종은 자주 술과 고기를 내려
격려하고 2년마다 겨울 갖옷을 새로 만들어주게 했다.

세종의 인재 등용 정책은 이렇게 혁신적이었다. 그런 일은 임금이
라고 해서 해낼 수 있는 것이 아니었다. 과학자와 공학자를 파격적으
로 선발하고 그들을 우대해 구성된 궁정과학자들과 집현전의 학자들
은 세종의 뜻에 따라 주어진 과제를 잘 수행했다. 그들은 사명감에 불
탔고 세종은 그들을 끊임없이 격려했다. 그들은 또한 훌륭한 두뇌집
단으로서 늘 중국의 선진 과학기술 정보를 수용하는 데 적극적이었
고, 창조적인 아이디어를 제시하고 그것을 실현하는 공동연구에 충실
했다.

조직적인 공동연구를 해나가다

집현전은 세종 대 과학기술 발전에서 선도적 역할을 한 두뇌집단이
었다. 집현전 학사들 중에서 세종 대 과학기술사에 이름을 남긴 학자
들은 적지 않다. 강희맹·강희안·권채·김담·김돈·김빈·김수
온·노사신·박서생·서거정·성임·신숙주·신석조·신장·양성
지·유성원·유효통·윤회·이순지·이예·정인지 등이 핵심 인물
들이다. 그들은 집현전을 거친 학사 99명 중 20퍼센트가 넘는다.

세종은 이들을 중심으로 새로운 과제를 수행하기 위한 공동연구체

제를 구성하게 했다. 그리하여 도감이라는 각종 위원회가 조직되었다. 조선왕조는 건국 초부터 국가적인 대사업을 계획할 때 그것을 수행하는 임시기구로 도감을 설치해왔다. 각종 토목건축사업과 1395년의 석각천문도인 〈천상열차분야지도〉의 제작, 그리고 세종 3년(1421년)에 시작된 도성의 성곽 수축공사 때도 도감이 설치되었다. 도성수축 도감은 우의정을 총책임자(都提調)로 하고, 33명의 제조와 190명의 감역관으로 구성되었고, 동원된 인원은 30만 명에 달했다. 태종 3년(1403년)의 유명한 계미자 주조사업과 태종 2년(1402년)의 세계지도인 〈혼일강리역대국도지도〉 제작 사업도 공동연구로 추진 수행되었다.

이러한 체제는 세종 대에 더욱 활발히 조직되고 가동되었다. 세종 초에 이루어진 한국 과학사상 최대 규모의 천문기기 제작과 천문대 건립사업 역시 공동연구와 협동조직체제로 임시기구가 구성되었다. 세종 4년(1422년)에 명나라에 파견했던 윤사웅, 최천구, 장영실이 귀국하자 세종은 곧 천문기기 제작을 위한 도감을 설치하여 우선 혼천의 제작을 추진하게 했다. 그들은 먼저 시험 제작에 들어갔고, 그것이 성공을 거두자 세종 14년(1432년)에는 본격적인 대규모 천문대인 대간의대 설립사업에 착수하였다.

『증보문헌비고』(권2, 사위고 2)에 따르면, "정인지, 정초 등이 고전을 조사하고, 이천·장영실 등이 그 제작을 감독하였다"고 했다. 이 간단한 기사는 우리에게 중요한 사실을 말해주고 있다. 문헌과 학문적인 이론의 조사 연구와 실제적인 제작기술의 연구 및 관리를 분담하여, 조직적인 공동연구와 협동체제를 갖추어 계획 추진했다는 사실이다. 『세종실록』의 관련 기사를 보면 여러 사람의 이름을 더 찾아낼 수 있다. 실제로 이 사업에는 세종 대의 일류 천문학자와 기술과학자들, 그리고 집현전의 학자들이 동원되었다. 그 결과는 만족스러웠고 성공적이라는 평가를 받았다. 세종 19년과 20년의 『세종실록』 기사에는 그 성공적인 결과에 대한 찬사가 여러 번 나온다.

이러한 천문기기 제작사업과 함께 추진된 자주적 역법 확립을 위한 역(曆)의 계산과 천문학서 편찬사업 역시 왕명에 의하여 공동연구 협동체제가 조직되었다. 조선의 자주적 역법을 세운 『칠정산내편』은 정흠지, 정초, 정인지 등이, 『칠정산외편』은 이순지, 김담이 완성한 것으로 공식 기록되어 있는 것도 공동연구의 성공적인 결과를 확인케 한다. 그들은 오랫동안의 공동연구로 큰 국가적 과제를 수행한 것이다. 조선왕조가 독자적인 역법을 수립했다는 것은 매우 중요한 의의가 있다. 중국의 천자가 내리는 역서를 그대로 받아쓰는 상징적인 예속체제에서 벗어나 실질적인 자주성을 확립했음을 의미하기 때문이다.

『팔도지리지』의 경우도 마찬가지였다. 세종 6년(1424년)에 변계량이 왕명을 받아 착수한 이 과제는 수많은 사람들이 동원되어 8년 만인 세종 14년(1432년)에 결실을 보았다. 공식 기록에 나타나는 대표적인 인물만도 맹사성, 권진, 윤회, 신장 등이 꼽힐 정도로 공동연구의 팀워크가 잘 짜여 있었다.

3년 만에 이루어진 『의방유취』 편찬사업은 더 조직적으로 전개되었다. 김예몽, 유성원, 민보화 등이 1차 기초자료 수집 및 부문별 정리 요약에 관한 일을 맡아 수행했고, 그 업적을 토대로 김민, 신석조, 이예, 김수온 등이 주역을 맡았으며 의관(醫官) 김순의, 최윤, 김유지 등이 실무자로 편집에 종사했다. 또 안평대군 용, 이사철, 이사순 등을 감독관으로, 그리고 당대 최고의 의학자인 노중례가 총책임자로 참가하고 있다. 결국 365권에 달하는, 15세기 최고의 이 방대한 의서는 공적으로 알려진 대표적인 인물의 이름만도 14명에 이르는, 학자와 의사들의 조직적인 협력으로 이루어진 것이다. 『의방유취』의 간행은 조선 의학이 중국 의학 또는 한의학(漢醫學)의 테두리에서 벗어나 허준이 일컬은 동의학(東醫學)으로 발전하는 일대 전기가 되었다고 평가되는 획기적인 업적이었다.

국책과제로서 과학기술이 전개되다

세종 대 과학기술의 업적에서 대형 프로젝트와 학문적으로 높은 수준의 성과, 그리고 첨단 과학기술의 개발은 예외 없이 국책과제로서 국력을 기울여 추진한 것들이었다. 최고 권력자로서 세종의 학식과 정열은 그를 가르치고 보필했던 연로하고 권위 있는 지도적 학자들의 조언을 널리 받아들여, 적절한 연구과제들이 선정되는 데 결정적인 역할을 했다. 그것들은 국책과제로서, 우선순위가 매겨져 추진되었다. 집현전의 젊은 학자들은 연구과제를 집중적으로 수행하는 데 제일 먼저 동원되었다.

과학기술의 연구과제가 추진되는 과정을 기록한 문헌들에 따르면, 집현전 학사의 연구과제는 그들의 희망과는 관계없이 국가의 정책에 의해서 주어지는 경우가 대부분이었다. 과학기술의 연구과제가 추진되는 과정을 기록한 문헌들에 의하면 다 그렇게 기록되어 있다. 이순지의 경우는 학문의 전문 분야까지도 자신의 의사와는 관계없이 세종의 특명으로 결정되었을 정도였다.

세종과 그의 측근 관료학자들은 과학기술에 대해 상당한 수준의 지식을 가지고 있었다. 세종은 정인지의 지도로 당시의 대표적인 수학서인 『산학계몽』을 학습했다고 한다. 그들의 수준 높은 과학지식은 적절한 국책과제를 선정하는 데도 결정적으로 작용했다. 그 과제는 새 왕조가 세워진 지 반세기가 안 되는 중요한 시기에 국가의 기틀을 다지고 왕조의 권위를 세우는 데 반드시 수행해야 할 기본적인 것들이었다. 민중의 삶이 향상되는 데 직접적으로 기여한 현실적인 과제들이기도 했다.

실제로 이 시대에 농업생산이 크게 증대되었는데, 그것은 무엇보다도 농학이 발달하고 농업 생산기술이 고도화되었기 때문이다. 『농사직설』의 편찬과 보급, 농업기술 향상을 위한 정책적 노력으로 벼농사가 전국적으로 확대되었고, 오곡의 재배기술이 크게 향상되어 식량이 풍부해진 것이다. 또 세종 대에는 모든 백성이 무명옷을 입을 수 있을 정도로 목면 재배기술이 향상되었고, 생산량이 급격히 증대되어 대일본 수출이 지속적으로 확대되었다. 한국인의 의생활에 혁신적인 변화가 일어난 것이다.

『향약집성방』은 구하기 쉬운 우리 약재로 처방된 약으로, 민중의 질병을 치료하는 데 크게 기여했다.

이렇게 과학기술을 국책과제로 수행함으로써 과학기술의 발전뿐만 아니라, 민중의 생활 향상과 복지 증진에도 직접적이고 가시적인 효과가 나타났다. 이것은 안정된 사회를 지향하는 세종 시대에 하늘의 뜻을 받들고 백성을 위하는 정치적 이상을 실현하는 길이기도 했다. 조선왕조의 유교적인 민본주의와 농본정책이 과학기술 정책과도 이어진 것이다. 국책과제로서의 과학기술의 정책적 추진은 분명히 성공적이었다고 평가할 수 있다.

기술혁신을 국가적 차원에서 지원하다

세종 2년(1420년)에 만든 경자자는 1403년에 만들어진 계미 청동
활자 인쇄기술의 기술상의 문제점을 혁신적으로 개량하기 위해서 개
발되었고 그 결과는 성공적이었다. 인쇄된 책은 목판본이나 다름없이
깨끗했고 인쇄능률도 획기적으로 향상되었다. 이 일을 위해서 세종은
주자소의 장인들이 처자의 생계를 걱정하지 않도록 특별 보수를 제공
하는 데도 인색하지 않았다. 세종은 또 그들을 자주 현장에서 격려했
고, 여러 번 '술과 고기를 하사' 하는 등 정신적 · 물질적 · 지원을 잊지
않았다.

인쇄기술 개량을 위한 노력은 그후에도 몇 차례 거듭되었다. 특히
세종 16년(1434년)의 갑인자 주조사업은 조선의 인쇄술을 최고 수준
으로 끌어올린, 기술혁신의 성공적 사례로 꼽힌다. 지중추원사 이천
의 감독 아래 김돈, 김빈, 장영실, 이세형, 정척, 이순지 등 당시의 최
고 기술과학자들이 총동원되어 추진된 것도 이례적이다. 국가의 기술
력을 결집하였다는 사실을 알 수 있다. 큰 활자와 작은 활자 두 종류
20여만 자의 청동활자가 만들어졌는데, 이것은 획기적인 기술 발전이
었다. 신기술로 양질의 인쇄를 지속적으로 해내기 위해서 세종은 국
립인쇄소인 주자소를 경복궁 안으로 옮기고 수시로 현장을 방문하여
격려하곤 했다.

기술혁신을 위한 국가적 차원의 지원은 중국의 선진기술을 도입하
여 새 기술을 창출하는 데 기여했고, 일본 기술 역시 적극적으로 도입
했다.

조선 선박에 비하여 일본 선박이 경쾌하고 빠르다는 사실에 주목하

여 그 원인을 분석하여 조선기술 개량을 위하여 노력한 사실들이 『세종실록』 여러 곳에서 발견된다. 특히 세종 27년(1445년)에는 일본 기술자를 초빙, 귀화하게 하여 호군의 벼슬을 주고 배를 만들게 했을 정도로 적극적이었다. 또 여러 외국 선박의 특징을 비교 연구하여 외국 기술의 장점을 도입하는 데 주저하지 않았다. 결국 그러한 일을 맡아보는 사수감(司水監)을 호조 안에 두고 전함 건조와 선박 건조 자재의 조달을 맡게 하는 데까지 발전하였다.

화포 제작 기술의 혁신은 조선식 화포의 주조 및 성능 향상을 위한 노력에 머물지 않았다. 중국에서 철제 화포를 만듦에 따라 화포의 재질을 청동에서 철로 바꾸고자 한 것이다. 그 첨단기술의 노하우를 알아내고 자체 개발하기 위하여 조선왕조는 정책적인 노력을 계속했다. 세종 27년(1445년)에는 두 왕자에게 대포의 일을 맡아 감독하게 하고 화포 공장(工匠)의 장려책을 강구했다. 또 군기감정의 지위를 높여주고 화포 주조의 총책임자로 발령하는 등의 정책적인 조치를 과감히 단행했다.

화포와 관련해 중요한 기술인 화약 제조도 빼놓을 수 없다. 그 기술의 비밀은 중국만이 가지고 있었다. 병조가 앞장서서 정부 차원에서 화약 제조에 나서야 한다고 세종에게 주청한 기록이 『세종실록』에 나타난다. 중국 염초 제조법을 연구한 결과 조선의 제법보다 두 배나 많은 양이 추출되니, 조선에서도 그 방법을 써야겠다는 것이었다. 그리고 그들은 화약제조 기술자를 평안·함길·강원·황해의 네 도에 파견하여 그 기술을 가르쳤다. 세종 30년(1448년)의 『총통등록』에 규격화된 조선식 화포의 전면 개주의 기술적 배경에는 이러한 정책들이 있었던 것이다.

제지기술 개량을 위한 정책적 노력도 계속되었다. 고려의 우수한 제지기술을 계승하여 질 좋은 종이를 생산하고 있던 조선시대에는 청동활자 인쇄술의 발전과 활발한 서적출판으로 종이의 수요가 급증했다. 태종 15년(1415년)에 설립한 조지소(造紙所) 즉 국립 제지공장은 전국의 지공(紙工)들이 가지고 있던 기술을 한데 모으는 데 힘을 기울였다. 그 기술적 성과와 정책은 세종 대에 그대로 이어져 세종 6년(1424년)에는 조지소에서 인쇄용지로 고절지(蒿節紙)와 송엽지(松葉紙) 등을 만들어 부족한 닥종이를 보충할 수 있게 되었다. 또 닥종이의 대량생산을 위해서 세종 21년(1439년)에는 일본 닥나무의 품종을 도입하여 재배하게 하는 과감한 조치를 취했다.

세종 대의 정책을 바탕으로 법제화된 『경국대전』에서의 지장(紙匠) 우대 규정은 조선왕조가 종이의 중요성을 충분히 인식하고 질 좋은 종이의 생산에 정책적인 배려를 아끼지 않았음을 보여주는 것이다. 지식과 정보의 보존, 그리고 이의 전달 매체인 종이의 생산 증대를 위한 노력은 15세기 전반기의 조선 사대부의 학문적 수준과 비례한다고 평가할 수 있다.

15세기 과학기술의 성과

15세기 전반기인 조선 초에 이룩한 과학과 기술의 발전은 그 질과 양에서 우리나라 역사에서는 말할 나위도 없고 동아시아, 더 나아가 세계사적인 시야에서 볼 때에도 유례가 없는 발자취를 남겼다. 15세기 전반기의 과학사는 조선왕조 세종 시대의 과학자들에 의하여 찬란

세종 임금은 어떤 인물인가

인간 세종을 알 수 있는 기록이나 자료는 별로 없다. 얼마 안 되는 자료 중에서 내가 제일 좋아하는 기록이 몇 있다.

첫째는, 한글을 만들 때 세종 임금의 생각을 담은 글이다. 『훈민정음』(해례본) 첫머리의 어제문에는 백성을 위한 세종의 마음이 잘 표현되어 있다. 그런데 이 한글이 그 시기 학문어인 한문에 밀려 크게 보급되지 않고, 기록 문자로 사용되는 데 어려움을 겪었다. 배우기 쉽고 쓰기 쉬운 한글이지만, 조선 유학자들은 한문으로 문장을 쓰는 것이 배운 사람으로서 유식함을 과시하는 수단이었기 때문에 공적인 기록에는 한글을 쓰지 않았다. 그러나 한글은, 우리가 일제 식민주의 지배자들의 교묘한 평가 절하 정책에 현혹되어 잘못 인식하고 있었던 것처럼, 조선시대 양반들이 쓰기를 꺼려했던 그런 글자가 아니다. 최근 왕족들이나 이름 있는 양반학자들이 쓴 한글 문장 기록이 계속 발견되고 있다. 이는 한글에 대한 우리의 잘못된 이해를 바꿔야 할 때임을 보여주는 사실이다.

또 하나는, 조선의 천문관측기기를 만들려는 세종의 생각을 통해 짐작할 수 있다. 다음은 세종 14년(1432년) 경연에서 세종이 한 말을 정인지가 기록한 글이다. 이 글은 훈민정음 창제에 대해서 정인지가 쓴 세종의 마음과 같은 맥락에서 이해할 수 있다.

『세종실록』에 의하면, 1432년(세종 14년) 7월, 임금은 경연에서 역상의 이치를 논했다. 그 자리에서 세종은 예문관 제학 정인지에게 "우리 동방이 멀리 바다 밖에 있으나 모든 시설 면에서는 한결같이 중국의 제도를 따랐다. 그런데 오직 하늘을 관찰하는 기기가 부족한 점이 있소. 경은 이미 역산에 대한 제조의 일을 맡고 있으니 대제학 정초와 함께 고전을 연구하고 의표를 창작하여 측험(側驗)하는 것을 갖추도록 하시오. 그러나 그 요점은 북극출지의 고하(高下)에 달려 있으니, 먼저 간의를 만들어 올리게 하시오"라고 했다는 것이다. 경복궁 대간의대 건립이라는 역사적 프로젝트에 대한 학문하는 임금으로서의 세종의 커다란 포부가 드러나 있다. 이는 자주적 왕조로서 천문관측대와 조선의 천문의기를 만들자는 것이니 자주적 역법체계를 세우는 것으로 이어진다. 학문하는 임금인 세종이 조선왕조를 반석 위에 세우고 백성을 위한 정치를 펴나가는 일에서 정책적 우선 순위를 제대로 알고 있었음을 나타내는 사실들이다.

하게 빛난다. 과학의 역사에서 15세기는 세종의 시대이다. 세종 시대 과학기술의 발전은 이제 우리나라와 동아시아의 테두리에서가 아니라, 15세기 세계 과학기술의 주역으로 뚜렷이 자리매김되어야 할 것이다. 그 성과는 이슬람 과학과 서유럽 근대과학 사이의 역사적 공백을 훌륭히 메워주는 동아시아 과학의 업적으로 재조명되어야 할 것이다.

이제 세종의 일대기에서 첫째 마디에 쓴 것과 중복되지 않는 과학기술 관련 업적을 추려보겠다.

장영실을 등용할 때의 이야기다.

"행사직 장영실은 (……) 그 공교한 솜씨가 보통 사람보다 뛰어나므로 태종께서 보호하시었고, 나도 역시 이를 아긴다."

또 이런 대목도 있다.

"임인 계묘년(1422~23년) 무렵에 상의원 별좌를 시키고자 하여 이조판서 허조와 병조판서 조말생에게 의논하였더니, 허조는 '기생의 소생을 상의원에 임용할 수가 없다' 고 하고 말생은 '이런 무리는 상의원에 더욱 적합하다' 고 하여, 두 의논이 일치하지 아니하므로, 내가 굳이 하지 못하였다가 그뒤에 다시 대신들에게 의논한즉, 유정현 등이 '상의원 별좌에 임명할 수 있다' 고 하기에, 내가 그대로 따라서 별좌로 임명하였다."

내불당을 세울 때의 이야기도 우리의 관심을 끈다.

세종 30년(1448년) 7월 무렵, 그는 거의 매일 대신들에게 시달렸다. 대신들은 강경하게 들고 일어나 파상적인 공격을 가했다. 세종은 "너희들이 무엇인데 반대하느냐"고 하며 반대 상소를 모두 물리쳤다. 그는 또 "내 처음 즉위했을 때는 나라 사람들이 나를 현군이라고 하고 (……) 이즈음에 와서는 내가 하는 정사에 대해 다 이치에 당치 않다하고 옳다고 하는 것이 한 가지도 없으니, 불법(佛法)에 대해 나 혼자 어떻게 하겠는가? 이미 불법에 대해서 어떻게 할 수 없으니, 선왕을 위하여 불당 한 채를 세우는 일이 어찌 옳지 못한 일인가!"

조선시대 최고의 기계기술자

장영실

| 문중양 |

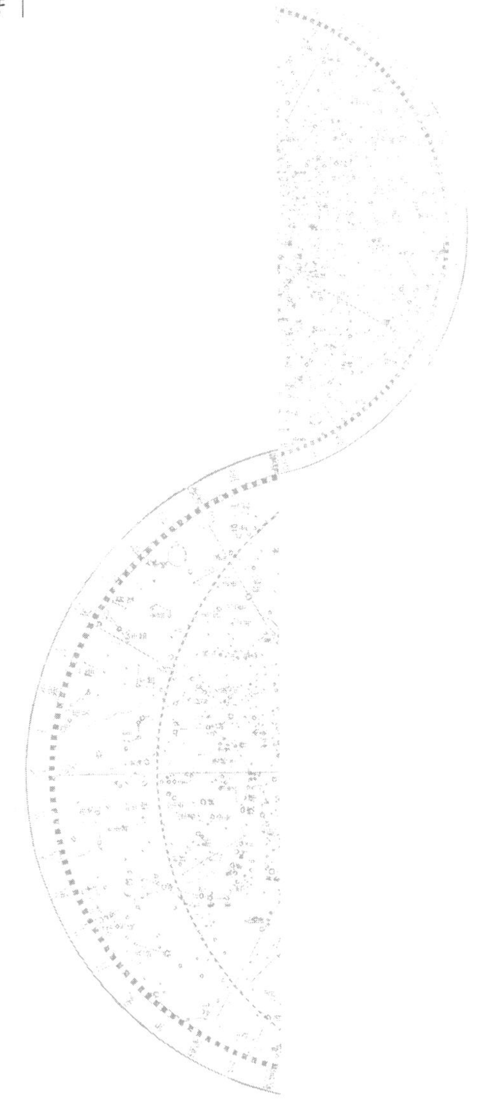

한국 과학사의 큰 별

전통과학기술을 대표하는 인물로 장영실(蔣英實)이 부상하는 듯하다. 이미 1969년 '과학자 장영실 선생 기념사업회'(1985년에 '과학 선현 장영실 선생 기념사업회'로 명칭이 변경되었다)가 출범하여 활발한 활동을 벌여왔다. 1999년에는 이 사업회 주도로 장영실과학문화상이 제정되었다. 이 상은 세계 과학사에 획기적인 공로를 세운 자 또는 국내 과학 분야 최고 권위자로 인정받은 자, 말하자면 국내외를 통틀어 최고의 과학기술자에게 주는 명예로운 상이다. 또한 이에 앞서 1991년부터는 한국산업기술진흥협회와 매일경제신문사가 공동 주관하고 과학기술부가 후원하는 'IR52 장영실상'을 국내 최고의 산업기술자 중에서 선발해 수여해왔다. 그야말로 과학기술 분야의 최고 권위자와 기술에 장영실이라는 이름으로 명예를 부여하는 것이다.

한편 장영실의 추모비가 세워져 있는 충청남도 아산시에서는 10월 26일을 '장영실의 날'로 정해 대대적으로 추모행사를 벌이고 있다. 2003년 3월 5일에는 과학 영재를 길러내는 장영실과학고등학교가 부산에서 개교하기도 했다. 과학고등학교뿐 아니라 한국 최고의 과학기술자들을 길러내는 대전의 KAIST(한국과학기술원) 중심에 위치한 과학도서관 앞에는 기념사업회가 기증한 장영실 동상이 세워졌다. 또한 현재 고액권 지폐에 들어갈 인물이 누가 적당한가에 대해서 설왕설래하지만 과학자로서 장영실이 들어갈 가능성이 매우 높다. 이 정도면 한국의 과학기술을 대표하는 인물이 장영실임을 부정하기는 힘들 듯하다.

그러나 이렇게 한국의 전통과학기술을 대표하는 인물로 장영실이 떠오르고 있지만 그의 생애와 업적에 대한 학문적 연구와 평가는 매우 부실하다고 해도 과언이 아니다. 예컨대 조선 후기의 일이지만 과학사상가로서 홍대용과 정약용, 그리고 최한기 등에 대한 학문적 연구는 하나의 '산업'을 이룰 정도로 방대하게 진행되어 그 성과가 쏟아지고 있다. 그에 비하면 장영실의 업적에 대해서는 소수의 과학사학자와 과학자들의 연구가 있을 뿐이다.

이 글은 장영실에 대한 깊이 있는 연구와 그에 대한 지원이 절실하게 필요하다는 사실을 지적하면서, 먼저 그간 이루어진 장영실의 생애와 업적을 정리한다. 몇 분의 정열적인 연구로 새로운 사실들이 그간 많이 발굴되었지만, 아직도 잘못 알려진 사실들이 고쳐지지 않고 있다. 이에 주목해서 잘못 알려진 사실들을 교정하고자 한다.

장영실의 생애와 의문

장영실의 생애에 대한 가장 믿을 만한 자료는 『조선왕조실록』의 기록이다.

행사직(行司直) 장영실(蔣英實)은 그 아비가 원래 원나라의 소·항주(蘇·杭州) 사람이고, 어미는 기생이었는데, 공교(工巧)한 솜씨가 보통 사람보다 뛰어나므로 태종께서 보호하시었고, 나(세종)도 역시 이를 아긴다. 임인·계묘년(1422~1423년) 무렵에 상의원(尚衣院) 별좌(別坐)를 시키고자 하여 이조판서 허조와 병조판서 조말생에게 의논하였더니, 허조는 '기생의 소생을 상의원에 임용할 수 없다'고 하고, 말생은 '이런 무리는 상의원에 더욱 적합하다' 고 하여, 두 의논이 일치되지 아니하므로, 내가 굳이 임명하지 못하였다가 그뒤에 다시 대신들과 의논한즉, 유정현 등이 '상의원에 임명할 수 있다' 고 하기에, 내가 그대로 따라서 별좌에 임명하였다.

영실의 사람됨이 비단 공교한 솜씨만 있는 것이 아니라 성질이 똑똑하기가 보통 이상으로 뛰어나서, 매양 강무할 때에는 나의 곁에 가까이 두고 내시를 대신하여 명령을 전하기도 하였다. 그러나 어찌 이것을 공이라고 하겠는가. 이제 자격궁루(自擊宮漏)를 만들었는데 비록 나의 가르침을 받아서 하였지만, 만약 이 사람이 아니었더라면 암만해도 만들어내지 못했을 것이다. 내가 들으니 원나라 순제 때에 저절로 치는 물시계가 있었다 하나, 만듦새의 정교함이 아마도 영실의 정밀함에는 미치지 못하였을 것이다. 만대에 이어 전할 기물을 능히 만들었으니 그 공이 작지 아니하므로 호군(護軍)의 관직을 더해주고자 한다.[1]

이는 총애하던 장영실이 자격루를 만드는 데 성공하자 이에 감탄한 세종이 그에게 호군이라는 높은 벼슬을 내리는 일을 대신들과 상의하는 자리에서 했던 말을 기록한 것이다. 우리는 이와 같은 역사적으로 가장 믿을 만한 사료를 통해 몇 가지 중요한 사실을 알 수 있다.

먼저 장영실의 조상이 중국 원나라의 소ㆍ항주 출신이며, 그의 어머니는 기생이었다는 것이다. 또한 장영실은 세종 대 이전에 이미 태종의 총애를 받으며 궁궐 내에서 활동하고 있었으며, 세종 대에 처음으로 상의원 별좌에 올랐음을 알 수 있다. 그리고 세종은 장영실의 공로 중에서 자격루의 창제를 가장 크게 여겨 그에게 정4품직 호군을 내렸다는 사실도 알 수 있다.

과연 동래현 기생의 소생인가?

장영실의 조상이 중국 소·항주 출신이었다는 사실은 아산 장씨 세보에서도 확인된다. 세보에 따르면 장영실의 조상은 원래 중국 조정에서 금자광록대부신위대장군에 올랐던 송나라 사람으로 고려에 귀화하여 아산군에 봉해졌던 장서(蔣壻)로 장영실은 그의 9대손이라고 한다. 장서가 고려 정부에 출사하여 자리를 잡은 이후 후손들은 고려 말에 이르기까지 고려 조정에서 대대로 고위직을 지냈다.

그런데 흥미로운 사실은 장영실의 선조들이 대대로 과학기술 관련직에 있었다는 사실이다. 예컨대 3세대 공수(公秀)와 4세대 숭(崇)은 군기시(軍器寺)와 군감시의 책임자를 역임했다. 5세대(장영실에게는 고조)인 득분(得芬)은 군기시의 책임자인 판군기시사뿐만 아니라 서운관의 판사를 지내기도 했다. 군기시란 무기의 제조를 맡았던 부서인데, 요즘으로 말하면 군사무기의 개발과 제조를 맡는 국방과학연구소 겸 제조창 정도가 될 것이다. 서운관이란 천문지리학을 담당하던 부서였다. 세보에 따르면 장영실의 아버지는 시조 장서의 8대손인 전서(典書) 벼슬을 하던 장성휘(蔣成暉)이다. 성휘는 자식 둘을 두었는데, 장영실이 유일한 아들이며 딸 하나를 더 두었다 한다.

이와 같이 장영실은 그의 선조들이 고려 말 조정에서 과학기술 분야의 책임자로서 고위직에 오른 훌륭한 가문 출신임을 알 수 있다. 그러나 장영실 자신은 어머니가 기생이었기 때문에 천한 신분일 수밖에 없었다. 그런데 현재 많은 사람들이 알고 있는 바와 같이 장영실이 동래현의 관노가 된 사정에 대해서 아산 장씨 세보는 말해주고 있지 않다. 그가 조정에서 과학기술자로 활약하기 시작했을 때의 신분이 동래현 소속의 관노였던 사실이 『실록』과 『연려실기술』에 각각 적혀 있을 뿐이다.

정말 장영실이 동래현 소속의 관노였을까? 그의 아버지 성휘가 동래현 관기와의 사이에서 영실을 낳았다는 통설은 어떠한 기록을 통해서도 확인할 수 없다. 아마도 이러한 통설은 '어미가 기생이었다'는 『실록』 기록과 동래현 관노였다는 『연려실기술』의 기록이 합쳐져서 만들어진 이야기인 듯하다. 즉 어머니가 기생이었고, 그가 동래현 소속의 관노 신분이었기 때문에 자연스럽게 그런 추정이 나온 것이다. 분명히 확인되어야 할 점이다.

언제 어떻게 발탁되고 면천(免賤)했는가?

장영실이 동래현의 관노였다면 어떻게 서울로 올라와 조정에서 과학기술자로 활동할 수 있었을까? 이에 대해서는 태종 때 행해진 도천법(道薦法)이 심심치 않게 거론되었다. 즉 각 지방의 능력 있는 인재들을 감사들이 천거해 서울의 조정에 올리는 정책인 도천법의 수혜로 동래에서 서울로 올라오게 되었다는 것이다.

장영실이 동래현 관노로 어린 시절을 경상도에서 보냈다는 이야기는 현재 거의 '사실'이 되어버려, 수많은 어린이용 '장영실 전기'들이 이러한 내용을 담고 있다. 예를 들어 초등학교 6학년 1학기 사회과 탐구책 30~33쪽에는 어린 시절 동래에서 탁월한 기술적 능력을 발휘하던 모습이 그려져 있다. 그것에 의하면 장영실의 나이 16세 때(어떤 근거로 이렇게 추정했는지 모르겠다) 영남지방에 심하게 가뭄이 들었는데 수차(水車)를 만들어 가뭄을 효과적으로 극복했다고 한다. 그 결과 장영실의 재주가 널리 알려져 세종(태종이 아니라)에게 발탁되었다는 것이다. 객관적 사실에 근거한 것이 아닌, 그야말로 소설이나 다름없는 이야기이다. 우리나라에서는 수차를 사용해 성공한 사례가 없다. 또한 장영실이 발탁된 것은 세종 대가 아니라 태종 대였다. 장영실이 어릴 적 동래현에서 살았다는 증거도 미약한데 그곳에서 살던 때의 일화가 객관적·역사적 사실과 다르게 만들어지고, 그것이 교과서에까지 실렸으니 너무 큰 비약이라고 할 수 있다.

한편 김담과의 관계가 거론되기도 한다. 아산 장씨 세보를 보면, 장영실의 숙부 성미(成美)의 둘째 딸이 김담(金淡, 1416~64)에게 시집을 갔다는 흥미로운 사실을 발견할 수 있다. 김담이 누구인가. 그는 천문학의 대가 이순지(1406~65)와 함께 『칠정산내편』을 편찬하는 등 세종 대 천문역산의 독자적 확립에 큰 기여를 한 천문역산 전문가였다. 최근에는 이러한 관계가 거론되며 신분이 낮았던 장영실이 과학기술자로 발탁된 배경으로 주목받기도 했다. 그러나 김담이 성인이 되어 장영실 가문의 사위가 되고 세종 대 천문학 프로젝트에 참여하게 된 시점(1430년대) 훨씬 이전에 이미 장영실은 발탁되어 있었음을 지적할 수 있다.[2] 더구나 『실록』에는 태종 때부터 그 재능을 인정받았다고 기록되어 있지 않은가. 장영실이 상의원 별좌에 올라 면천된 때는 김담이 겨우 10세일 때였다. 천문학의 대가 김담과의 관계는 장영실이 과학기술자로서 발탁된 배경과는 거리가 멀다고 할 수 있다.

어쨌든 앞의 『실록』에 근거해 장영실이 처음으로 관직을 얻은 것은 세종 5년(1423년)이며 이때 면천했다는 것이 현재의 통설이다. 실제로 앞의 기록을 보면 세종 4~5년(1422~23년)에 상의원의 별좌(정5품)에 세종이 임명하려고 했으나 대신들의 찬반 논의가 분분하여 임명하지 못하다가 '나중에'[3] 다시 논의하여 결국 상의원 별좌에 임명하였다고 한다. 그 이후에 장영실은 자격루를 만든 공으로 세종 15년(1433년) 호군이라는 정4품의 높은 자리를 얻게 되었다. 그러나 위 기록만으로는 상의원 별좌에 임명된 연대를 단정하기는 힘들다. 현재 대부분의 학자들은 '나중에 다시' 논의했다고 한 시점에 대해서 세종 5년 1423년으로 추정하고 있지만 단정할 수는 없다.

장영실이 상의원 별좌에 오른 시기를 추정할 수 있는 또다른 기록은 이긍익의 『연려실기술』에서 찾을 수 있다.

(세종)3년 신축에 남양 부사 윤사웅, 부평 부사 최천구, 동래 관노 장영실(蔣永實)[4]을 내감으로 불러서 선기옥형 제도를 토론하여 연구하게 하니 임금의 뜻에 합하지 않음이 없었다. 임금이 크게 기뻐하여 이르기를 "영실은 비록 지위가 천하나 재주가 민첩한 것은 따를 자가 없다. 너희들이 중국에 들어가서 각종 천문 기계의 모양을 모두 눈에 익혀와서 빨리 모방하여 만들라" 하고, 또 이르기를 "이 무리를 중국에 들여보낼 때에 예부에 자문을 보내어 『조력학산(造曆學算)』과 각종 천문 서책을 사들여오게 하고 보루각(報漏閣)·흠경각의 혼천의(渾天儀) 도식을 견양(見樣)하여 가져오게 하라" 하고, 은냥(銀兩) 물산(物産)을 많이 주었다.

4년 임인에 사웅 등이 중국에서 돌아오면서 천문에 대한 여러 가지 서책을 사오고, 양각(兩閣)의 제도를 알아왔으므로 곧 '양각혼의성상도감'(兩閣渾儀成象都監)을 설치하여 사웅 등에게 감조(監造)하게 하였다.

7년 을사 10월에 양각을 준공하여 임금이 친히 내감(內監)에 가서 두루 보고 이르기를, "기이하다. 훌륭한 장영실이 중한 보배를 성취하였으니 그 공이 둘도 없다" 하였다. 곧 면천(免賤)시키고 가자 하며 실첨지(實僉知)를 제수하고 겸하여 보루사(報漏事)를 살피게 하여 서울을 떠나지 않게 하며, 감조관(監造官) 윤사웅 등 세 사람에게 안마(鞍馬)를 하사하였다.[5]

이 기록은 장영실의 신분이 동래현에 소속된 관청 노비라는 사실과 천한 신분의 장영실이 재능을 인정받고 벼슬을 얻은 과정을 조금 더 구체적으로 서술하고 있다. 즉 세종 3년(1421년)에 천문학에 해박했던 사대부 관료 윤사웅, 최천구 등과 함께 천문학을 연구하라는 왕의 명에 따라 연구하면서 그 재능을 인정받았다는 것이다. 세종이 그 재능을 보고 기뻐하여 중국으로 유학 가서 더욱 깊이 있게 연구하라는 지시를 내렸고, 장영실은 그해부터 다음 해까지 윤사웅, 최천구와 함께 중국 유학을 갔다. 세종 4년(1422년)에 돌아와 중국에서 배운 물시계와 혼천의 제작에 대한 연구를 거듭해 세종 7년(1425년)에 이르러서는 보루각과 흠경각[6]을 완성했다고 한다. 세종이 이를 매우 기뻐해 중추적 역할을 한 장영실을 면천시켜주고 첨지를 제수하였다.

이 기록에 따르면 장영실이 노비 신분에서 벗어나 벼슬을 얻은 것은 세종 7년(1425년)이었음이 분명하다.[7] 그러나 그외의 사실들은 이미 알려진 『실록』의 내용과는 상당히 다른 것을 알 수 있다. 즉 세종 7년에 보루각과 흠경각을 완성했다는 것은 사실과 매우 다르다. 실제로 보루각(자격루)은 세종 15년(1433년)에, 흠경각(옥루)은 세종 20년(1438년)에 각각 완성되었다. 그런데 "중국에 가서 보루각과 흠경각의 혼천의 도식을 견양하라"는 문구를 따져보면 자격루와 옥루를 각각 의미하지 않을 수도 있다고 가정할 수 있다. 즉 『연려실기술』의 저자 이긍익은 자격루와 옥루를 각각 설치했던 누각으로서의 의미인 보루각과 흠경각을 생각한 것이 아니라 여러 가지 천문의기를 상징하는 의미로 '보루각과 흠경각의 혼천의'로 서술했을 수 있다는 것이다. 이렇게 볼 때 『연려실기술』은 장영실이 세종 3년에서 4년까지 중국에 가서 물시계와 천문의기를 공부하고 돌아와 중국의 기구를 모델로 시제품을 제작한 사실을 말한 것이 아닌가 추정할 수 있다.

『실록』과 『연려실기술』의 기록을 종합하면 우리는 잠정적으로 다음과 같은 결론을 내릴 수 있을 것이다. 장영실은 고려 말에 전서라는 고위직을 지낸 장성휘의 외아들로 태어났으나, 그 어미가 기생이어서 신분이 천할 수밖에 없었다. 그러나 그가 동래현에서 태어나 동래현 소속 관노가 되어 어린 시절을 경상도에서 보냈다는 사실은 믿기 어렵다. 어쨌든 그의 기술적 재능이 인정되어 태종 때부터 조정에 나아갔으며, 세종 때에는 임금의 명으로 중국에 유학 가 천문의기와 시계 장치에 대한 공부를 하고 돌아왔고, 세종 7년 무렵(1425년경)에는 상의원 별좌라는 정5품 직위를 얻어 면천하면서 궁정기술자로서의 생을 시작했다.

금속제련과 기계제작 전문가 장영실

이후 약 15년 동안은 장영실이 그야말로 궁정기술자로서 재능을 활짝 꽃피웠던 시기였다. 1432년에서 1433년 사이에는 이천과 함께 천문역산 기구를 창제하는 사업에 참여해 탁월한 재능을 발휘했다. 특히 그의 이름을 드높였던 것은 정교한 물시계 자격루를 창제한 것이었다. 다른 천문의기 제작 사업이 이천의 책임하에 장영실이 참여한 것이라면 자격루의 창제는 전적으로 장영실의 몫이었다. 이 자격루가 완성되자 세종은 크게 감탄해 파격적으로 정4품 호군직을 장영실에게 수여했던 것이다. 나아가 세종 20년에는 옥루를 창제해 그 공로로 종4품직인 대호군을 또 한차례 파격적으로 수여했다.

또한 1425년 상의원 별좌에 오른 이후 장영실은 『실록』에 여러 차례 등장한다. 그런데 그러한 『실록』 기록을 살펴보면 장영실이 주로 금속 채굴과 제련 관련 일을 맡아서 했음을 알 수 있다. 세종 14년(1432년)에 "강경순이라는 자가 청옥(青玉)을 얻어 진상하자, 사직 장영실을 보내어 그것을 채굴하도록 하고, 다른 사람들이 채취하는 것을 금하였다"[8]는 기록은 그 단초이다. 세종 19년에는 장영실로 하여금 매우 수준 높은 금속제련 기술자였던 중국인 김새(金璽)라는 자에게 기술을 전습받도록 하였다고 한다.[9] 그렇다면 장영실은 정부 내에서 활동하던 금속제련 기술자를 대표하던 사람이라고 할 수 있다. 세종 20년에 장영실은 경상도 채방별감이 되어 창원, 울산, 영해, 청송, 의성 등 각 읍에서 나는 동철과 안강현에서 나는 연철 등을 정부에 바쳤다.[10] 채방별감이란 금·은 등의 지방 금속 특산물에 대한 조사와 채굴을 위하여 파견하던 임시직이었다. 장영실은 정부 내 금속제련 전문가로서 경상도 금속 탄광 지역에 파견되어 채굴작업을 감독했던 것이다.

정부 내 금속제련 전문가로서 장영실은 천문관측기구의 제작과 자격루·옥루와 같은 정교한 물시계를 제작하는 사업에 참여했던 것이다. 또한 금속활자의 개량사업에서도 탁월한 재능을 발휘했다. 금속활자의 주조사업은 이천의 주도로 경자년(세종 2년, 1420년)에 먼저 시험적으로 시작한 후 다시 갑인년(세종 16년, 1434년)에 이르러 완벽하고 아름다운 금속활자 주조기술이 확립되었다. 금속활자의 주조는 물론이고 판 틀을 짜고 인쇄하는 과정에서 금속제련 기술이 핵심임은 두말할 필요 없다. 장영실은 정부 내 금속제련 전문가로서 여기에 참여해 핵심적인 문제 해결에 기여했을 것이다.[11]

임금의 수레가 부서진 사건

15년여의 화려했던 궁정기술자로서 시절은 그가 만든 임금의 수레가 고장난 사건으로 마감하게 되었다. 이 사건은 장영실의 생애를 다룰 때 빠지지 않고 등장하는데, 사실 필요 이상으로 부각되는 면이 없지 않다.

역사 기록이 전하는 사건의 전말은 간단한데, "대호군 장영실이 임금의 수레 제작을 책임졌는데, 견실하지 못하여 부러지고 허물어졌으므로 의금부에 내려 국문하게 하였다"[12]라는 세종 24년의 『실록』기사에 근거한다. 그런데 이때 치죄를 받았던 사람은 장영실뿐만이 아니었다. 이 사건과 직접 관련되어 선공직장 임효돈과 녹사 최효남 등이 견고하게 제조하지 않은 죄로, 그리고 대호군 조순생은 견고하다고 잘못 검사한 죄로 모두 의금부에서 조사를 받았다.[13] 또한 이 사건은 이천(伊川)의 행궁(行宮)[14] 관리를 잘못했던 기술자들에 대한 치죄 사건과 같은 시기에 일어났다. 행궁의 기와가 부서지는 사건이 일어나 박강, 이순로, 이하 등이 불경죄로 처벌받았던 것이다.[15]

이러한 일련의 사건은 신병 치료를 위해 세종이 서울의 경복궁을 떠나 경기도 이천으로 온천욕을 하러 가는 도중에 벌어졌다. 세종은 그해 3월 3일에 출발해 5월 1일에 경복궁으로 돌아왔는데, 서울에서 이천까지 벌어지는 임금의 행차는 작은 일이 아니었다. 더구나 신병 치료를 위한 일이었으니 거동 준비에 조금이라도 허술한 바가 있다면 그것은 커다란 잘못일 수밖에 없었을 것이다. 결국 두 달 동안에 벌어진 임금의 이천 행차에 수레가 부서지고, 행궁의 기와가 떨어지는 사건이 일어났고, 수레 제작의 책임을 맡은 장영실이 치죄를 받았던 것이다.

그런데 현재의 우리들은 장영실이 임금의 수레가 부서지는 작은 사건에도 불구하고 '큰 죄'를 짓고 영원히 역사 속에서 사라졌다고 넘겨짚곤 한다. 나아가 이러한 사건은 과학기술자들을 천대하는 조선 사회의 뿌리 깊은 인식을 반영하는 것이며, 세종 대 이후 과학기술 쇠퇴의 전조를 보여주는 것이라고 해석되기도 했다. 그러나 이는 노비 출신의 장영실이 탁월한 재능을 발휘해 고위직에 오른 입지전적 생애의 비극적 말로를 기대하는 심리에서 나온 확대해석이라고 할 수 있다.

조선시대를 통틀어서 이러한 사건은 흔히 일어났다. 조선시대 관료들이 맡은 임무에 대한 문책은 매우 엄격했다. 관리를 맡은 부분에 조금이라도 잘못이 있으면 그 책임자는 여지없이 처벌을 받아야 했다. 예컨대 임금의 병을 고치지 못하면 책임을 맡았던 어의(御醫)는 당연히 처벌받아야 했다. 일월식 계산에서 약간의 오차를 낸 관상감 관원이 처벌받는 일은 비일비재했다. 그러나 처벌을 받았다고 해서 영원히 복직되지 않는 것은 아니었다. 합당한 처벌을 받고 일정 기간이 지난 후에는 복직되어 더욱 책임 있게 업무를 수행하는 것이 관례였다.

이와 같은 관료사회, 특히 전문직 관료사회의 전통에 비추어볼 때 임금이 타는 수레의 제작과 관리를 맡은 장영실이 책임을 지는 것은 지극히 당연했다. 이것이 조선시대에 이루어진 전문직 관료들의 책임 행정이었다. 이때 장영실이 삭탈관직을 당했다 해서 영원히 관료사회에서 축출될 정도로 심각한 것은 아니었던 것이다.

그럼에도 이후 장영실이 『실록』에 등장하지 않은 것은 세종 대 과학기술 프로젝트에서 그의 역할이 끝났기 때문으로 보아야 할 것이다.[16] 실제로 1442년경에 이르면 장영실이 맡아서 재능을 발휘할 세종 대의 프로젝트들은 거의 완료되었다. 이후에 진행된 것이라면 이순지와 김담 주도로 진행된 『칠정산내편』이라는 독자적인 역법계산을 확립하기 위한 프로젝트였다. 그러나 천문역산 프로젝트에서 금속제련과 기계기술 전문가로서 장영실이 기여할 부분은 존재하지 않았다. 설사 장영실이 처벌받아 삭탈관직을 당한 이후에 다시 복직되었다 하더라도 역사에 남을 만한 사업을 수행할 기회는 없었다는 것이다.

임금이 타는 수레가 부서져 장영실이 처벌받은 것은 조선시대 전 시기를 통해 엄격히 지켜졌던 관료들의 철저한 책임 행정 시스템 속에서 일어난 작은 사건이었다. 그 이상도 그 이하도 아니다. 조선시대 책임 행정의 긍정적인 모습을 보여주는 사건일 수는 있지만 과학기술을 천대하는 조선사회의 부정적인 모습을 보여주는 사건은 아닌 것이다. 개인에 대한 지나친 주목은 그가 속해 있었던 전체 역사에 대한 부정적인 이미지를 조장하는 경우가 종종 있는데, 장영실의 사례도 이 경우에 해당한다고 할 수 있을 것이다.[17]

장영실의 과학기구 창제 활동

장영실이 세종 대 과학 프로젝트에 참여해 이루어낸 과학사적 업적에 대해서는 현재 많이 알려져 있어 더는 부연이 필요하지 않을 것이다. 따라서 이 글에서는 그동안 선학들에 의해서 알려진 사실들을 최대한 반영해 소개하도록 하겠다. 또한 장영실이 참여하지 않았던 의기의 창제에 대해서 일반인들이 잘못 알고 있는 사실에 대해서도 서술함으로써 장영실의 업적에 대한 오해를 바로잡고자 한다.

세종 대 천문관측기구 창제 프로젝트

공식적으로 세종 대 천문관측의기 제작 프로젝트는 세종 14년(1432년) 7월 대신들과의 경연 석상에서 세종이 지시를 내리면서 시작된 것으로 알려져 있다. 그러나 이보다 훨씬 전부터 준비작업이 진행되고 있었다고 보아야 할 듯하다. 그러한 사정은 『연려실기술』의 『천문전고(天文典故)』에 잘 나타나 있다.

『연려실기술』은 세종이 이미 즉위 초 2년(1420년) 3월에 내관상감을 설치하고 첨성대를 세울 것을 명하였으며, 천문과 산수에 밝은 자를 선발하여 천문관측과 역법계산을 맡기려 했다고 전한다. 이때 윤사웅과 최천구 등이 발탁되어 천문역산 업무를 주관하게 되었던 것 같다. 앞 절에서 이미 서술한 바와 같이 장영실이 처음으로 역사에 등장하는 시기도 바로 이 무렵이었다. 1년 후 세종 3년(1432년)에는 세종이 친히 최천구와 윤사웅, 그리고 당시에 노비 신분에 불과해 수련생 정도의 지위였을 장영실 등을 불러 선기옥형 제도를 토론했다. 1년

전에 천문역산에 밝아 선발해 연구하도록 한 자들이 그동안 어느 정도 공부가 진척되었는지 확인해보는 자리였는지도 모른다. 어쨌든 이 자리에서 세종은 크게 만족했으며, 특히 장영실의 뛰어난 재주를 칭찬했다.

세종은 여기에서 머물지 말고 중국에 건너가 천문역산을 더 깊이 연구해올 것을 명한다. 윤사웅, 최천구, 장영실 등은 세종의 명에 따라 중국으로 가 천문역산에 관한 각종 전문서적을 사들이고, 명대의 물시계와 혼천의 등을 직접 보고 배워 그 다음 해에 돌아왔다. 돌아온 후에는 중국에서 보고 배운 과학기구들을 모델로 그대로 만들어보고 연구하는 작업을 수행했다. 그 결과 세종 7년(1425년)에는 중국의 물시계와 혼천의를 그대로 모방하여 복제품을 만드는 데 성공한 듯하다. 그 공으로 장영실은 상의원 별좌라는 벼슬을 얻어 비로소 면천할 수 있었다.[18]

장영실 등이 중국에서 들여온 책에는 천문의기 관련 책은 물론이고 『조력학산(造曆學算)』 즉 역법 계산을 위한 역산서들이 포함되어 있었다. 장영실 등이 천문의기 연구에 집중하던 것과 병행해서 중국 천문역산서들에 대한 연구도 세종의 명으로 추진되었다. 세종은 세종 5년(1423년) 문신들에게 선명력과 수시력을 비교 연구하라고 지시를 내린다.[19] 천문의기 연구를 윤사웅, 최천구, 장영실 등의 전문직 종사자들에게 맡긴 것과 다르게 천문역산 연구는 사대부 관료학자들에게 맡긴 것 또한 매우 흥미로운 점이다.

세종 2년부터 진행되었던 이러한 작업들은 천문역산 전문가들을 선발하여 연구시키는 사업을 미리 보여주는 것이라고 할 수 있다. 물론 이때 가장 큰 성과라면 중국의 천문의기를 충분히 연구한 점과 장영실이라는 노비 출신 보물을 발굴해낸 것일 터이다. 이러한 준비작업은 이제 세종 14년(1432년)에 이르면 본격적으로 그 성과물을 내기 위한 작업으로 업그레이드된다.

1432년에 이르면 세종은 그동안의 준비작업을 통해서 천문의기의 창제가 절실히 필요함을 인식한 듯하다. 세종은 "우리나라는 멀리 해외(海外)에 있어 무릇 시행하는 것이 모두 중국의 제도를 따랐는데 유독 천문관측의기만이 부족하다. 경(정인지)이 이미 역상을 책임진 제조의 직임을 맡고 있으니 대제학 정초(鄭招)와 더불어 고전을 연구하여 관측의기를 창제해 천문관측에 부족함이 없도록 만전을 기하라" [20] 는 지시를 당시 관상감 제조를 겸임하던 정인지에게 내렸다. 세종의 지시로 천문의기 창제 프로젝트가 본격적으로 시작되었다.

이때 시작된 프로젝트는 준비 프로젝트에서 행해졌던 바와 같이 두 가지 작업이 병행되었다. 하나는 정초와 정인지 등 사대부 관료학자들의 문헌 연구이고, 다른 하나는 무관 출신의 이천과 기술전문가 장영실에 의한 제작 작업이었다. 천문의기 제작과정은 지중추원사라는 고위직에 있었던 이천의 책임과 감독하에 이루어졌을 것이다. 그러나 실질적인 핵심 문제 해결 등에서는 전문기술자 장영실의 역할이 매우 컸으리라 생각된다. 어쨌든 이천과 장영실의 주도로 이루어진 천문의기 제작은 세종 14년에 시작되어 세종 20년까지 진행되었다.

이때 제작된 천문의기를 역사 기록은 다섯 가지로 분류하고 있다. 첫째가 종합적인 천문관측기구인 대간의와 소간의이고, 둘째가 하늘의 형상을 재현해놓은 의기인 혼의와 혼상, 셋째가 낮 시간을 측정하는 해시계들인 현주일구 · 천평일구 · 정남일구 · 앙부일구이며, 넷째가 주야의 시간을 측정하는 기구인 일성정시의, 다섯째가 물시계인

자격루였다.[21)]

프로젝트의 처음 작업은 나무로 간의의 시제품을 만들어 한양의 북극고도를 측정하는 것이었다. 이때 만든 시제품 목간의(木簡儀)로 측정한 한양의 북극고도는 38도 $\frac{1}{4}$로 『원사』에 적혀 있는 수시력에서의 수치와 동일하게 나왔다.[22)] 이는 시제품의 성공을 의미한다. 시제품 제작에 성공하자 만족하여 구리로 간의를 제작하는 데 착수했다.

간의 등의 천문관측의기 제작이 진행되면서 동시에 자격루의 제작에 들어간다. 자격루는 다른 의기와는 다르게 매우 정교하고 복잡한 기계장치였기 때문에 전적으로 기계전문가였던 장영실의 책임하에 제작되었다. 자격루가 일차로 제작된 것은 프로젝트가 시작된 지 14개월 정도 지난 세종 15년(1433년) 9월경이었다.[23)] 이렇게 빠른 시간 안에 복잡한 기계장치를 창제한다는 것은 사실 거의 불가능한 일이 아닐까 생각된다. 그러나 1422년경부터 준비작업을 해왔고, 어떤 형태였는지는 알 수 없지만 1425년경에 물시계를 만든 공으로 상의원 별좌 벼슬을 얻을 정도였으니 자격루를 제작할 수 있는 준비는 거의 되어 있었다고 보아도 큰 무리는 없을 것이다. 어쨌든 빠른 시간 안에 자격루의 제작 성과를 본 세종은 크게 기뻐했으며 장영실에게 특별 승진이라는 큰상을 내렸다.

그러나 최초로 제작된 자격루가 완성품은 아니었던 듯하다. 일차 제작된 자격루는 더 보완되어 다음해 세종 16년(1434년) 7월 1일을 기해 최종 완성을 발표하여 그날부터 공식적으로 조선의 표준시계로 자리를 잡았다. 『실록』에는 그러한 사실이 자격루의 구조에 대한 상세한 설명문과 함께 적혀 있다.[24)]

자격루가 성공적으로 제작되는 과정에서도 계속해서 천문의기 연구와 제작은 이루어졌고, 세종 19년 4월경에 이르면 거의 모든 천문의기 제작은 완료된 듯하다. 『실록』은 그러한 사실을 자세한 설명문과 함께 매우 길게 수록하고 있다.[25] 이때 제작 완료되어 그 구조에 대한 설명문이 『실록』에 수록된 의기는 일성정시의 · 대소간의 · 현주일구 · 천평일구 · 정남일구 · 앙부일구 · 행루[26]였다. 이로써 천문의기 창제 프로젝트는 사실상 완료되었다.

그런데 프로젝트가 완료된 이후에 장영실은 또 하나의 기계장치를 제작했다. 바로 옥루였다. 옥루는 물시계의 기계장치에 천문의 이치를 재현한 형상을 시뮬레이션으로 작동시키는 장치를 덧붙인 일종의 천문시계였다. 그야말로 정교한 물시계의 기계장치와 전통적으로 상징적인 천문의기로 여겨지던 혼천의를 결합한 의기였다. 이러한 천문시계의 완성은 제왕에게는 각별한 의미가 있었다.

김돈이 쓴 『흠경각기』[27]를 보면 옥루의 각별한 의미가 잘 드러나 있다. 그것은 세종 14년부터 19년에 이르기까지 오랜 기간 심혈을 기울여 추진한 천문의기와 해시계, 물시계 제작의 결실을 옥루에서 결말짓고 있다는 것이다. 세종은 당시의 사업이 중국의 어느 천문의기와 시계들보다도 훌륭하다고 자부하면서, 옥루와 같은 기구의 제작을 통해서 과거 요(堯) · 순(舜) · 탕왕 · 무왕에 버금가는 치세를 펴겠다는 의지를 비로소 만천하에 드러내게 되었다고 기뻐했다. 그러한 의미를 지닌 기구였기에 옥루를 설치한 각의 이름을 『서경』『요전』의 "공경함을 하늘과 같이 하여, 백성에게 때를 알려준다(欽若昊天 敬授人時)"는 문구에서 따와 "흠경각(欽敬閣)"이라 한 것이다. 세종은 이 흠경각을 왕의 침소인 천추전 바로 옆 서쪽에 세워 가까이 두었다.[28]

과학자들이 공동 창제한 천문의기들

이와 같이 세종 대에 이루어진 과학기구의 창제는 대부분 세종의 명에 의해서 과학기술자들의 집단적인 연구와 제작으로 이루어졌기 때문에 한 개인의 독립적인 연구개발로 창제된 것은 거의 없다고 보아야 한다. 그야말로 국책사업으로 정부 차원에서 진행된, 여러 과학기술자들의 공동작업 결과물인 것이다. 세종 대 과학기술자들의 협동작업으로 제작된 천문의기들은 다음과 같다.

간의(簡儀)

매우 복잡해서 관측하기에 불편한 혼천의를 간소화해 관측하기 편리하게 만든 천문관측의기로 중국 원대에 곽수경(郭守敬)이 처음 창제한 것이다. 세종 때에 만든 간의는 곽수경의 간의를 연구해 조선에서 독자적으로 제작한 것이다. 혼천의의 많은 환 중에서 적도환, 백각환, 사유환의 세 환을 따로 떼내어 측정하기 편하게 실용화했다.

세종 때의 간의는 현재 남아 있지 않으나 최근에 천문학자 이용삼 교수팀에 의해 복원되어 여주 세종대왕유적관리소에 전시되고 있다.

간의를 이용한 관측은 사유환과 적도환에 붙어 있는 규형(窺衡)과 계형(界衡)을 이용한다. 사유환으로는 천체의 거극도(적위), 즉 천구의 북극을 기준으로 하여 북극에서 적도로 이어져 남극 방향으로 떨어진 각거리를 측정하며, 적도환으로는 천체의 입수도(入宿度), 즉 각거성(距星)을 기준으로 거성에서 떨어진 각거리를 구할 수 있다. 또한 백각환으로는 12시 백각법에 의해 시각을 측정할 수 있다. 또한 입운환과 지평환에도 규형이 달려 있는데, 입운환의 규형으로는 해·달·별들의 지평고도를 측정하고, 지평환의 규형으로는 천체의 방위를 측정할 수 있다.

소간의

간의가 원나라의 간의를 모방해 제작한 것인 데 비해 소간의는 조선 과학기술자들의 독창적인 창제품으로, 간의를 더욱 간소화하여 사용하기 편리하게 개량한 것이다.

이 소간의 역시 현존하지 않으나, 현재 복원품이 세종대왕유적관리소에 전시되어 있다. 소간의의 구조는 사유환, 적도환, 백각환이 간의의 적도좌표계 장치처럼 하나의 세트로 묶여 있고 그것을 지지대가 지탱하는 형태이다. 이 세트를 똑바로 세워 다시 지지대에 설치하면, 간의의 입운환과 지평환으로 이루어진 지평좌표계 장치가 된다.

일성정시의

중국에 없는 세종 대의 우수한 창제품 중 하나이다. 일성정시의는 간의의 구조와 원리를 응용해서 해와 별을 관측하여 낮과 밤의 시각을 측정하는 시계장치로만 특화시킨 기구라고 할 수 있다.

간의에서 시각 측정장치를 분리해낸 구조로 되어 있는데, 간의에서 적도환과 백각환, 상규, 그리고 적도환에 붙은 하나의 계형만을 가지고 주천도분환, 일구백각환, 성구백각환, 계형, 그리고 정극환으로 재구성했다. 정확한 형태는 원본이 현존하지 않아 알 수 없으나, 일찍이

니덤이 복원도를 그린 적이 있고, 최근 이용삼 교수팀에 의한 복원품이 영릉 세종대왕유적관리소에 전시되어 있어 그 구조의 대강을 참고할 수 있다.

현주일구와 천평일구

소규모의 해시계로, 중국에 관련 기록이 전혀 없는 것으로 보아 세종 때 조선의 창제품이 분명하다.

그 구조는 적도면 상에 둥그런 평면 시반을 세운 다음 시반면의 한가운데에 구멍을 뚫고 수직으로 영침 구실을 하는 실이 지나가도록 되어 있다. 이 실의 그림자를 읽어 시각을 잰다. 니덤이 일찍이 현주일구 복원도를 제시했고, 남문현 교수도 비슷한 복원도를 제시한 바 있다. 최근에는 현주일구가 복원되어 여주 영릉에 전시되어 있다. 천평일구는 현주일구와 거의 유사하다.

정남일구

가장 정교한 해시계로, 중국에는 없는 조선의 독창적인 창제품이다. 니덤이 그 복원도[29]를 제시한 바 있다. 이 정남일구의 특징은 지남침과 같은 기구 없이도 정남향을 맞추어 시각을 측정할 수 있다는 것이다.

앙부일구

원나라의 앙의(仰儀)를 응용해서 간소하게 만든 오목 해시계이다. 곽수경의 앙의는 매일매일의 시각을 잴 수 있을 뿐만 아니라 일식과 월식 현상을 관찰할 수 있으며 시반을 스크린으로 해서 해와 달의 운행을 재현할 수 있는 획기적인 기구였다. 그런데 세종 대의 앙부일구는 그중에 시각을 재는 기능만 할 수 있게 소규모로 단순화시킨 것이라고 할 수 있다.

자동 물시계 자격루와 옥루의 창제

이상 살펴본 천문의기들이 세종 대 과학기술자들의 공동 창제품인데 비해 유독 자격루와 옥루의 창제만은 거의 전적으로 장영실 개인의 공이 매우 큰 듯하다. 많은 역사 기록이 그러한 사실을 말해준다.

앞서 제시했던 인용문에서 볼 수 있듯이, 세종은 자격루 제작을 장영실의 공으로 치하하였다. 그동안 과학 프로젝트에서 장영실이 기여했던 바는 자격루의 제작에 비하면 공도 아니라고 한다. 세종은 장영실이 아니면 누구도 자격루를 만들지 못할 것이라고 단언하고 있다. 자격루의 창제에 장영실 개인의 기여가 절대적이었다는 사실을 인정하고 그 공을 치하한 것이다. 세종은 자격루 제작에 독보적인 기여를 한 정5품 사직 장영실에게 정4품 호군직을 파격적으로 수여했다. 요즘으로 치면 2계급 특진인 셈이다.

그런데 남문현 교수의 연구에 의하면 자격루는 15세기 중국과 아랍의 시계 제작기술이 결합해 꽃피운 수작이라고 한다. 먼저 자격루의 루기(漏器)는 중국의 역대 물시계 중 최고 수준인 송대 연숙(燕肅)의 "연화루(蓮花漏)"와 심괄(沈括)의 "부루(浮漏)"를 참고해서 제작되었다고 한다. 뿐만 아니라 부전(浮箭)을 활용하여 12시와 경점 시각을 아날로그에서 디지털로 바꾸는 방식은 아랍의 시계기술자 알자자리(al-Jazari, 1206년경)의 영향을 받은 것이며, 지렛대 모양의 숟가락을 이용해 동력을 전달하는 방식은 일찍이 비잔틴 지역에서 행해졌던 것이라고 한다. 자격루는 동서양의 시계 제작기술을 폭넓게 적용해 만들어진 탁월한 시계였던 것이다.

장영실은 자격루를 제작한 지 5년 후에 또 하나의 자동 물시계 옥루를 제작한다. 자격루와 마찬가지로 옥루 역시 장영실 개인의 업적임을 『실록』은 분명히 밝히고 있다.[30] 매우 우수한 자격루에 자부심을 가졌던 세종이 장영실로 하여금 이 옥루를 제작하게 한 듯하다. 어쨌든 장영실은 자격루 제작에서 힘을 얻어 다시 한번 재주를 뽐낼 수 있었다. 자격루가 국가 표준 시계로서 실제적인 중요한 역할을 했다면 이 옥루는 앞서 지적했듯이 능력 있는 제왕으로서의 세종의 천문관을 재현하는 상징적인 기구 역할을 했다.

이와 같은 의미를 지닌 옥루는 자격루의 자동시보장치를 이용한 자동 물시계일 뿐만 아니라 천상(天象)을 표시하도록 개량한 천문시계였다. 그런데 자격루가 거의 완벽하게 복원이 가능할 정도로 구조에 대한 설명이 자세한 데 비해서 옥루의 경우 내부 구조에 대한 설명은 거의 없고 단지 외부로 드러난 움직임만을 서술해놓고 있을 뿐이다. 그러나 김돈의 『흠경각기』에 근거해 그 구조에 대한 개략적인 이해는 가능하다. 1996년 북한에서 간행된 『조선기술발전사』(1996년)에는 옥루의 복원도가 소개되어 그 대강의 구조를 시각적으로 파악해볼 수 있다.

측우기와 수표의 창제는 문종의 성과

마지막으로 현재 일반인에게 장영실의 발명품으로 잘못 알려져 있는 측우기와 수표의 창제가 장영실과는 무관하며, 실제 창제자는 세자였던 문종(文宗)이었음을 지적하고자 한다.

세계 최초의 정량적 강우량 측정기인 측우기의 제작 시기는 세종 23년경이었다. 『실록』에는 측우기의 창제가 다음과 같이 구체적으로 적혀 있다.

호조에서 아뢰기를, "각 도의 관찰사가 강우량을 보고하도록 하는 규정이 이미 있습니다. 그러나 토양의 성질에 마르고 진 차이가 있고, 흙 속으로 스며든 깊이도 역시 알기 어렵사오니, 청하옵건대 쇠를 부어 그릇을 만들되, 길이는 2척이 되게 하고 직경은 8촌이 되게 하여, 서운관의 대 위에 올려놓고 비를 받아, 서운관 관원으로 하여금 깊이를 재어 보고하게 하소서. 또한 마전교(馬前橋) 서쪽 수중에다 얇은 돌판을 놓고, 돌 위를 파고서 돌기둥 둘을 세운 다음, 가운데에 네모 각진 나무 기둥을 끼우고, 쇠 갈고리로 고정시켜 척(尺)·촌(寸)·분(分)의 눈금과 숫자를 기둥 위에 새기고, 호조의 낭청이 하천 수량의 깊이를 보고하게 하소서. 또한 한강변의 암석 위에 푯말을 세우고 척·촌·분수를 새겨, 도승(渡丞)이 이것으로 하천 수량의 깊이를 측량하여 호조에 보고하여 아뢰게 하소서. 지방의 각 고을에도 서울 의기의 예를 따라서, 혹은 자기를 사용하던가, 혹은 와기를 사용하여 관청 뜰 가운데에 놓고, 수령이 역시 강우량을 재어서 관찰사에게 보고하게 하고, 그것을 관찰사는 서울에 보고하게 하소서" 하니, 임금이 그대로 따랐다.[31]

이는 측우기와 함께 하천의 수위를 정량적으로 측정하는 수표를 창제하고 설치하자는 호조의 제안임을 알 수 있다. 이때가 세종 23년(1441년) 8월이었다.

이 제안을 받아들여 다음 해에 측우기가 제작 설치되었고, 강우량 측정이 제도로 정비되기에 이르렀다.[32] 그런데 이에 넉 달 앞서 『실록』에 다음과 같이 적혀 있다.

근년 이래로 세자가 가뭄을 근심하여, 비가 올 때마다 젖어들어간 푼수[分數]를 땅을 파고 보았다. 그러나 적확하게 비가 온 푼수를 알지 못하였으므로, 구리를 부어 그릇을 만들고는 궁중(宮中)에 두어 빗물이 그릇에 고인 푼수를 실험하였는데[33]

이 기록은 세자, 즉 나중의 문종이 비가 올 때마다 땅이 젖은 깊이를 자로 재어보았으나, 정확하지 않으므로 구리로 그릇을 만들고 그릇에 고인 비의 양을 자로 재는 실험을 하였다는 내용이다. 문종이 측우기를 창안했음을 알 수 있는 명백한 기록이다.

과학사학자들은 오래전부터 측우기가 장영실의 발명품이라고 언급하지 않았는데 언제부턴가 측우기는 장영실의 발명품이 되어버렸다. 이런 인식은 너무 광범위하게 알려져 고치기가 매우 힘들 정도이다. 아산 장씨 세보의 장영실 기록과 추모비에도 세계 최초로 측우기를 창안했다는 내용이 들어 있다.

장영실과학고등학교의 인터넷 홈페이지의 장영실 업적을 소개하는 페이지에도 측우기와 수표의 창제가 첫머리에 소개되어 있다. 그 이외에도 잘못 소개되어 있는 것은 이루 셀 수 없이 많다.

장영실이 남긴 업적

조선시대 최고의 기계기술자 장영실이 이룩한 과학적 공적에 대해서는 현재 적지 않은 연구성과가 축적되어 있다. 물론 앞으로 해명해야 할 문제점도 많다. 이러한 학문적 문제 해결은 과학사학자들의 몫이다. 그러나 일반인들의 장영실에 대한 잘못된 이해, 또는 세종 대 과학기술 전체에 대한 미흡한 이해도 시급히 해결해야 할 문제라고 생각한다.

그동안 우리들은 장영실을 통해서 세종 대와 15세기 조선의 과학을 바라보았다. 장영실이 세종 대 과학 프로젝트의 중심에 있었기에 그를 통해 조선시대의 과학 전체를 볼 수 있을 것으로 믿었다. 실제로 장영실의 자격루를 통해 세종 대 과학이 아랍과 중국의 과학 전통, 그리고 우리의 전통이 어우러져 한반도에서 활짝 꽃핀 것임을 알았다. 지금까지는 이러한 접근이 유용했지만 이제는 장영실을 통해서 조선의 과학을 바라보는 것은 한계에 봉착했다.

이제 조선시대, 15세기, 세종 대의 역사적 · 사회적 배경하에서 장영실의 과학기술을 살펴볼 때가 왔다. 조선이 건국된 지 얼마 되지 않은 시점이었던 세종 대의 정치 사회 상황 속에서 장영실이 이루어낸 과학기술적 공적이 어떤 의미가 있는지 살펴볼 필요가 있다는 말이다. 이러한 새로운 접근은 결국 세종 대의 과학기술적 성과물을 "현대 과학과 유사한 형태" 여부가 아니라 당시의 역할에 주목하여 고찰하게 할 것이다. 그랬을 때 현재 우리가 알고 있는 것과는 다른 장영실을 만날 수 있을지도 모른다.

이순지

전용훈

이순지와 조선 전기 천문학의 성격

2004년 한국천문연구원은 국제천문연맹의 승인을 얻어 보현산 천문대에서 발견한 소행성 다섯 개에 한국 전통과학자의 이름을 붙였다. 최무선, 이천, 장영실, 이순지, 허준이 그들이다. 최무선과 허준을 제외하면 이천, 장영실, 이순지 등은 모두 세종의 치세에 왕성한 활동을 한 사람들이니 이것만 보더라도 과학이 융성했던 세종 시대의 면모를 느낄 수 있다.

그러나 이 모든 걸출한 과학 인물들 중에서도 현대의 천문학자들이 새로 발견한 소행성의 이름에 가장 잘 어울리는 사람은 이순지(李純之)가 아닌가 생각된다. 천문학자로서 천체를 관측하고 그 움직임을 계산하여 이를 정확한 달력으로 만드는 일을 수행한 전통시대의 대표적 천문학자였기 때문이다. 물론 현대 천문학자들의 작업과 이순지가 행한 작업의 성격은 다른 면이 많지만, 어쨌든 그는 전통시대의 천문학자 중 현대 천문학자들이 모범으로 삼을 만한 선배라고 할 수 있다.

우리나라 전통천문학사를 깊이 연구한 유경로(1917~97)는 한국 전통천문학의 역사에서 업무와 혈연으로 긴밀했던 세 쌍의 천문학자를 꼽은 적이 있는데, 이들은 이순지-김담(선후배), 서명응-서호수(부자), 남병철-남병길(형제)이다. 이 세 쌍의 천문학자들은 각기 한 시대를 상징하는 중요한 천문학 업적들을 남겼다. 이순지-김담은 세종 대에 활동하여 조선 전기 천문학을 반석 위에 올려놓았으며, 서명응-서호수는 조선 후기에 새로이 도입된 서양 천문학을 깊이 연구하여 영·정조 시대의 천문학을 최고 수준으로 끌어올렸고, 남병철-남병길은 조선왕조 말년인 철종 대에 활약하여 한국 전통천문학의 마지막 불꽃을 보여주는 방대한 저술들을 남겼다. 유경로는 조선시대 천문학사를 "세종 대의 이순지-김담이 기초한 조선 천문학을 남병철-남병길 형제가 도미(掉尾)를 장식"했다고 평가했다.

생애

이순지의 생애는 대체로 『세조실록』 세조 11년(1465년) 6월 11일에 기록된 졸기와 그가 어머니의 상중에 벼슬을 사양하면서 올린 상소문을 통해 재구성해볼 수 있다. 그는 1406년(태종 6년) 서울에서 태어나 1465년(세조 11년) 6월 10일 60세를 일기로 세상을 떠났다. 그의 본관은 양성(陽城), 자는 성보(誠甫), 시호는 정평(靖平)이다. 1427년(세종 9년) 과거에 급제하였는데, 『문과방목』에 따르면 을과 제2인으로 합격하였다. 이때의 시험에서 통상의 과거처럼 전체 급제자 33인을 뽑았다면 그중 5등에 해당되는 아주 우수한 성적이다. 천문역법 방면의 사업에 발탁되기 전 이순지의 능력은 외교문서를 다루는 분야에서 먼저 인정받은 것으로 보이며 관직이 높아진 후에도 외교문제에 상당한 능력을 보였던 것 같다. 그가 문과 급제 후 맨 먼저 임명된 곳이 외교문서를 다루는 승문원이었을 뿐 아니라, 이후 여러 관직을 거치면서도 중국에 네 차례나 다녀왔던 것으로 보이기 때문이다.

이순지는 우연한 기회에 세종에게 천문역산에 재능이 있는 사람으로 발탁되어 세종 치세 내내, 그리고 세조 초까지 천문학 방면의 연구와 활동에 힘을 기울였다. 세종 때에 천문학 방면에서 중요한 업적을 이룩한 사람들로 정인지, 정흠지, 정초, 장영실, 김담 등 여러 사람을 거명할 수 있지만, 그중에서도 이순지는 교정하고 간행한 서적만 하더라도 십여 권이 넘을 정도로 단연 발군의 업적을 남겼다.

이순지는 아버지 이맹상(李孟常, 1376~?)과 어머니 문화 유씨 사이에서 다섯째 아들로 태어났다. 아버지 또한 일찍이 현달하여 공조참의, 호조참의, 병조판서를 거쳐 중추원부사에 이르렀다. 이순지가 상소문에 기술한 바에 따르면, 그는 어린 시절부터 병치레가 잦아 다섯 살까지도 말을 못 하고 먹지 못하여 항상 포대기에 싸여 누워 있었다고 한다. 이처럼 병약한 그를 그의 어머니는 다른 형제들과 달리 한 번도 유모에게 의지하지 않고 지극 정성으로 길렀다. 어머니는 친척들에게 항상 "내 무덤에 시묘할 아이는 반드시 이 아이다"라고 했는데, 이순지가 어머니의 시묘를 위해 관직을 사양한 것도 어린 시절부터 특별했던 모자의 정 때문이었다.

세종 18년(1436년) 겨울 어머니가 돌아가셨을 때 이순지는 어머니의 상을 치르기 위해 당시 근무하던 간의대(간의를 설치하여 천문관측을 행한 장소)의 자리를 비울 수밖에 없었다. 그러자 세종은 오히려 그를 봉상판관(종5품)에서 호군(정4품)으로 승급하고 그의 아버지에게까지 명을 내려 상중임에도 계속 출사하도록 했다. 또한 세종은 이순지가 맡고 있던 간의대의 측후 임무를 대신할 인재를 뽑아 올리게 하였는데, 이때 발탁된 사람이 바로 나중에 이순지와 함께 『칠정산』을 편집 간행한 김담이었다. 세종의 이런 파격적 조치에 대해, 이순지는 어머니의 시묘를 하며 마지막 도리를 다할 수 있게 해달라고 두 차례나 눈물로 벼슬을 사양했지만 세종은 끝내 허락하지 않았다.

흥미로운 것은 이순지가 어머니의 상을 당하여 간의대의 자리를 비우는 바로 그 시기에 중요한 관측기기인 일성정시의(태양과 별의 위치를 관측하여 시간을 알아내는 기구)가 완성되고 이어 간의대 주변에 배치된 각종 해시계가 이듬해 봄까지 완성되었다는 점이다. 당시는 새로 천문기구를 만들고 관측해야 하는 중요한 시기였기에 세종은 이순지에게 상중임에도 계속 나와서 일을 하도록 지시한 것이다. 이순지는 간의대를 만들자는 논의가 시작된 세종 14년(1432년)부터 계속해서 간의대에서 근무하였고, 간의대의 천문기구들을 만들고 이를 관측에 사용하는 데도 가장 중추적인 역할을 했기 때문이다. 그가 벼슬을 사양하는 상소문에서 "간의대에 수년을 종사하였으나, 그 모든 관측기구의 제작은 진실로 다 전하의 슬기로운 계산에서 비롯된 것이고"라고 말한 것은 바로 이러한 사정을 보여주는 것이다.

많은 사람들이 주목했듯이 이순지가 세종의 총애를 입고 천문학 연구에 뛰어들게 된 계기는 한양의 위도가 얼마인지를 묻는 세종의 질문에 38도강[1]이라고 대답한 일이었다. 나중에 세종은 중국의 역서에서 한양의 위도를 확인하고 이순지의 천문학적 식견을 주목하게 되었다. 과연 이순지는 한양의 위도를 어떻게 알았을까? 세종을 알현하기 전에 이미 관측을 통해 한양의 위도를 산정했을까, 아니면 이미 알려진 개성의 위도를 가지고 서울의 위도를 짐작했을까? 아마 후자일 것이다. 이미 원나라의 수시력에서는 고려의 위도(즉 개경의 위도)를 책정하고 있었는데, 아마도 이순지는 이 값을 가지고 한양의 위도를 환산해내지 않았나 생각된다. 이순지가 세종 27년(1446년)에 편찬한 『제가역상집』에는 원나라의 역사서를 인용하여 고려의 위도를 38도소라고 표기하고 있으므로 이순지는 세종과 대면하기 이전에 이미 이 값을 알고 있었을 가능성이 있다. 또한 고려(개경)의 위도를 알고 있다면 지도를 보고 개경과 한양 사이의 거리를 적용해 한양의 위도를 산출할 수 있었을 것이다. 천문기구로 직접 측정하지 않고 지도를 이용해서 다른 지방의 경위도를 산출하는 방법은 전통시대에 많이 사용되었는데, 명나라 말기 숭정개력(1628~1634년) 시기에는 물론 조선의 정조 대(정조 15년, 1791년)에도 같은 방법이 사용되었다.

중국 방문과 천문역산학 연구

『실록』에서 쉽게 확인할 수 있는 이순지의 중국 방문은 세 차례로, 세종 23년(1441년), 문종 1년(1451년), 세조 4년(1458년)이다. 그런데 이순지가 세종의 총애를 받고 천문역산 방면에서 왕성하게 활동한 것과 그의 중국행은 어떤 관련이 있을까? 우선 세종 23년(1441년)의 중국행은 『칠정산』과 관련지어 생각해볼 수 있다.

세종 23년 8월에 성절사 고득종을 따라 압물관 이순지와 서장관 김담이 중국으로 출발하여 그해 윤11월에 조선으로 돌아왔다. 그런데 이들이 중국에서 돌아오는 길에 정사였던 고득종이 국경 지역 백성들이 함부로 국경을 침범하는 문제를 독단으로 처리하여 함께 갔던 이순지와 김담까지 국문을 당할 처지가 되었다. 그런데 세종은 이순지의 죄가 장 80대에 해당한다며 처벌을 주장하는 의금부의 건의를 묵살하고 고득종 외에는 모두 방면하려고 했다. 세종은 계속되는 신하들의 요구를 묵살하기 어려웠는지 이순지와 김담을 파직하였지만, 이들이 궐 내에 들어오는 것은 허락했다. 그리고 신하들의 반대를 무릅쓰고 두 달 만에 이순지와 김담에게 관직을 제수했다. 세종이 이순지와 김담에게 내린 이런 호의적 조치는 『칠정산』의 편찬에 집중하게 하려는 배려였을 것으로 생각되며, 나아가 이들이 함께 중국에 다녀왔다는 것은 역법 개정 사업과 관련하여 모종의 임무가 이들에게 주어졌던 것이 아닐까 짐작해볼 수 있다.

앞서 확인한 세 번의 중국행 이외에 그의 천문역산 연구와 상당히 밀접한 관련이 있는 것으로 보이는 또 한 번의 중국행을 사료에서 희미하게나마 확인할 수 있으니 그것은 세종 19년(1437년)의 일이다. 『성종실록』에 다음과 같은 기사가 있다.

듣건대 세종조에 이순지가 일찍이 상중에 있었는데 상복을 벗고 북경에 갔다가 돌아와서는 성복을 하고 상제를 마쳤다고 합니다.

이순지가 상중에 중국에 갔다는 것을 전하는 이 기사는 그의 중국 방문이 확인된 세 차례가 아닌 네 차례일 가능성을 높여주고, 나아가 천문역산 연구를 위해 특별한 임무를 띠고 중국에 파견되었을 것이라는 심증을 품게 한다.

이미 세종 1년(1419년)에 관상감 영사 유정현의 건의로 신하들을 이끌고 역법을 교정하는 사업이 시작되었는데, 세종은 역법에 관한 일을 국가 중대사로 여기고 지속적인 관심을 기울였다. 그리고 세종 24년(1442년) 이순지와 김담에게 명하여 새로 얻은 『대통력법통궤』를 교정하여 『칠정산』을 완성했다. 그런데 『칠정산』의 완성에 결정적인 도움을 준 『대통력법통궤』가 이순지의 북경행과 모종의 관계가 있으리라 짐작할 수 있는 서술이 이순지 자신이 교정하고 편찬한 『사여전도통궤』의 발문에 있다.

예문관 제학 신 정흠지 등에게 명하여 수시력법을 연구하여 차츰 그 술을 구하게 하셨고, 다시 예문관 대제학 신 정초 등에게 명하여 더욱 강구하여 그 술법을 완전히 알아내도록 하셨다. 또 의상·구루를 만들어 이를 사용하여 서로 참고하여 천체의 운행을 추험하는 법이 크게 완비되었다. 또한 근년에 얻은 중국의 통궤지법은 본래 수시력에 근본하고 있으나 혹 증손한 차이가 있고 서역의 회회력은 따로 하나의 법이지만 절목이 미비하다. 임술년(세종 24년, 1442년)에 다시 봉상시윤 신 이순지와 봉상주부 신 김담에게 명하여 수시력과 통궤의 법에 의거, 같고 다른 점을 섞고 구별하며 정밀함을 취하여 그사이에 수조목을 첨가해 한 책을 만들어 『칠정산내편』이라 명하였다.

여기서 주목할 것은 "근년에 얻은 중국의 통궤지법"이라는 구절과 세종이 이 책을 이순지와 김담에게 교정토록 했다는 점이다. "중국의 통궤지법"은 명나라의 대통력법을 교정한 원통의 『대통력법통궤』가 분명하다. 이 통궤본은 이순지와 김담이 교정하여 여섯 권의 통궤본으로 재간행되었는데, 이들 모두는 『칠정산내편』의 각론에 해당할 정도로 『칠정산내편』과 밀접한 관련이 있는 중요한 책이다. 만약 어머니의 상중에 이순지가 실제로 중국에 갔다면 이때 이순지에게는 바로 『칠정산내편』의 완성을 위한 전 단계로서 천문역산 관계 서적을 구해오는 임무가 맡겨졌을 가능성이 있다. 또한 『칠정산내편』과 밀접한 연관이 있는 자료의 중요성으로 볼 때, 이때 이순지는 중국에서 『대통력법통궤』를 구해오지 않았을까 짐작해볼 수 있다. 이미 세종 3년(1421년)에 장영실 등을 중국에 보내 "천체운행을 계산하여 달력을 만드는 각종 천문 서책을 무역하고 보루각·흠경각의 혼천의 도식을 견양하여 가져오게" 한 일이 있었던 세종이 조선의 경위도에 맞춘 달력을 완성하는 데 필요한 서적을 구하기 위해 천문역산의 전문가인 이순지를 상중임에도 불구하고 중국에 보냈던 것이 아닐까.

세종 시대 천문역산학의 완성은 언제인가

세종 시대 천문학에 관심을 가진 사람이라면 누구나 세종 시대 천문역산학은 『칠정산내외편』의 편찬으로 완성되었다고 할 것이다. 물론 『칠정산내외편』이 기존의 수시력·대통력과 다른 특징을 지녔고, 그에 따른 역법계산과 예보의 정확성이 세계적인 수준이라는 점에 이의를 제기할 사람은 없다. 그러나 『칠정산내외편』만을 중심으로 보면 세종 대 천문역산학의 전반적인 발전과정에 대해 상당한 오해를 빚을 수 있다. 필자는 『칠정산내외편』 완성 이전에 실질적으로 조선의 천문역산학은 세종 16년(1434년)경에 이미 중국 수시력의 수준에 이르렀고, 이 역산지식이 실생활에 적용되고 있었으므로 세종 시대 천문학은 실질적으로 세종 16년경에 완성되었다고 주장한다. 그리고 이후 『칠정산내외편』을 비롯한 역법서들의 저술과 편찬은 이미 정점에 이른 역법지식을 정식화하거나 규범화하는 활동이었다고 생각한다.

『칠정산』으로 상징되는 세종 대의 천문학 발달은 고려 말부터 역법 개정에 대한 요구에 부응하여 지속적으로 개선 노력을 기울여 이룩한 결실이었다. 고려시대에는 당나라에서 사용하던 선명력을 사용했으나 이미 국초부터 이 역법은 오차를 드러내고 있었다. 그러나 개력하지 못하고 계속 사용하다가 충선왕 때(1309년)에 원나라의 수시력을 시행하였다. 그러나 이때에도 수시력에 대한 지식이 미비하여 일월식의 계산은 옛 선명력의 방식을 따랐다. 천문관들은 부실한 계산을 어떻게든 천체운행의 실상에 맞추어보려고 노력했으나 성과를 보지 못하고 조선왕조의 개창을 맞았다. 고려 공민왕 때에는 명나라의 대통력을 사용하기도 했으나 역서를 사용하는 데 그쳤을 뿐 역법지식을 운용하는 데까지는 이르지 못했다. 조선 초기에는 지금까지 수입된 선명력, 수시력, 대통력이 모두 있었지만, 수시력과 대통력으로는 일월식과 오행성의 운행을 계산할 수 없었기 때문에 비록 부정확하지만 익숙하게 써왔던 선명력을 계속 사용할 수밖에 없었다. 조선 태종 때에도 수시력에 관한 이론서가 들어왔으나 이를 이해하여 적용할 수 없었다. 이런 역법지식의 난맥상은 세종 초까지 계속되었는데, 일월식의 추보가 어긋나서 관상감원이 처벌받았다는 기사를 통해 확인할 수 있다.

조선 후기에 서양 천문학을 반영해서 만들어진 시헌력법 지식의 수용과 적용과정을 보면 조선에서 천문역산 지식이 정비되는 하나의 패턴을 확인할 수 있다. 먼저 역을 만드는 지식을 이해하고 이를 적용할 수 있게 되면, 다음으로는 관측지의 경위도에 맞추어 관측기구를 제작하고 관측을 수행하며, 마지막으로 역법의 기초에 맞추어 현지의 시각법을 적용하는 과정을 밟는다. 세종 대 천문역법의 개선과 발전도 이와 유사한 과정을 밟고 있는데, 그 첫 성과로 역법지식의 습득과 적용이 세종 14년(1432년)경까지 이루어졌음을 다음의 기록에서 알 수 있다.

역법의 계산은 예로부터 이를 신중히 여기지 않는 제왕이 없었다. 앞서 우리나라가 추보하는 법에 정밀하지 못하더니, 역법을 교정한 이후로는 일식, 월식, 절기의 일정함이 중국에서 반포한 역서와 비교할 때 털끝만큼도 틀리지 아니하매, 내가 매우 기뻐하였노라. 이제 만일 교정하는 일을 그만두게 된다면 20년 동안 강구한 공적이 중도에 폐지하게 되므로, 다시 정력을 더하여 서책을 이루어 후세로 하여금 오늘날 조선이 전에 없었던 일을 건립하였음을 알게 하고자 하니, 그 역법을 다스리는 사람들 가운데 역법에 정밀한 자는 자급을 올리고 관직을 주어 권면하게 하라.

다음 과정인 천문의기의 제작과 관측은 대체로 세종 14년(1432년)부터 세종 15년(1433년)까지 진행되었다. 세종은 1432년(세종 14년)에 정인지에게 다음과 같이 말했다.

우리 동방은 멀리 해외에 있어 무릇 시행하는 것이 하나같이 중국의 제도를 준용했는데 유독 관측기구만이 부족하다. 경은 이미 역상을 책임진 제조를 맡고 있으니 대제학 정초와 더불어 고전을 강구하여 의표를 창제해 측험에 대비하라. 그러나 그 요체는 위도를 정하는 데에 있으니 먼저 간의를 만들어 일을 진행하라.

이에 정초, 정인지는 고전을 탐색하는 일을 담당하고, 중추원사 이천과 호군 장영실은 제작을 담당하여 먼저 나무로 간의를 만들어 한양의 위도(북극출지) 38도소를 측정하였다. 원사에서 측정한 것과 합치되어서 마침내 동으로 주조하였다. 세종 14년에 제작된 간의는 경회루 북쪽에 설치되었고(간의대), 그 남쪽에 정방안이 설치되었다. 그리고 40척짜리 동표가 경부(정밀관측용 슬릿)와 함께 간의대의 서쪽에 설치되었다.

세종 대 천문역산 지식 개량의 마지막 단계는 시각법의 적용이었는데, 이것은 세종 15년(1433년)에 완료되었다. 한양의 경위도에 맞는 시각법을 적용하자면 가장 중요한 한양의 위도(북극출지)가 측정되어야 하는데, 이것은 이미 세종 14년에 확정되었고, 아울러 가장 중요한 관측기기인 간의가 설치되고 이를 통해 관측을 수행함으로써 한양에서의 시각법 적용의 기초가 마련되었을 것으로 보인다. 수시력에 따른 한양에서의 시각법을 적용한 물시계가 장영실에 의해 세종 15년 9월에 제작되었고, 이것은 다음 해부터 정식으로 조선의 시각법 기준으로 채택되어 사용되었다.

앞서 누각의 경점을 마련한 것은 본래 근거한 바가 없었다. 이제 수시력법을 상고하여 누기를 새로 만들었는데 털끝만큼도 틀리지 아니하므로, 영을 내려 이것을 쓰고자 한다.

이로써 세종 대에 수시력을 기초로 한 역법 지식의 개량이 완료되었다. 이를 적용해 역일을 계산하고, 일월식을 예보하며, 관측기기를 제작하고 관측을 수행하여, 본국의 경위도에 맞는 시각법을 적용하게 되었다는 것은 한 왕조가 도달하고자 했던 천문역산 지식의 최정점에 해당한다. 따라서 이후 『대통력법통궤』와 『회회력』에 대한 연구, 『칠정산내외편』의 편찬, 『칠정산내외편정묘편교식가령』의 편찬, 『중수대명력정묘년일』의 편찬, 그리고 세조 4년에 『교식추보법(가령)』의 편찬까지 역법 연구와 그 결과의 출판은 대체로 세종 16년까지 이미 확립된 천문역산 지식의 정식화나 규범화로 파악할 수 있다. 이런 정식화와 규범화는 세종 이후 조선의 천문역산학이 오히려 쇠퇴나 퇴보로 보이는 중요한 특성을 포함하고 있었다.

조선의 천문역산학은 세종 대 이후 퇴보했는가

지금까지 한국 과학사를 연구한 연구자들의 평가는 대략 세종 대가 조선의 과학 발전에서 하나의 정점을 이룬다는 것과 이후에는 이것과 비슷한 발전은 거의 없었다는 것이다. 한국 과학사의 선구자인 홍이섭을 비롯하여, 전상운, 박성래 등이 세종 시대의 과학에 대한 연구를 토대로 이와 같은 평가를 내놓았다. 대표적으로 전상운은 "세종 대에 전개된 과학과 기술은 오랜 역사와 전통 속에서 집적된 한국 과학을 결산하는 것"이었으며, 이와 같은 유형의 발전은 다른 어느 지역에서도 찾아볼 수 없는 것이라고 평가한다. 다른 연구자들의 평가도 대체로 이와 비슷하다고 할 수 있는데, 다만 세종 대의 과학이 유례없이 발달할 수 있었던 이유와 그 이후 쇠퇴의 원인에 대해서는 의견이 갈린다.

홍이섭은 농업경제가 근간인 조선시대에는 임금이 얼마나 백성을 위한 정책을 수립·시행하느냐에 따라 생산수단으로서 과학기술은 발전할 수도 쇠퇴할 수도 있다고 보았다. 조선 전기에는 바로 민본정책 때문에 과학기술이 발달했지만, 그후에는 마땅한 사회적 장치가 없었기 때문에 후세로 계승되지 못했다고 평가했다. 전상운은 세종 대의 발달한 과학과 기술이 임진왜란과 병자호란 등의 전란으로 인해

안정적으로 계승되지 못했고, 더욱이 주자학의 발달은 이후 조선과학의 자주적·계통적인 발전을 저해했다고 보았다. 박성래는 세종 때의 과학 발전은 지금과 다른 실용적인 면에서 과학이 발전할 수 있는 환경 때문에 가능했다고 보았다. 세종 때는 신왕조의 개창 이후 안정된 왕권에 기초하여 왕조를 사상적으로 기반 위에 올려놓을 수 있는 실천적 행위를 보여주고자 했는데, 그것이 '임금이 하늘을 관측하여 백성에게 시간을 내려주는' 관상수시(觀象授時)라는 유교적 덕목의 실천이었다는 것이다. 그러나 이후 왕조의 운명이 반석 위에 오른 상태에서는 세종 때와 같은 노력을 할 필요가 없었으므로 이후의 과학은 쇠퇴할 수밖에 없었다는 것이다. 덧붙여 박성래는 주자학의 융성과 과학기술을 담당한 중인계층에 대한 천시풍조도 과학기술 쇠퇴의 또 다른 원인이었다고 주장했다.

최근에 문중양은 조선시대 과학사를 "세종 대 과학의 융성과 이후의 쇠퇴"로 보는 단순 구도를 지양할 것을 제안했다. 그는 우선 이와 같은 평가가 천문학만을 중심으로 해서 조선 과학사를 보기 때문에 생겨나는 것이라 지적하고, 과학사상, 의학, 지리학 등의 분야로 확대해서 보면 이후에도 계속해서 계승·발전하는 모습을 볼 수 있다고 주장했다. 또한 "세종 대의 융성과 이후의 쇠퇴"로 보는 관점은 세종 대 이후의 우리나라 과학사를 부정과 실패의 역사로 인식하게 하여 패배적인 역사관을 형성시킨다는 점이 큰 문제라고 보았다.

이처럼 다양한 의견에도 불구하고 선행 연구자들은 세종 시대에 천문학이 발달했고 그것이 이후의 시대에 제대로 계승되지 못했다는 평가에는 완전히 합의하는 것 같다. 하지만 이러한 평가가 과연 올바른 것일까? 결론부터 말하자면, 세종 시대 이후의 천문학은 쇠퇴가 아니라 계승이며, 그것이 쇠퇴로 보이는 것은 세종 시대에 이루어진 천문학 지식의 규범화와 정식화 때문이라는 것이 필자의 생각이다.

천문역산, 특히 역법에 관련된 지적 활동은 이론적(theoretical) 층위와 실행적(practical) 층위로 나누어 볼 수 있다. 역법은 기본적으로 천체가 운행하는 방식을 이해하여 이를 기술하며, 이것을 역서라는 형식에 반영하는 것을 목표로 한다. 여기에서 천체운행에 대한 원리적 이해와 기술은 이론적 층위에 해당되고 이를 바탕으로 역서를 작성하는 것은 실행적 층위에 해당된다. 그런데 문제는 우리가 한 시대 천문역법의 발전이나 쇠퇴를 판별할 때 주로 이론적 층위의 지적 활동만을 따진다는 점이다. 반면 실행적 층위의 지적 활동은 무시할 뿐만 아니라, 이 층위에서는 여전히 전 시대의 활동이 계승 유지되고 있음에도 이를 천문역법 지식의 쇠퇴로 평가한다. 필자는 세종 시대의 천문학이 이후의 시대에 쇠퇴했다는 평가 또한 바로 이런 이유 때문에 나온 것이라고 생각한다.

전통시대 천문역법의 역사에서 이론적 층위에서의 지적 활동은 일시적이기 때문에 눈에 잘 띄지만, 실행적 층위에서의 지적 활동은 지속적이기 때문에 눈에 잘 띄지 않는다. 세종 시대에는 수시력 체계를 중심으로 달, 태양, 오성의 운행과 일월식에 대한 이론적 이해, 그리고 수학적 계산법이 연구되었다. 앞서 보았듯이 이런 이론적 층위의 지적 활동은 일단 세종 16년(1434년)까지 거의 정점에 도달했다. 그런 다음에는 수준에 오른 이론적 층위의 지식을 실행적 층위의 활동으로 전환할 필요가 있었는데, 이는 처음부터 역법지식이 천문학자의 지적 탐구를 위한 지식이 아니라 역서의 반포와 교식의 예보라는 실행을 목표로 한 것이므로 당연한 것이었다.

이때 이론적 지식을 실행적 활동으로 전환해내는 장치는 무엇일까? 그것은 바로 이순지가 주도해서 편찬한 『칠정산내외편』을 비롯한 각종 『교식가령』, 그리고 『교식추보법(가령)』(세조 4년, 1458년) 같은 책이었다. 이들 책에서 다루는 내용은 물론 이론적 지식이 기초가 되고 있지만, 책의 목표는 처음부터 이론적 지식의 교육이 아니라 실행적 적용이었다. 달리 말하면 『칠정산』 등은 천문학 이론에 대한 교과서가 아니라, 역서를 만들거나 일월식을 예보하는 데 필요한 계산방법을 공식처럼 정리해놓은 책이다. 여기에는 분명히 조선 전기에 도달했던 천문역산학의 가장 수준 높은 지식이 반영되어 있지만, 이들 책이 의미 있는 것은 이론적 층위에서 도달한 지식의 수준 때문이 아니라 실행적 층위에서 실제 사용될 수 있는 실용성 때문이다. 『칠정산』이나 각종 『교식가령』의 내용을 살펴보면 이 점을 확인할 수 있는데, 그것은 대개 'A라는 값을 구하려면 B라는 수치와 C라는 수치를 곱하여 D로 나눈 다음 E를 더해 F값과 비교하여 서로의 차이를 따진다"는 식의 서술이다. 이들 책은 역서를 작성하고 교식을 예측하고자 하는 사람을 위해 계산 방법과 순서를 알려주는 교본 같은 것이다. 바로 이론적 층위의 지식을 실행적 목적에 사용하기 위해 규범화하고 정식화한 것이다.

이론적 층위의 역법지식이 실행을 위해 규범화되고 정식화되어 하나의 교본이 된 가장 극명한 예는 이순지와 김석제가 세조 4년에 편찬한 『교식추보법(가령)』이라고 할 수 있다. 이 책은 일월식을 계산하는 방법과 순서를 서술한 것인데, 더욱 주목되는 것은 책의 서술이 노래와 시로 되어 있다는 점이다. 원래 이 책의 시와 노래는 세종이 만들었고, 이순지와 김석제는 가사와 시구에 포함된 뜻을 좀더 자세히 설명했을 뿐이다. 천문관들이 계산 방법과 순서를 노래로 부르고 시로 읊어 암기한 다음 실제 계산에서는 수치만 적용하여 필요한 계산을 할 수 있게 한 것이다. 이것은 이론적 층위에서 연구하고 이해한 역법 지식을 규범화하고 정식화하여 실행적 층위로 진입시키는 독특하고도 효과적인 장치라고 할 수 있다. 대체로 세종 16년 이후의 천문역산 서적의 출간은 이미 확립된 이론적 지식의 정식화와 규범화를 향한 노력이라고 할 수 있다.

그러나 이처럼 효과적인 교본들을 갖게 되자 세종 대 이후의 천문 역산 활동은 거의 모두 실행적 층위에서만 이루어지게 되었다. 이미 정밀한 수준의 역산 지식에 기초하여 역서를 만들 수 있는 효과적인 교본들을 가진 천문관들의 활동은 확립된 교본을 통해 역서를 제작하고 교식을 예측하는 실용적 활동에만 집중되었던 것이다. 이 때문에 세종 시대 이후의 천문역산학은 쇠퇴와 퇴보로 보이게 되었는데, 사실은 결코 쇠퇴나 퇴보가 아니었다. 오히려 조선의 천문관들은 세종 시대에 달성한 이론적 층위의 역산지식이 한계를 드러내는 16세기 말까지 계속해서 동일한 수준의 이론적 지식을 기초로 실행적 층위의 지적 활동을 계속하고 있었다.

이들은 수시력, 대통력, 회회력, 경오원력, 중수대명력 등의 연구를 통해 얻은 지식을 실제적인 목적에 적용할 수 있는 훌륭한 교본들을 세종 시대 이후부터 줄곧 확보하고 있었다. 그리고 이것을 이용하여 역서를 제작하고 일월식을 예보하는 일, 즉 당시 국가와 사회의 요구를 충실하게 만족시키고 있었던 것이다. 따라서 이것은 전통의 단절이나 지식의 퇴보가 아니라 전통의 지속이며 계승이라고 봐야 한다. 현재 우리의 눈에는 세종 시대 이후 조선의 천문관들은 거의 아무런 진보도 없이 이미 확립된 교본에 따라 역서의 제작과 일월식의 계산이라는 단순한 작업만을 반복하고 있었던 것으로 보이지만, 그것은 실행적 층위에서 이루어지는 지적 활동의 성격상 당연한 것이었다. 조선의 천문관들은 당시 국가와 사회에 가장 필요한 일을 가장 잘 수행하고 있었을 뿐이다.

천문역법 분야에서 이론적 층위의 지식이 언제나 진보해야 한다는 생각 또한 현대 과학적 관점을 역사적, 문화적 맥락이 다른 전통시대에 투영하면서 생겨난 선입견이다. 역법지식 전체를 놓고 볼 때 고대부터 현재까지 이론적 층위의 지식은 전반적으로 진보해왔지만, 지속적 진보의 경로를 밟은 것은 아니었다. 왕조가 바뀌면 제도도 바뀐다는 수명개제의 이념에 따라 역법의 개정이 요구되었던 시기에는 이론적 층위의 지식이 집중적으로 연구되었다. 그러나 일단 이론적 층위의 지식이 확립되고 이것이 실행적 층위로 진입하고 나면 그 지식은 배경으로 숨고 표면에는 실행적 층위의 활동만 장기간 지속되는 것이 일반적이다. 조선의 천문역산학도 이 같은 경로를 밟았다. 조선왕조 초기 천문역산학에서는 이론적 층위와 실행적 층위의 지적 활동이 동시에 필요했다. 그리고 세종 시대에 이루어진 천문역산 방면의 연구는 그런 요구를 만족시키기 위한 것이었다. 그러나 세종 시대에 이 두 가지 층위의 지식이 모두 필요한 수준 이상으로 달성되고, 이론적 층위의 지식이 실행적 층위로 진입하게 되면서 이후 천문역산 활동은 실행적 층위에만 집중되었고 이것이 세종 시대 이후의 천문학을 퇴보나 쇠퇴로 보이게 했던 것이다.

박성래는 일본에서 1684년부터 사용되기 시작한 시부카와 하루미(澁川春海)의 정향력이 조선 유학자 박안기의 영향으로 만들어졌다는 사실을 밝혀냈다. 박안기는 1643년(인조 21년) 통신사의 일행으로 일본을 방문하여 일본의 한 학자에게 수시력을 전수해주었는데, 그가 다시 시부카와에게 이를 전수해주어 정향력이 만들어졌다. 이 사례는 세종 시대 도달했던 천문역산학이 퇴보하거나 쇠퇴하지 않고 계속해서 그 수준이 유지되고 있었다는 증거로 볼 수 있다. 이미 『칠정산』에 의한 역서 제작과 일월식의 계산이 한계를 드러내는 인조 대에도 조선 유학자가 일본인에게 수시력 지식을 전해줄 수 있는 수준에 있었다는 것은 세종 대에 확보된 천문역산 지식이 이후 퇴보하거나 쇠퇴한 것이 아니라는 것을 말해준다.

세종 대 석각천문도는 어디에 있을까

이미 잘 알려진 대로 〈천상열차분야지도〉라는 천문도를 돌에 새긴 유물이 있다. 덕수궁 궁중유물전시관에 보관되어 있는 이 유물에는 천문도를 돌에 새긴 시기가 '홍무 28년 12월'로 명시되어 있다. 홍무는 명나라 태조의 연호이니 이 해는 조선의 태조 4년(1395년)에 해당된다. 이 기록은 또한 권근(1352~1409)의 문집에도 그대로 실려 있어서 태조 4년에 천문도가 석각된 것은 틀림없는 사실로 여겨왔다.

문제는 이순지의 『제가역상집』 발문에서 비롯된다.

선덕 계축년(1433년, 세종 15년)에 전하께서 정성스런 마음을 발휘하여 무릇 여러 의상·구루의 기기와 천문역법의 책을 탐구하지 않음이 없었다. 모두 대단히 정치하여 의상으로는 대소간의, 일성정시의,

혼의, 혼상이며, 구루로는 천평일구, 현주일구, 정남일구, 앙부일구, 대소규표 및 흠경각루(옥루), 보루각루(자격루)이다. 천문으로는 칠정, 열사중외관과 이십팔수의 거극도분을 모두 측정하였다. 또한 장차 고금 천문도의 같고 다름을 합치고 구별하여 관측으로 정하고, 옳은 것을 취해 이십팔수의 도분과 십이차의 별자리 각도를 모두 수시력에 의거하여 수정하고 고쳐서 석본을 만들었다.

위의 인용문에서 보듯이 이순지는 세종 15년에 관측을 통해 칠정, 열사중외관(여러 별자리), 이십팔수(황도대 주변의 28개의 별자리)의 거극도분(북극에서 떨어진 각도)을 측정하였으며, 나아가 이를 토대로 고금의 천문도를 비교 검토하고, 수치들을 모두 수시력에 의거하여 수정하여 돌에 새겼다고 말하고 있다. 후에 이 기록은 서호수의『동국문헌비고상위고』와『서운관지』에 조금 다른 형태로 기록되었다.『동국문헌비고』의 기록을 보자.

세종 15년(1433년) 신법천문도를 새겼다. 임금이 고금의 천문도를 검토하고, 그 이십팔수의 거극도와 십이차에 걸치는 별자리의 각도는 하나같이 수시력에서 측정한 바에 의거하여 새 천문도를 만들어 돌에 새겼다.

『제가역상집』의 기록과『동국문헌비고』의 기록은 일찍부터 한국 과학사가들의 주목을 받아 태조 대에 새겨진 것으로 알려진 〈천상열차분야지도〉가 세종 대에 새겼다는 석각천문도와 어떤 관계가 있는지에 대한 논란을 불러일으켰다. 우선 박성래는 태조 대에 석각천문도가 준비되었으나 국초의 혼란한 틈에 새겨지지 못한 채 다만 종이 위에 천문도를 그렸을 뿐이고, 실제 석본은 세종 대에 새겨졌을 것이라는 의견을 제시했다. 그러나 유경로는 이에 대해 비록 오늘날에 전해지는 유물이 없지 않지만 세종 대의 천문도는 궁중유물전시관에 보관된 태조 대의 〈천상열차분야지도〉와 완전히 다른 또 하나의 석각천문도라고 단정했다. 그는 위와 같은 『제가역상집』 기록의 구체성과 세종 대 천문학 방면에서 이순지의 활약으로 보아 세종 대에 석각천문도가 만들어진 것이 틀림없으며, 특히 세종 대의 천문도가 태조 대의 천문도와 달리 수시력에 사용된 수치에 따랐다는 점은 두 천문도가 완전히 다르다는 사실을 증명해준다고 강조했다. 전상운 또한 유경로와 유사한 의견을 제시했다. 그는 세종 대에 태조 대의 석각천문도와 다른 또 하나의 석각천문도가 만들어졌는데 임진왜란 같은 전란 때 없어졌을 거라고 보았다.

1996년 나일성은 태조 대의 〈천상열차분야지도〉를 면밀히 검토한 다음 새로운 의견을 제시했다. 그는 우선 궁중유물전시관에 보관된 돌에는 앞뒤 면에 새겨진 두 개의 천문도가 있음에 주목했다. 그는 두 석본의 검토를 통해 그림과 설명문의 배치 양식에서 짜임새가 없는 앞면의 석본은 태조 대에 새겨진 것이고, '천상열차분야지도'라는 명문을 위에 배치하고 전체적인 짜임새가 균형미를 풍기는 뒷면이 세종 대에 새겨진 것이라는 의견을 제시했다. 박성래는 최근에 나일성의 의견을 존중하여 현재 남아 있는 두 개의 석각천문도는 한쪽이 1395년(태조 4년)에 다른 한쪽이 1433년(세종 15년)에 만들어졌다는 (나일성의) 해석이 더 그럴듯하다는 의견을 제시했다.

그러나 〈천상열차분야지도〉의 별 위치를 정밀 분석한 박창범은 이와는 완전히 다른 의견을 제시했다. 우선 그는 궁중유물전시관의 양면 석각본 중에서 '천상열차분야지도'라는 명문이 위에 있는 천문도가 세종 대의 것이라는 나일성과 박성래의 의견은 근거가 없다고 단정했다. 그리고 이 면의 별그림 형태가 오히려 고대 보천가와 유사하고 후대에 나온 〈천상열차분야지도〉 계열의 다른 천문도와도 상당히 다르다는 것을 확인했다. 그는 오히려 마모가 더 진행되어 상태가 나쁘지만 명문이 위에 있는 면을 먼저 새겼다가 명문이 중앙에 있는 면을 나중에 새겼을 것이라는 입장에서, 명문이 중앙에 있는 석본을 중심으로 별자리와 별 목록을 동정하였다. 그 결과 별그림에서 주극원에 해당하는 중앙부의 별들은 약 1300년에 관측한 수치를, 그 바깥의 별들은 기원 후 1세기에 관측한 수치를 적용해 그린 사실을 확인했다. 또한 주극원의 범위가 한양의 위도에 맞추어 수정된 것도 확인하였다. 결국 그의 주장은 명문이 위에 있는 석본을 먼저 새기고 명문이 중앙에 있는 석본을 나중에 새겼다는 것이니 나일성과 박성래의 주장에 반대된다.

　이상과 같은 석각천문도 논의에서 필자는 이순지의 천문역산 활동과 관련하여 더 면밀히 고려해야 할 점이 한 가지 있다고 생각한다. 그것은 세종 대 석각천문도는 조선에서의 실질적인 관측을 기초로 했다는 점이다. 태조 대의 천문도는 고구려의 옛 천문도를 기본으로 하여 세월이 흐른 만큼 달라진 각 절기별 혼효중성(저녁과 새벽에 남중하는 별)을 추보하여 개정하였다고 하지만, 이것은 면밀한 관측에 기초하여 제작된 천문도는 아니었을 가능성이 높다. 물론 앞서 보았듯이 박창범은 〈천상열차분야지도〉의 별그림을 분석하여 별의 위치가 한양의 위도와 1300년경의 관측값을 기초로 했으므로 이는 태조 대에 천문도가 석각된 것이 확실하다는 결론을 얻었다. 그러나 필자가 보기에 이 결론 또한 별그림의 분석에서 도출된 것일 뿐 역사적 상황에 비추어 재론할 여지가 충분하다고 생각한다.

우선 석각천문도에 새겨진 발문에 따르면, 태조가 고구려 석본의 인쇄본을 얻어서 석본으로 다시 새길 것을 서운관에 명한 것이 태조 3년(1394년)경이다. 서운관에서는 혼효중성을 개정하여 새로운 그림을 만들어야 한다고 주장했고 해를 넘겨서 태조 4년(1395년) 6월에 새로 만든 『중성기』를 바치니 이에 따라 옛 그림의 중성을 고쳐서 돌에 새겼다고 하였다. 문제는 여러 가지가 있지만 우선 지적할 것은 발문에는 중성을 고쳐 새겼다는 뜻만 있을 뿐 별자리의 위치를 고쳐 새겼다는 뜻은 없다는 점이다. 특정 절기에 남중하는 별은 세차운동 때문에 세월이 가면 달라진다. 고구려 때는 입춘 때 묘(昴)자리가 혼중성이지만 조선 태조 때에는 위(胃)자리가 혼중성이 되는 식이다. 그런데 이것은 절기마다 지정되는 중성을 고쳐 적는 것을 의미할 뿐 별자리의 위치를 다시 측정하고 고쳤다는 것을 의미하지는 않는다.

또한 별자리의 위치를 다시 측정하여 그 관측값을 석본에 반영하는 것은 관측하기에 상당히 어려울 뿐만 아니라 노력도 많이 드는 작업이다. 항성의 위치를 정밀하게 관측할 수 있는 기술은 물론 관측기기를 갖추어야 하고 장기간에 걸쳐 관측해야 할 것이다. 그런데 태조 4년 서운관에 이런 정도의 물적, 심리적, 시간적 여유가 있었을까? 더구나 태조 4년에 새겨진 천문도가 한양의 위도를 반영하고 있다는 박창범의 연구를 믿는다면 이것은 참으로 이해하기 쉽지 않은 상황이다.

조선왕조가 한양에 도읍을 정하고 태조가 한양에 도착한 것은 태조

3년(1394년) 10월이며, 태조가 정식으로 경복궁에 입어한 것은 태조 4년(1395년) 12월이었다. 고구려 천문도의 인쇄본을 태조 3년(1394년)에 받았으니 이것은 아직 태조나 서운관이 개성에 있을 때이고 서운관은 이것을 기초로 중성을 교정하고자 했을 것이다. 당시의 서운관이 관측을 통해 항성의 위치를 교정하고자 했다면 그 관측 기준점은 개성이 아니겠는가? 또한 태조가 한양의 궁궐터를 확정한 것은 태조 3년 9월이며 이때부터 궁궐의 조영이 시작되었다. 태조는 그해 10월에 한양에 도착하여 한양부의 객사를 이궁으로 쓰면서 생활하였다. 현재 남아 있는 양면의 석각천문도 중에서 명문이 중앙에 있는 것이 태조 4년에 새겨졌다면, 그리고 여기에 반영된 관측값의 기준이 한양의 위도라면, 서운관은 궁궐 조영공사가 한창인 상황에서 약 1년 안에 주극원 안쪽 별들에 대한 관측을 집중적으로 수행하여 이 관측값을 기초로 석본을 만들었다는 이야기가 된다. 더구나 서운관은 기본적으로 한양 천도 자체를 반대하고 고려에 동정적인 태도를 취하고 있었다는 주장에 귀를 기울이면, 서운관이 천도와 함께 엄청난 물력과 능력으로 항성관측을 수행해내고 이것을 석본에 반영했다는 것은 참으로 상식 밖의 일이라고 할 수 있다.

바로 이런 상황에 직면하여 세종 대의 석각천문도를 재론할 필요가 있다. 세종은 세종 14년(1432년)부터 목간의를 제작하여 한양의 북극출지도를 확정하고, 이를 기초로 간의를 제작하고 천문관측을 독려하였는데, 이순지는 바로 이러한 일련의 관측기기 제작과 관측활동에 수년간 종사했다고 세종 19년(1437년)의 상소에서 밝히고 있다. 또한 앞서 『제가역상집』이나 『동국문헌비고상위고』의 기록처럼 "열사중외관과 이십팔수의 거극도분을 모두 측정하였고" "이십팔수의 도분과 십이차의 별자리 각도를 모두 수시력에 의거하여 수정하고 고쳐서 석본을 만들었으니" 만일 석각천문도가 만들어졌다면 여기에 반영된 별자리의 위치값은 세종 당시의 것일 수밖에 없다. 또한 별자리 관측 이전에 한양의 북극고도가 정확히 측정되지 않았다면 관측기기를 설치할 때 오차가 발생할 수밖에 없고, 그에 기초한 관측이란 거의 의미가 없다. 이순지가 천문역산 방면에서 세종의 신뢰를 얻게 된 계기가 한양의 북극고도였던 점이나 세종 대 천문관측에서 한양의 북극고도 측정이 맨 먼저 실시된 것은 천문관측에서 관측지의 북극고도 측정이 얼마나 중요한지를 상징적으로 보여준다.

우리나라 전통시대 천문학에서 앞선 시대의 지식을 개선하는 과정에는 항상 역계산지식, 관측기기제작과 항성관측, 시각법의 확립 등이 병진해왔다. 조선 후기의 예를 보자면, 효종 대에 시헌력으로 개정하면서 시헌력을 계산하는 지식이 수입된다. 처음에는 새로운 역법의 지식을 수용하고 이해하는 데 심혈을 기울였지만, 이 역계산지식이 거의 완성될 무렵 본국에서는 여전히 대통력에 따른 시각법을 사용하고 있다는 비판이 제기되었다. 그런데 시각법을 바꾸기 위해서는 본국의 경위도 측정, 혼효중성 확정, 절기에 따른 밤낮의 길이 확정 등이 필요하다. 이 때문에 역법지식이 어느 정도 궤도에 오르면 당연히 관측기기와 항성관측에 힘쓰고 시각법을 새로운 역법에 맞게 적용하려는 노력이 뒤따르게 된다.

앞서 살펴보았듯이 세종 대의 천문학 또한 이와 마찬가지 과정을 밟았다. 세종은 즉위 초부터 역법지식의 습득을 위해 산법 전문가를 양성하고자 했고(세종 2년), 이 역법에 대한 이해가 거의 완전해질 무렵(세종 14년) 목간의와 간의를 제작하였으며(세종 14년), 이어 간의

대에서의 관측에 기초하여 장영실이 자격루를 만들고 이를 시각법의 기준으로 사용하기로 하였다(세종 15년). 대체로 역법지식의 이해, 천문관측기기의 제작과 관측, 시각법의 적용 등이 순서를 밟아 진행되고 있음을 알 수 있다. 이런 사정을 고려할 때 세종 15년의 석각천문도는 수시력에 대한 거의 완전한 지식을 습득하고 수시력에 따른 천문관측과 시각법을 조선에서도 적용할 수 있게 되었을 때 만들어진 것으로 볼 수 있다. 그리고 어머니의 상중에도 천문기기 제작과 관측에 매달려야 했던 이순지는 이 석각천문도의 완성에 중요한 공로자이다. 이 때문에 그는 『제가역상집』의 발문에서 이를 세종 시대 천문학의 중요한 업적으로 기록했던 것은 아닐까.

그렇다면 이제 궁중유물전시관에 보관된 두 면의 석각천문도 중에서 더 나중에 새겨졌고, 한양의 북극고도를 반영하고 있으며, 1300년경의 관측값을 반영하고 있다고 박창범이 주장하는 석각천문도는 어떻게 봐야 할 것인가? 필자는 '천상열차분야지도'라는 명문이 중앙에 있는 이 천문도가 이순지의 주도로 세종 대에 관측한 관측치에 의거하여 새겨진 천문도일 가능성이 있다고 본다.

전방위적인 업적을 남기다

이순지는 확실히 세종 대 천문역산학 연구의 중심에 있던 사람이었다. 그는 과거 급제 직후 세종에게 발탁되어 역법을 교정하는 일을 맡았으며 간의대에 배치되어 관측기기의 제작과 관측활동을 수행하였다. 또한 명나라에서 들어온 『대통력법통궤』와 『회회력』의 연구를 통해 『칠정산내외편』을 편찬해내는 중요한 업적을 달성했다. 또한 『중수대명력』『경오원력』 등 역대 중국의 역법을 연구했고, 각종 『교식가령』과 『교식추보법(가령)』을 편찬하여 이론적 지식을 천문관서에서 실용할 수 있도록 규범화하고 정식화하는 작업을 수행했다. 이것은 그가 오늘날 본보기로 삼아야 할 자랑스러운 우리 민족의 과학기술 인물임을 잘 보여준다.

그러나 천문학자로서의 이순지의 면모는 현대적 관점을 투영한 일면적 평가를 통해 형성되었다는 점도 잊어서는 안 된다. 이순지가 활동한 세종 대의 정치, 사회, 문화적 가치는 지금과 달랐다. 그는 현재는 미신으로 보이는 점술과 풍수지리학 분야에서도 활발하게 활동하였는데, 그의 시대가 그것을 요구하였기 때문이다. 이런 것들은 오늘날에는 비과학적 지식이라고 치부되지만 당시에는 자연을 이해하는 중요한 지식이었음을 상기할 필요가 있다.

우리나라 과학사를 통틀어 세종 대는 특별히 많은 연구자들의 시선을 끌었고, 그 가운데에는 항상 이순지가 있었다. 그리고 이순지의 활동과 과학적 성취에 대한 탐구는 항상 조선 전기 과학사를 재해석할 수 있도록 새로운 시야를 열어준다. 그가 남긴 방대한 양의 저술은 아직도 전문연구자를 기다리고 있으며, 이미 잘 알려진 역사적 사실들도 늘 새로운 시각으로 접근하는 연구자를 기다리고 있다.

이순지는 천문학자인가

천문역산 전문가로서 이순지의 업적은 세종 13년 (1431년)경의 역법교정 작업을 시발로 간의대 근무, 간의대 기기의 완성, 중국 방문중 자료 수집, 『칠정산내외편』의 완성과 간행, 『대통력법통궤』 교정과 간행, 『제가역상집』 간행, 『칠정산내외편 정묘년교식가령』의 간행, 『중수대명력 정묘년일 월식가령』 간행, 『중수대명력』, 『경오원력』의 교정 및 간행, 『천문유초』 간행, 『교식추보법(가령)』 간행에 이르기까지 세종 시대 내내, 그리고 세조 초까지 약 30년간 계속되었다. 이상에서 열거한 업적들만 일별해보아도 천문역산 분야에서 이순지의 활약이 얼마나 대단했는지 짐작하기 어렵지 않다. 또한 이런 활약 덕분에 지금까지 이순지는 천문학자로 알려졌다.

하지만 현대의 천문학자와 조선 초기의 천문학자는 서로 다르다. 당시의 사람들은 "이순지의 성품은 정교하며, 산학·천문·음양·풍수에 자상하였다"고 그를 평가했다. 그런데 산학, 천문학의 경우는 천문학 전문가로서 당연하다고 할 수 있지만, 음양학과 풍수학은 이순지의 과학자로서의 면모만 중요시해온 오늘날의 관점에서 상당히 비과학적 분야의 지식으로 생각된다. 음양학은 왕실의 장례나 이장일, 혹은 여러 국가 기념 행사의 날짜를 잡고 길흉을 판별하는 운명학이며, 풍수학은 잘 아는 바와 같이 묘 자리와 집 자리, 혹은 궁궐의 자리를 잡을 때 산이나 물의 배치에 따라 길지를 판별하는 풍수지리학을 말한다.

사실 과학자로서의 면모에 어울리지 않는 이와 같은 지식은 전통시대에는 서운관의 관원이 익혀야 할 필수 지식이었다. 조선 초기에 편찬된 『경국대전』에는 관상감은 '천문, 풍수, 책력, 술수, 기상 관측, 시간 측정 등의 임무를 맡는다'고 규정하고 있다. 또한 관상감은 크게 천문학, 지리학, 명과학의 세 부문으로 나뉘어 있었는데, 이것은 바로 이순지의 졸기에서 언급된 천문·풍수·음양에 해당된다. 전통시대에는 오늘날과 달리 풍수학이나 점술 등도 매우 중요하게 다루어진 학문 분야로 관상감 종사자라면 당연히 습득하고 적용할 수 있어야 했다. 현대에 사는 우리가 이순지의 천문역산 방면의 업적만을 중요시한다면 그가 조선 전기에 담당했던 역할과 활동의 진면목을 다 보지 못하게 되는 것이다.

이순지는 왕실 행사의 날짜를 잡는 일과 왕실 인사의 장지를 결정하는 일에 거의 빠지지 않고 참여한 음양학과 풍수지리의 전문가였다. 또한 당시에 알려진 음양학 이론을 총

망라한 저서 『선택요략』을 편집하기도 했다. 이 책에는 연월일시의 간지에 따라 길흉을 판별하는 방법을 비롯하여 결혼, 학업, 출행, 상장 등 각종 생활에서 길흉을 판별하는 방법을 서술하고 있다. 이런 책에는 이순지를 현대적인 과학자의 조상으로 인식하는 오늘날의 관점으로는 매우 미신적인 내용이 담겨 있지만, 조선 전기에는 이것이 천문학과 밀접하게 연관된 지식 분야로서 필수적으로 추구되어야 했다는 사실을 인식할 필요가 있다.

이순지는 특히 풍수지리학 분야에서 대가로 통했고, 늘 이 방면의 논의에 참여한 전문가였다. 『세종실록』과 『세조실록』에는 이순지가 왕실 장지를 결정하는 논의에 참여하여 의견을 제시한 기록을 여러 차례 확인할 수 있는데, 그중에서도 다음과 같은 『세조실록』의 기록은 풍수학 전문가로서 이순지의 위치를 잘 보여준다.

행상호군 이순지가 지리서를 가져와서 바치고, 어전에서 논하여 대답하니, 임금이 말하기를 "음양, 지리 따위의 일은 나는 반드시 이 사람과 의논하겠다."

조선의학의 전통을 우뚝 세운 명의

허준

| 신동원 |

허준의 출생

허준(許浚)은 아버지 허론(許碖)과 어머니 영광 김씨 사이에서 태어
났다. 그의 아버지와 어머니가 몇 살 때 그를 낳았는지 알 수 있는 자
료는 없다. 다만 그보다 10년 늦게 그의 동생인 징(?)이 태어난 것으
로 미루어, 최소한 열 살 때까지는 부친이 살아 있었음을 알 수 있다.

허준의 아버지 허론의 생애에 대해서 알려져 있는 것은 단편적이
다. 『양천 허씨 세보』에는 무과에 급제하여 용천부사를 지냈다고만 적
혀 있을 뿐이다. 허준이 태어나기 직전인 1537년 당시 허론은 현직인
부안군수(품계는 봉렬대부 정4품)를 맡고 있다가 부모상(부친이 1523
년에 사망했기 때문에 모친상일 것임)으로 인해 직을 그만두었다. 또
함북 종성군의 읍지에는 그가 종성부사(종3품)를 지냈다고 기록되어
있어 최소한 종3품 벼슬을 지냈음을 알 수 있다. 허준의 할아버지인
허곤(1468~1523)도 무과에 급제하여 경상우수사(정3품)를 지낸 바
있으니, 허준의 집이 뼈대 있는 무관의 집안임을 알 수 있다. 또 연이
은 큰직한 사화에도 휘둘리지 않고 관직을 계속 유지했음을 알 수 있
다. 그것은 허준이 태어나던 시절, 유년기에도 그의 집안이 유복했음
을 뜻한다. 허준의 본가 쪽에서 주의 깊게 보아야 할 점 하나는 그의 5
촌 당숙인 김안국(1478~1543)과 김정국(1485~1541)의 존재이다. 주
지하다시피 이 두 인물은 비록 허준 생후 곧 세상을 떴지만, 유학자로
또 문관으로, 의학자로 이름이 높았다.

그의 부친이 소실을 두었다는 사실 또한 신분적, 경제적 안정을 시
사한다. 허론은 먼저 해평 윤씨를 정실로 맞이했고, 부인과 사별한 후
다시 일직 손씨를 후실로 삼았다. 이와 함께 소실로 영광 김씨를 두었

다. 최근의 꼼꼼한 연구에 따르면, 허준의 생모는 이 영광 김씨로 밝혀졌다. 이 셋은 모두 허론의 집안과 통혼하기에 걸맞은 비교적 쟁쟁한 집안이었다. 첫 부인인 해평 윤씨는 선조 때 영의정을 지낸 윤두수(1533~1601)의 집안이기도 하다. 하지만 직계 가계가 어떤 벼슬을 한 집안인지는 불분명하다. 둘째 부인인 손씨의 경우에는 그의 부친 손희조가 좌랑(육조 정6품)이고, 그의 오빠 엽(燁)이 감찰(사헌부 정6품) 벼슬을 지낸 것으로 나와 있다. 손씨 부인은 친가보다도 외가 쪽이 훨씬 쟁쟁하다. 그의 외증조할아버지는 세조 때 이조판서를 지낸 한계희(1423~82)였다. 한계희는 유의로 당대 의술의 일인자를 다툴 만큼 의술에 밝았으며 『의방유취』의 간행을 주관했다. 허준의 생모인 영광 김씨의 경우에도 외할아버지 김유성이 부정(종3품)에 올랐고, 허준이 막 의관활동을 할 무렵 그의 외삼촌이 봉사(종8품) 직에 있었다. 부정이 있던 기관은 전의감을 비롯해서 사복시, 봉상시 등 여러 곳이 있었는데, 그가 어느 기관에서 부정을 맡았는지는 앞으로 밝혀야 할 것이다. 만일 전의감의 부정 자리에 있었다면 의학을 전공한 허준의 삶에 지대한 영향을 미쳤을 것이다.

허준의 형과 동생 또한 관직에 나아갔다. 허준의 이복 형인 허옥(許沃)은 내금(內禁)을 맡았다. 내금위(內禁衛)는 궁궐 수비와 임금의 신변보호를 위한 부대였는데, 세 명의 내금위장(종2품) 아래 190명의 정병(精兵)으로 이루어져 있었다. 내금은 아마도 내금위장 또는 그에 소속된 병사를 가리키는 것일 텐데 확실치는 않다. 하지만 그가 왕을 지근거리에서 호위하는 중요한 직책에 있었음은 분명하다. 허준의 동생 허징은 서자 출신(허준과 동복이거나 아니면 또다른 소실의 소생일 것이다)이면서도 허통(許通)되어 문과에 급제하여 봉상시 첨정(종4

품) · 승문원 교검(정6품) · 교리(종5품) 등의 내직과 영월 · 파주 등의
외관직을 맡았다. 허징은 선조 때 영의정을 지냈던 당대의 대학자인
노수신(1515~90)의 사위가 되었다. 또한 족보를 보면 누이가 두 명
있는 것으로 나와 있으며, 그들이 결혼한 가문에 대해서는 추후 보완
해 규명해야 할 것이다. 이처럼 허준의 형제 셋 모두 관직에 나아가
형은 왕을 호위하는 무관으로, 허준은 왕을 진료하는 의관으로, 동생
은 문관으로 출세했음을 알 수 있다. 허준의 형제만 보더라도 그의 할
아버지 때부터 계속되어오던 현관 가문의 맥을 잇고 있음을 알 수 있
다. 비록 대단한 권문세가라고 할 수는 없지만, 결코 만만치 않은 가
세를 보이고 있었다.

허준이 서자 출신이라는 점은 그의 삶에 적지 않게 영향을 미쳤으
리라 여겨진다. 조선 중기에 이르러 서얼에 대한 조치는 대단히 엄격
해졌다. 허준이 태어나기 50여 년 전에 확립된 『경국대전』에서 서얼
의 문 · 무과 응시를 금하면서 서얼은 단지 역과 · 음양과 · 의과 · 율
과 등 잡과에만 응시할 수 있게 되었다.

조선 중기 관료사회에서 의관을 비롯한 잡관의 위치는 조선 초에
확립된 큰 원칙, 곧 "문 · 무관보다 하등"이라는 틀을 벗어나지 못했
다. 『성종실록』(성종 15년)에서는 "의원은 처음부터 잡과(雜科)를 거
쳐서 진출한 자이므로, 조종(祖宗) 때부터 사림(士林)의 반열에 끼지
못한 지 오래되었습니다"라고 말하고 있다. 사림의 반열에 끼지 못했
다는 것은 곧 의과 출신인 의관이 동반(東班)과 서반(西班)의 양반 현
직(顯職)에 나갈 수 없음을 뜻하는 것이다. 이는 의과 출신의 의관이
원칙적으로 현직인 의정부나 육조의 요직이나 지방 수령의 외관직으
로 나갈 수 없는 것만을 뜻하지 않는다. 잡관에만 그대로 머물러 있을

경우, 의관의 경우 실직(實職)으로 올라갈 수 있는 직책이 내의원(內醫院) 정(正)인 당하관(堂下官) 정3품에 그침을 뜻한다.

물론 같은 의관이라고 해도 문과나 무과를 거쳤으나 의술이 뛰어나 의관이 된 자의 경우에는 이런 제한이 없었다. 이를테면, 세조 때의 의관인 권찬은 관직이 판서에까지 이르렀으며, 성종 때의 유원로도 현관(顯官)에 제수되었다. 이런 차이가 생기는 것은 단순히 의학이 유학보다 낮은 등급의 학문이기 때문만은 아니다. 문과나 무과의 경우에 초시와 복시 등 두 시험의 경쟁이 의과(醫科)보다 훨씬 높았다는 것도 한 요인이었다. 따라서 의과 출신을 현직에 내보낸다고 했을 때 형평성이 문제가 된다. 그렇게 된다면 "선비들의 마음만 게으르게 만들 것"이라는 주장은 일리가 있는 것이었다.

따라서 의학이 잡과의 영역이 된 이상 그것의 관직 내 위치는 문과나 무과를 거친 현직과 차이가 있을 수밖에 없었다. 그렇기 때문에 사족들은 현직이 아니며, 관직의 승진에 제한이 있고, 유학보다 한 등급 아래의 학문인 의학에 종사하는 것을 꺼리는 현상이 벌어졌다. 이런 상황에서 의학을 비롯한 잡관은 사족 출신 서얼의 거의 유일한 등용문이 되었다. 물론 조선 중기 잡관직은 사족 신분의 서얼들만을 위한 관직은 아니었다. 문·무과가 아니라 그보다 좀더 수월한 잡과를 통해 출세해보려는 새로운 계층이 생겨났다. 바로 중인 신분이다. 중인 집안은 16세기부터 형성되기 시작했으며, 17세기 전반기까지 약 50퍼센트 정도의 중인 집안이 형성되었다. 특히 1625년(인조 3년) 서얼의 문과와 무과에 대한 허통이 실시되어 사실상 잡직에만 서얼을 허용한다는 법이 폐지되었을 때도 서얼은 그것을 기피하는 현상을 보였다.

서얼 출신의 경우 의과에 들어 의관이 되었다고 해도 사족 출신과 다른 한품서용(限品敍用)의 제약을 받았다. 아버지가 문·무 2품 이상 양첩의 자손인 경우 정3품까지 오를 수 있고, 천첩의 자손은 정5품까지만 오를 수 있었다. 또 6품 이상 양첩의 자손은 정4품까지만, 천첩의 자손은 정6품까지만 오를 수 있었다. 7품 이상에서 관직이 없는 자의 양첩 자손은 정5품까지만, 천첩의 자손 및 천인에서 양인이 된 자는 정7품까지만 오를 수 있었다. 양첩 자손의 천첩의 자손은 정8품까지만 오를 수 있었다. 이에 따른다면 그의 부친이 4품 이상이고, 모친이 천인이 아니었기 때문에 허준은 관직에 나간다면 정상적인 경우 최고 관직이 정4품에 그치게 된다.

허준의 의학 학습

허준이 의관의 기초를 닦았을 학습 시기에 대해서는 아직까지 그 내용을 일러줄 정보가 전혀 없다. 허준 사후의 야담이나 현대의 소설과 드라마가 이 부분을 더욱 극적으로 묘사하는 건 이 때문일 것이다.

양예수의 후인이 편찬한 것으로 보이는 『의림촬요』『본국명의』에 나오는 짧은 대목이 그의 유년기를 알려주는 거의 전부라 할 수 있다. "허준은 본성이 총민하고 어릴 때부터 학문을 좋아했으며 경전과 역사에 박식했다. 특히 의학에 조예가 깊어서 신묘함이 깊은 데까지 이르렀다. 사람을 살린 일이 부지기수이다." 이 글을 쓴 사람이 강조한 것은 그의 학문이 특정 전문 분야에만 치우친 것이 아니라 종합적인 것이었으며, 그런 바탕이 있었기 때문에 의학을 보는 눈이 더 깊었다는 점이다. 아울러 그런 능력이 어렸을 때 학습을 통해서 길러졌다는 점이다.

이를 보면 허준은 명문가 출신답게 어렸을 때부터 경전과 사서 등 일반 학문의 기초를 튼튼히 닦았음을 알 수 있다. 같은 서자인 그의 동생이 양반에 허통하여 문과에 급제했다는 사실은 허준의 학습을 이해하기 위해서도 중요한 점이다. 이것은 그의 집안이 적자와 서자를 구별하지 않고 교육을 잘 시켰다는 점을 시사한다. 즉 허준은 본가와 외가의 탄탄한 혈연적, 경제적, 지적 네트워크 안에서 정상적인 교육을 제대로 받은 것이다. 그는 다른 형제와 마찬가지로 소아가 받아야 할 교육과 과거시험을 치르기 위해 배워야 할 과목을 두루 섭렵했을 것이고, 학문에 특히 재능을 발휘했을 것이다. 그의 동생이 시 짓고 글 짓는 문관으로 나간 것과 달리, 허준은 의학이라는 학문에 특별히 더 애착을 보여 이에 매진했을 것이다. 비록 서자라는 신분의 제약 때문에 이후 출세를 위해 잡학을 공부할 수밖에 없는 상황에 처했다고 할지라도, 그가 역학(譯學) · 음양학 · 율학이 아닌 의학을 택한 데에는 자신과 집안의 선택이 크게 작용했을 것이다.

허준이 의관이 되기까지 밟았던 길은 세 가지로 생각해볼 수 있다. 첫째는 전의감과 혜민서처럼 의학을 전문적으로 가르치는 기관에서 의학을 학습하는 것이다. 둘째는 민간에서 가업을 잇거나 스승에게 배워 의원이 되는 것이며, 셋째는 독학하는 것이다. 관에서의 의원 양성은 조선시대 의원의 표준을 제시하는 동시에 조선의 의료 전반을 주도했기 때문에 가장 중요하다고 할 수 있다. 또한 자료가 풍부하기 때문에 교육 내용, 임용과 승진의 전모를 파악할 수 있다. 가업을 잇거나 스승에게 배워 의술을 펼치는 일은 민간에서 의원이 되는 가장 일반적인 양상이었을 것이다. 그렇지만 근대의 사설 학원과 같은 집단적인 의학교육기관은 존재하지 않았다. 유의(儒醫)의 경우 유학 공부에서 한걸음 더 나아가 의학까지 두루 공부하는 경우 독학이 가능했다. 의학이라는 학문은 어디까지나 성리학 공부의 연장선상에 있었기 때문이다.

아직까지 허준이 어떻게 의학 수업을 받았는지 일러주는 자료는 전혀 없다. 다만 민간에서는 뛰어난 스승에게 배워 훌륭한 의원이 됐다고 전해진다. 이는 학교에 들어가 차근차근 수업을 받아 배움이 깊어지는 것보다 한결 극적인 효과를 자아낸다. 또한 『의림촬요』의 '허준' 조에서 밝힌 허준의 의학 서술은 보통 유의의 의학 학습을 서술할 때와 비슷하다. 보통 유의는 "경전과 사서에 능했으며, 음양·복서·의약에도 밝았다"는 식으로 표현되는데, 허준에 대한 서술 역시 마찬가지다. 그가 매우 총민했기 때문에 특별한 스승 없이 높은 의학적 성취를 이뤄나갔을 수도 있다. 하지만 당시 의관이 되는 가장 분명하고 확률이 높은 길은 전의감 또는 혜민서의 학도가 되어 차근차근 학습해 나가는 것이었으니, 허준의 경우에도 이랬을 가능성이 크다.

의관 출사(出仕)

허준이 어떻게 의관이 되었는지에 관한 자료도 부족하다. 그런 가운데 두 가지 쓸모 있는 자료가 있다. 하나는 『양천 허씨 세보』에 보이는 것으로 그가 1569년(또는 1574년) 의과에 급제했다는 것이다. 다른 하나는 유희춘의 『미암일기』(1569년 윤6월 3일)의 기록으로 "유희춘이 이조판서에게 편지를 내어 허준을 내의원에 천거했다"는 내용이다. 그리고 이 일기의 1571년 11월 2일자에는 허준의 벼슬이 내의원 첨정으로 기록되어 있으므로 당시 그의 직책이 종4품 첨정직이었음을 분명히 알 수 있다.

『양천 허씨 세보』나 『미암일기』의 내용은 허준이 어떻게 의관이 되었는지를 분명하게 일러주는 것은 아니다. 의과에 붙어서 의관이 되었을 수도 있고, 대사성 유희춘의 추천으로 종4품 첨정으로 바로 입사(入仕)했을 가능성이 전혀 없는 것도 아니지만, 둘 다 조선시대 일반적인 의관의 길과는 거리가 있다.

먼저 『미암일기』의 두 기록을 놓고 볼 때, 유희춘의 천거가 허준이 내의원에 들어가는 데 결정적 구실을 했으리라는 점은 의심의 여지가 없다. 대사성을 비롯한 고위급 대신은 인재를 천거할 수 있는 권한이 있었기 때문이다. 또 당시 유희춘은 왕의 신임이 두터웠기 때문에 실제로 그럴 만한 영향력을 행사할 수 있는 위치에 있었다.

문제는 '처음 입사부터 종4품을 받았나' 하는 점이다. 나는 이전에 그것을 최초의 입사로 보았지만, 그럴 경우 넘어야 할 벽이 만만치 않다. 허준이 처음부터 종4품 첨정직을 받았다면, 엄청난 파격이기 때문에 사간원이나 사헌부에서 문제를 제기했을 것이며, 따라서 그 흔적이 『선조실록』에 남아 있으리라는 점이다. 『조선왕조실록』을 비롯한 여러 자료에서 명종~선조 때 숨은 인재 천거자를 보면 모두 31명에 달하는데 이 명단에 허준은 빠져 있다. 또 31명 중 절반 이상이 천거전에 참하관직을 거쳤으며, 초시도 붙지 않은 상태에서 관직을 얻은 이는 7인에 불과했다. 또 천거 후 그들이 받은 품계는 정6품 2명, 종6품 20명, 6품직이 4명, 7품직이 1명, 종9품 3명, 미상 1명과 같다. 이런 내용을 볼 때, 처음부터 종4품을 받은 것은 유례가 없었던 일이라 할 수 있다. 또한 『실록』에서 허준의 천거를 따로 언급하지 않은 것은 그것이 그다지 파격적인 수준에서 이루어지지 않았음을 시사한다.

『경국대전』 규정으로는 의관이 참하관에서 참상관으로 넘어갈 때 의과 급제가 필수 사항이다. 아무리 의관 근무 연한이 길다고 해도 의과를 통하지 않고는 6품을 넘어설 수 없는 것이 조선의 법도였다. 그렇기 때문에 비록 관직에 나아갔다 해도 기를 쓰고 의과에 급제하려고 했던 것이다. 허준의 의과 급제를 가장 분명히 일러주는 자료는 『의과방목』이다. 하지만 공교롭게도 허준의 의과 급제 여부를 알 수 있는 1540년(중종 35년)부터 1582년(선조 15년) 사이의 기록이 낙장되어 존재하지 않는다. 이중 1564년, 1570년의 것은 단회방목이 남아 있어 확인 가능하나 적어도 이 두 해의 방목에는 허준의 이름이 보이지 않는다. 『경국대전』의 규정이 허준에게도 적용되었다고 본다면, 허준은 이 시기에 식년시 또는 증광시에 급제했을 것이다. 훗날 허준의 의학 식견을 특별히 칭송하는 것으로 볼 때 비교적 젊은 나이에 1등으로 급제했을 가능성이 높다. 『양천 허씨 세보』에서 비록 과거 합격 연도를 정확히 기록하지는 않았지만, 전해내려오는 기록을 통해 그가 의과에 급제했다는 사실 자체를 잘못 알고 있었던 것은 아닐 것이다.

허준이 천거를 통해 처음 입사한 것이 아니라고 한다면, 의과를 통해 입사했는지 아니면 전의감이나 혜민서의 학도를 거쳐 입사했는지도 분명하지 않다. 어느 쪽이든 그가 의과에 합격한 상태이고, 종4품 벼슬을 얻을 만큼 취재를 통해 계속 승진했다고 가정할 수는 있다. 최말단이 종9품부터 시작해서 종4품까지 올라가는 데 소요되는 시간은 한 번도 쉬지 않을 경우 최소한 4500일 곧 12.3년이며, 2등인 경우

11.1년, 장원급제자인 경우 9.9년이 걸린다.

이상의 내용을 참고할 때, 허준은 십대에 의학에 뜻을 두고 공부를 시작하여 이십대에 의관이 되었거나 아니면 그에 걸맞은 의학적 실력을 갖추게 되었다고 추정할 수 있을 것이다. 즉 정상적인 승진의 결과였든, 아니면 천거를 통해서였든 삼십대 초반에 내의원 첨정이 되는 게 별로 문제가 되지 않는 조건을 갖추었던 것이다.

허준의 벼슬길

허준은 행정의 최고 자리인 내의정, 의원 중 최고 자리인 수의, 벼슬 중 최고 품계인 보국숭록대부까지 올랐던 조선 의학계의 행운아였다.

"이름을 떨치고 훌륭한 의술이 옛날처럼 모름지기 3세(三世)를 통해 이루어지지는 않았지만, 임금의 총애가 잦아 이제 으뜸의 자리에 올랐네." 그의 동갑내기 최립이 허준의 만년을 읊은 것이다. 유희춘의 『미암일기』에 처음으로 내의원 첨정의 직위(삼십대 초반)가 언급된 이래 허준은 조선 의료계의 정점을 향해 치닫게 된다. 그것은 소설에서처럼 '집념'의 소산이다. 정점은 하나이며, 저절로 도달할 수 없는 것이기 때문이다. 정점에 서기 위해 허준은 병을 고쳐 의술을 과시하기도 했고, 책을 지어 학문을 뽐내기도 했다. 그러나 이런 것보다도 선조의 의주 피난이라는 대사를 만나 임금을 따를 것인가 아니면 자신의 안전을 도모하여 그 곁을 떠날 것인가 하는 기로에서 내린 중대한 정치적 결단이 더 중요했을 수도 있다.

관직생활로 볼 때, 허준의 장년 이후의 삶은 세 시기로 나뉜다. 첫째는 내의원 관직을 얻은 1571년부터 임진왜란이 발발한 1592년까지이다. 이 21년은 허준이 어느 정도 내의(內醫)로서 이름을 얻기는 했지만, 가장 핵심적인 위치에 오르지는 못했던 시기이다. 둘째는 1592년 임란 이후 선조가 승하한 1608년까지이다. 1592년 왜군이 한성을 향해 밀려들어오자 임금을 따라 의주까지 동행하여 생사를 같이한 것을 계기로 허준은 선조의 절대적인 신임을 얻게 되었다. 이 16년 동안 허준은 어의로서 최고의 영예를 누렸고 그의 권세는 다른 문무관보다 결코 낮지 않았다. 셋째는 1608년부터 그가 죽은 해인 1615년까지이다. 이 7년은 시련기로 선조 승하의 책임을 지고 벼슬에서 쫓겨나 먼 곳으로 귀양을 가는 등 불운했고, 귀양에서 돌아온 이후에도 권세 없는 평범한 내의로 지내다 고요히 삶을 마쳤다.

허준의 의학적 성취

조선 역사상 어의는 무수히 많았고, 수의(首醫) 또한 언제나 존재했다. 의술의 공으로 당상관 지위에 오른 사람도 적지 않으며, 현종 때의 의관 유후성(柳後聖)은 생전에 정1품 보국숭록대부를 받았다. 그럼에도 우리가 허준을 주목하는 이유는 그가 학문적으로 대단한 위업을 쌓았기 때문이다. 그는 오늘날까지도 한의학도에게 널리 읽히는 『동의보감』이라는 불후의 대작을 썼으며, 이후 조선 의학의 흐름을 바꾸었다.

허준이 쓴 책으로는 7종이 있는 것으로 알려져왔다. 『찬도방론맥결집성(纂圖方論脈訣集成)』『언해태산집요(諺解胎産集要)』『언해구급방(諺解救急方)』『언해두창집요(諺解痘瘡集要)』『동의보감』『신찬벽온방(新撰辟瘟方)』『벽역신방(辟疫新方)』 등이 그것이다. 그런데 최근에 발견된 자료에 따라 1종을 추가할 수 있을 듯하다. 역사학자 이우성이 중국에서 새로 발굴하여 국내에 소개한『태의원선생안』(고종 초기 저술된 것으로 추정됨)에는 기존에 알려지지 않았던 허준의 저작 1종이 기록되어 있다. '허준' 조에 적힌『언해납약증치방(諺解臘藥症治方)』이 그것이다. 이 책에는 편찬자에 대한 정보가 명시되어 있지 않아 허준의 저작이라고 단정하기는 힘들다. 또『태의원선생안』이외에 다른 문헌에서 이 책이 허준의 저작이라고 말한 것은 아직 발견되지 않았다. 그렇지만『언해납약증치방』의 거의 모든 내용이『동의보감』과 거의 같다는 점, 또 언해 형식이 다른 언해본과 비슷하다는 점에서 허준의 작업이라고 보아도 무방할 듯하다.

허준의 저술은 세 부류로 대별된다. 최초의 저작인『찬도방론맥결집성』의 편찬,『언해태산집요』『언해구급방』『언해두창집요』『언해납약증치방』등 4종의 한글 번역 의서 편찬,『동의보감』의 편찬, 전염병 전문서인『신찬벽온방』과『벽역신방』의 편찬이 그것이다. 이 가운데『찬도방론맥결집성』과『벽역신방』을 제외하고는 모두『동의보감』과 깊은 관계가 있다.『동의보감』을 편찬하는 가운데, 일부 내용을 추려 별도의 책으로 엮었거나『동의보감』을 중심으로 하고 거기에 새로운 내용을 덧붙여 한 권으로 편집한 것이다.『동의보감』과 비교적 관계가 먼『찬도방론맥결집성』은 젊은 허준의 첫 작품이며, 성홍열을 정확히 관찰하고 있는『벽역신방』은 허준의 최후 저작이다.

『동의보감』 이전의 저작활동

허준은 그의 나이 43세 때 첫 저작『찬도방론맥결집성』(1581)을 펴냈다. 이 책은 당시 전의감의 과거시험 교재로 쓰이던 책의 잘못된 곳을 교정한 것이다. 원저는 6조(六朝) 때 고양생이 쓴 진맥에 관한 노래책인『맥결』인데 여러 사람이 그 책에 주석을 달았다. 중국 원대의 어떤 인물이 그 주석을 모두 모아 책으로 묶은 것이 바로『찬도방론맥결집성』(전4권)이다. 이 책은 초보자의 진맥학 학습서로 뛰어나지만 자체 모순을 보이는 등의 문제점이 계속 지적되었다. 허준은 왕명을 받아 자신의 의학적 지식으로 중국에서 편찬된 이 책의 오류를 바로잡았다. 이 책의 편찬으로 허준은 학의(學醫)로서 인정받게 되었다.

『동의보감』을 집필하는 과정(1596~1610)에서 허준은 언해 의서 3종(여기에『언해납약증치방』까지 보탠다면 4종이다)을 펴냈다. 이 모든 것은 1601년(63세 때) 봄부터 시작하여 8월까지 불과 몇 달 안에 이루어졌다. 짧은 기간 동안에 이 네 권의 책이 나올 수 있었던 것은 아마도 그가『동의보감』을 편찬하던 중이었기 때문일 것이다. 하지만 이 책들의 편찬 동기는『동의보감』과는 다른 데 있었다.『동의보감』이 중국 의서의 잘못을 바로잡는 데 주력했다면,『(언해)태산집요』·『(언해)구급방』 등은 왜란으로 망실된 의서를 대체하는 게 목적이다.『언해납약증치방』 또한 이 세 책과 마찬가지로 망실된 의서의 회복 차원에서 내게 되었을 것이다.

의서 회복 차원이라고는 하지만, 실제 내용은 이전 책과 비교해 훨씬 체계적이고 잘 다듬어져 있다. 또 새로 수입된 명의 의서가 충분히 활용되어 있다. 이런 점을 감안할 때 이전 의서를 대체, 보완했다기보다는 그 분야에 대한 새로운 책을 썼다고 해야 할 것이다.

『언해태산집요』(1권, 81쪽)에는 아이를 얻는 방법, 잉태에 관한 제반 사항, 임신부의 헛구역질 증상인 오조, 태를 편안하게 앉히는 방법, 제반 출산 방법, 출산 전 임신부의 각종 질병과 치료, 산후 각종 질병과 치료, 아이를 탈 없이 낳게 하는 태살방위법, 소아구급법 등의 내용이 실렸다. 세종 때 나온 『태산요록』과 비교해보면, 산모의 심리적 안정을 가져다주는 각종 방법보다는 의학적 처치, 즉 여러 증상에 대한 명확한 서술과 적절한 처방의 제시가 눈에 띈다.

『언해구급방』(상하 2권, 185쪽)에서는 위급 상황의 발생과 이의 해결, 사망 시 처치법, 여러 가지 부스럼과 외상 처치법, 중독과 해독 등의 내용을 다루었다. 세조 때의 『구급방(언해)』와 비교해본다면, 구급의 범위가 훨씬 넓고, 명대 이후의 저서에서 많은 내용을 참조해 방법을 제시했다. 대부분의 내용은 『동의보감』의 여러 군데에 나뉘어 설명되어 있다.

『언해납약증치방』(1권, 74쪽)에서는 납약, 곧 매년 12월(납월)에 내의원에서 만드는 각종 상비약을 다루었다. 이 책에서는 우황청심환 등 27가지 상비약을 실었다. '증치(症治)'라는 말에서 알 수 있듯이 그 약들로 고칠 수 있는 각종 증상을 언급하였으며, 약을 먹을 때의 금기 사항도 실었다. 납약들이 듣는 각종 증상과 금기를 일목요연하게 학문적으로 정리한 것이 이 책의 가장 큰 특징이다.

『언해두창집요』를 쓰게 된 동기는 위의 책들과 다르다. 망실된 의서를 회복하는 차원이 아니라 두창에도 약을 써야 한다는 새로운 생각을 심어주기 위해 편찬한 것이다. 허준이 왕자의 두창을 고친 것을 계기로 두창도 약을 써서 고칠 수 있다는 점을 세상에 널리 알리고, 또 그것을 언해하여 부녀도 쉽게 활용할 수 있도록 하는 데 그 목적이 있었던 것이다. 당시 두창은 약을 써서는 안 되는 '절대적인' 금기의 대상으로 의학계에서도 감히 이를 깰 엄두를 내지 못하던 질병이었다. 사람들은 두창이 두신(痘神)에 의한 것으로 인식하였고, 그를 노하게 하면 큰일난다고 생각했기 때문이다.

물론 의학적 접근이 전혀 없었던 것은 아니다. 세조 때 임원준이 편찬한 『창진집』에는 두창을 치료하기 위한 내용이 일부 실려 있다. 그러나 "백성들은 그것을 달갑게 여기지 않아 허문(虛文)에 지나지 않았을 따름이다". 아무도 효과를 믿지 않았기 때문이다. 이런 상황에서 선조는 허준이 광해군과 왕자, 공주 등을 고친 것을 계기로 금기를 깨려고 했다. 허준의 "믿을 만한 처방"을 계기로 책을 지어 대대적인 선전에 나섰던 것이다. 『언해두창집요』가 그 책이다.

『언해두창집요』(상하 2권, 285쪽)에는 두창이 생기는 이유, 두창과 유사 질환의 구별, 두창이 생기지 않도록 하는 방법, 두창에 전염되지 않는 방법, 두창의 경과와 각 단계에 대한 적절한 처치법, 두창으로 죽는 증상과 죽지 않는 증상, 좋은 예후와 나쁜 예후, 각종 합병증과 그것을 치료하는 법 등을 망라하였다. 명대에 나온 여러 문헌을 많이 참고한 것이 큰 특징이다. 『언해두창집요』의 내용 대부분을 『동의보감』 『소아』문에서 볼 수 있다.

『동의보감』

『동의보감』 집필은 그의 나이 58세 때(1596년) 시작되었다. 선조는 당대에 마구 쏟아져들어온 명나라 의서에 불만이 많았다. 그것이 몸의 수양이라는 양생의 대의에 기초하지 않고, 지엽말단류의 내용이 마구 섞여 있었기 때문이다. 조선 중기의 대학자인 이정구(李庭龜)가 쓴 『동의보감』 서문 중 "우리 선조대왕께서 (……) 병신년간(1596년) 에 태의(太醫) 신(臣) 허준을 불러 하교하시기를 '요즘 중국(中朝)의 방서(方書)를 보니 모두 자잘한 것을 가려모은 것으로 참고하기에 〔觀〕 부족함이 있다. 너는 마땅히 온갖 처방을 덜고 모아 하나의 책으로 만들어라'"와 같은 대목에서 선조의 생각을 읽을 수 있다.

의학에 밝았던 선조는 새로 편찬할 책의 성격까지 규정해주었다. 그것은 첫째 "사람의 질병은 조섭(調攝)을 잘못해 생기는 것이므로 수양(修養)을 우선으로 하고 약물치료를 다음으로 할 것", 둘째 "처방 이 너무 많고 번잡하므로 그 요점을 추리는 데 힘쓸 것", 셋째 "벽촌 과 누항의 사람들이 의원과 약이 없어 요절하는 자가 많은데도, 우리 나라에서도 많이 생산되는 향약에 대해 사람들이 잘 몰라 약으로 쓰 지 못하니 책에 우리나라 약 이름을 적어 백성들이 쉽게 알 수 있도록 할 것"이었다. 물론 이런 명령이 허준과의 교감 없이 내려졌다고 보기 는 힘들다. 선조를 의주까지 따라갔던 어의 허준과 선조의 관계는 단 순한 군신관계를 뛰어넘어 인간적, 학문적으로 교감하는 단계였다. 허준이 그런 일을 해낼 수 있다는 믿음이 없었다면 이런 '무모한' 명 령은 휴지조각에 지나지 않았을 것이다.

허준은 왕명에 따라 유의 정작, 다른 어의 양예수, 김응탁, 이명원, 정예남 등과 편찬국을 꾸려 책을 편찬해나갔으나 이듬해 정유년(1597 년)에 재란하였기 때문에 책의 뼈대만 세운 채로 작업이 중단되었다. 다시 난이 수습된 후 언제인지는 불분명하지만, 선조는 허준 단독으 로 『동의보감』을 편찬할 것을 지시했다. 그는 혼자 이 일을 맡아 처리했으나 진척이 더뎠다. 그가 귀양을 가기 직전(1608년 3월)까지 절반도 끝내지 못한 상태였다. 바쁜 어의 일에 신경쓰느라 책에 전념할 시간이 없었기 때문이다. 유배지에서 그는 책 쓰는 일에 전념한 듯 보인다. 그는 이후 2년 5개월 동안 절반이 넘는 내용을 채워 1610년 8월(그의 나이 72세) 조정에 바쳤다. 귀양살이 1년 8개월은 인생살이에서는 쓰라린 일이었겠지만, 그의 학문에는 더할 나위 없는 보약이었음을 알 수 있다. 그는 자신의 최대 후원자인 선조를 살려내지는 못했지만, 선조와의 약속, 곧 중국 의학을 능가하는 의서의 편찬이라는 유훈을 묵묵히 실천해냈다.

한의학사에서 볼 때, 『동의보감』(25권)의 구성은 이전의 어느 의서와도 다르다. 단순히 다를 뿐만 아니라 고도로 발달한 형태를 띤다. 한의학사에서 처음으로 『동의보감』은 대분류방법으로 전체 의학체계를 분류하였다. 「내경」편, 「외형」편, 「잡병」편, 「탕액」편, 「침구」편 등 다섯 가지 기준이 그것이다. 허준은 도교적 양생사상에 입각하여 『동의보감』의 큰 줄기를 세웠다. 먼저 "도가(道家)는 맑고 고요히 수양하는 것을 근본으로 하고, 의학에서는 약이(藥餌)와 침구(鍼灸)로 치료를 하니, 이것은 도가는 그 정미로움을 얻었고 의학은 그 거친 것을 얻었다"고 하면서 몸의 생명력을 기르는 양생술이 단순히 병을 치료하는 의학보다 우선함을 천명하였다. 그렇기 때문에 병의 치료와 관련된 탕액(湯液)과 침구에 관한 내용을 끄트머리에 놓았으며, 몸을 기르는 행위와 그다지 관련이 없는 각종 병에 관한 내용을 중간에 놓았다.

다음으로, 양생과 관련 있는 신체에 관한 내용을 안팎으로 나누어 차례대로 배열하였다. 그중 정·기·신·오장육부 등 몸 안에 존재하는 것들은 몸의 근본을 이루는 동시에 양생의 도와 밀접하므로 맨 앞에 놓았으며 근골, 기육, 혈맥 등 몸의 형체를 이루는 것을 그 다음에 배치하였다. 이렇게 함으로써 허준은 질병의 구체적인 증상과 치료법에 의학 전통과 정·기·신을 중심으로 하는 신체관을 정립한 양생 전통을 높은 수준에서 하나로 통합하였다. 그리하여 생명, 신체, 자연 환경과 인간의 질병, 치료를 유기적으로 이해할 수 있게 되었다.

　이렇듯 양생과 의학 전통을 결합하여 신체관을 정립하고 그 신체관에 따라 각종 몸의 부위와 질병을 파악한다는 점에서 『동의보감』은 단순한 의서 이상의 의미를 지닌다. 오늘날 사상사를 공부하는 사람들은 『동의보감』이 17세기 조선의 생명관 또는 신체관을 가장 잘 확립한 사상서로 높이 평가한다.

『동의보감』 이후의 저작 : 『신찬벽온방』과 『벽역신방』

　1610년 『동의보감』이 완성된 후에도 허준은 책 두 권을 더 썼다. 두 책 모두 1613년(75세 때)에 북쪽 지방에서 유행하던 열성 질환인 온역(瘟疫)에 대응하여 쓴 것이다. 온역은 요즘의 급성 티푸스로 추정되는 질환이다. 온역을 다룬 이전의 모든 의서와 비교해 볼 때, 허준의 『신찬벽온방』(1권, 40쪽)이 가장 체계적이다. 허준은 『의학정전』이나 『의학입문』 같은 당시 최신 서적들에 담긴 내용을 참고하면서, 이전의 온역 이론과 처방을 재정리했다. 이는 반드시 의학적 대응에 국한되지는 않았다. 예방과 기양(祈禳)이라는 측면에서 주술적인 방법도 다수 포함되었다. 그리하여 온병이 생긴 주 원인과 부수적인 요인, 온역이 생겼을 때의 맥의 상태, 계절에 따른 온역의 제반 증상과 치료법,

온역의 침투에 따른 여러 증상과 이에 대한 치료법, 유사 질환, 온역을 물리치기 위한 기도법과 약물 처방, 온역을 예방하는 법, 침 치료법, 고칠 수 없는 증상, 온역에 걸렸을 때의 금기 등 모든 측면이 온전히 갖추어지게 되었다.

『벽역신방』(1권, 16쪽)은 1613년 겨울 북쪽 지방에서 유행했던 성홍열에 대한 책이다. 이 책에는 병의 원인과 증상, 병을 치료할 수 있는 여러 처방이 실려 있다. 매우 간단한 책이지만, 허준의 다른 의서와 뚜렷이 구별되는 특징을 보인다. 다른 문헌이 이전의 문헌을 존중하여 '술이부작(述而不作)'의 전통에 충실했다면 이 책은 자신의 관찰과 해석을 전면에 드러내고 있다. 유례 없는 새로운 질병에 대한 것이기 때문이다. 조선의 의학자가 특정 질병을 연구하여 이름을 붙이고, 병의 증상과 원인을 탐구하여 책자로 정리한 것은 이 책이 최초이다.

전염병의 원인을 설명하면서 '귀신소행설'을 완전히 떨쳐버린 것도 이 책이 최초이다. 대신에 그는 의학의 합리적인 해석을 제시했다. 더 나아가 허준의 성홍열에 대한 세밀한 관찰은 한·중·일 동아시아 3국을 통틀어 성홍열과 유사 질환을 구별해낸 최초의 것이었으며 세계홍역사상(世界紅疫史上) 가장 이른, 또 정확한 기록 가운데 하나라고 할 수 있다. 허준이 『동의보감』으로 동아시아 한의학을 한 차원 높였다면, 최후의 저작으로는 세계질병사에 한 획을 긋는 '성홍열' 감별을 제시하였다. 이렇듯 허준은 최후까지 학문의 불꽃을 태웠고, 그 불은 마지막에 가장 빛나는 광채를 띠었다.

조선 의학의 전통을 우뚝 세우다

허준이 역사에 이름을 남기게 된 것은 그가 쓴 책에 담긴 의학이 예사롭지 않기 때문이다. 우리는 그의 의학적 성취를 어떻게 평가해야 할까? 첫째는 조선 의학사에 대한 기여이다. 한마디로 허준은 조선 의학사에서 독보적인 존재이다. 그는 『동의보감』으로 그 이전과는 완전히 다른 조선 의학의 전범을 제시했다. 후대의 많은 조선 의학자들은 허준의 의학 유산으로 공부를 시작했다. 또 그가 정리한 『찬도방론맥결집성』은 조선시대 내내 의과시험의 교재로 활용되어 의학 초보자 학습의 길잡이 노릇을 하였고, 『언해구급방』『언해태산집요』『언해납약증치방』 등은 민간에서 가장 시급하고 요긴한 기본 의학지식을 제공하는 원천이 되었다. 『동의보감』이 고급 의학으로서 높은 수준에서 의학의 통일을 가능케 했다면, 이런 의서는 의학을 손쉽게 배우고 의료를 널리 확산시키는 촉진제가 되었다.

둘째는 동아시아 의학사에 대한 기여이다. 『동의보감』은 출간 이후 현재까지 중국에서 30여 차례 출간되었고, 일본에서도 두 차례 출간되었다. 특히 중국에서 대단한 인기를 누려서 중국 의서 가운데에서도 『동의보감』과 성격이 비슷한 종합의서로서 『동의보감』보다 많이 찍은 책은 불과 몇 종에 불과하다. 이렇게 널리 읽힌 것은 『동의보감』이 이룩한 의학적 성취 때문이다. 『동의보감』은 둘로 갈라져 내려온 양생의 전통과 의학의 전통을 높은 수준에서 종합하였다. 병의 치료와 예방, 건강 도모를 같은 수준에서 헤아릴 수 있게 한 것이다. 또 병의 증상, 진단, 예후, 예방법 등을 일목요연하게 정리해냈다. 중국 의학책 중에서 『동의보감』만큼 이런 내용이 잘 갖춰진 책은 거의 없다고 할 수 있다.

『동의보감』의 성취 중 가장 놀라운 것은 한의학 전통의 핵심을 매우 잘 잡아냈다는 점이다. 허준은 엄청나게 방대한 한의학 전통에서 2000여 가지 증상, 700종 남짓의 약물, 4000여 가지의 처방, 수백 가지의 양생법과 침구법을 뽑아냈는데, 그것은 한의학을 종합하기에 너무 많지도, 적지도 않은 분량이다. 허준은 의학 경전의 정신에 따라 취사선택하여 신뢰도를 높였다. 허준은 뛰어난 편집 방식과 자신의 임상 경험으로 엮어낸 『동의보감』을 동아시아 의학사에서 주목받는 책 가운데 하나로 올려놓았다.

셋째는 세계질병사에 대한 기여이다. 허준은 성홍열을 매우 면밀히 관찰해 그 결과를 보고했는데, 그것은 동아시아 지역은 물론 세계적으로도 최초의 일이다. 허준은 두창, 수두, 홍역, 성홍열 등의 유사 질병을 구별하여 하나의 '전염병학' 을 세우는 것을 목표로 한 적이 없다. 다만 민간에 만연하는 무시무시한 역병을 퇴치하기 위해 그 시대를 사는 의학자로서 주어진 임무를 성실히 수행했을 뿐이다. 하지만 그 이면에는 60여 년 동안 허준 개인이 이룬 의학적 식견과 경험이 깔려 있다.

『동의보감』으로 허준은 조선 의학계의 제왕이 되었다. 그러나 그의 학문이 의원들에게 고급 지식을 제공하는 데 그치지 않았다는 점에서 그의 가치는 더욱 빛난다. 아이를 낳거나 산모를 관리하는 일, 의원이 없거나 의원을 부를 틈이 없을 때 벌어지는 온갖 구급 상황에 대한 처치, 응급 상황에 대비하기 위한 가정상비약의 마련 등의 측면에서 전문적인 의학지식을 갖추지 못한 일반 백성들을 위한 지침을 만들어 널리 보급하는 데 허준은 결정적 역할을 했다. 또 의학을 처음 배우는 생도들이 의학의 핵심인 진맥을 제대로 배울 수 있도록 올바른 진맥 교범을 낸 것도 그의 업적이다.

그는 조선 사회에 만연했던 두창, 성홍열, 티푸스 등의 전염병을 이겨내려는 의학적 노력의 중심에 있었다. 특히 두창의 경우에는 민간의 강한 금기에 도전하는 불굴의 의지를 보이기도 했다. 그는 조선 의학을 재정리하여 새로운 전통을 세웠고, 그렇게 함으로써 조선 의학을 중국 의학에 뒤지지 않는 수준에 올려놓았다. 또한 그가 성홍열 연구에서 보인 예리한 관찰은 당시 세계의학계의 최고 수준에 비해서도 손색없는 것이었다.

조선시대에 의관이 되는 길

일반적으로 의관 지망생은 전의감과 혜민서에 학도로 들어가는 것이 가장 유리했다. 보통 십대 중반 이후의 지망생이 기본적인 학문을 마친 후 이 두 기관에 들어가 의학이론과 임상을 학습했다. 『경국대전』에 따르면 전의감 학도 정원이 50인, 혜민서 정원이 30인이었다. 이 두 기관이 의관 출세에 유리한 점은 두 가지였다. 첫째는 유능한 교수와 훈도가 학도를 가르쳤다는 점이다. 둘째는 학도로 있으면서 관직 임용시험인 취재를 통해 관직으로 나아갈 수 있었다는 점이다. 계속 시험을 치러 혜민서, 전의감, 정부 파견기관의 말단 의관이나 지방의 심약직을 시발로 해서 7품 이하의 참하직 의원이 될 수 있었다. 또 의과에 합격했을 때에는 참상직으로 올라갈 수 있었고, 내의원 의관으로 발탁될 수 있었다.

생도는 정기적으로 학습 정도를 점검받았다. 또 그들은 시험 성적의 우열에 따라 상을 받거나 징계를 받았다. 시험과목은 『동인경』『찬도맥』을 비롯한 취재 의서였는데, 이 두 과목의 시험방식은 책을 보지 않고 외우는 배송(背誦)이었고, 그외 과목의 시험방식은 책을 펼쳐놓고 뜻을 푸는 임강(臨講)이었다. 생도는 1년을 두 학기로 나누어 다달이 시험을 치렀다. 전의감과 혜민서의 전체 생도 가운데 "나이가 어리고 총명한 자"로 인정받은 총민(聰敏)은 의관의 길로 들어설 수 있는 시험을 치를 수 있는 자격을 얻었다. 이들은 이미 자격을 획득한 자인 전함(前銜), 이미 벼슬길에 들어선 7품 이하의 참외(參外) 등과 함께 관직을 얻기 위한 각종 시험을 치를 수 있었다.

과거시험은 의관이 되고자 하는 양인 이상의 모든 사람을 대상으로 했다. 의과시험은 다른 과거시험과 마찬가지로 3년에 한 번 있는 식년시와 나라에 경사가 있을 때 치르는 증광시와 대증광시가 있었다. 의과는 초시와 복시로 이루어져 있었으며, 의과의 시험과목은 승진시험인 취재와 거의 동일했다. 초시에는 9인을 뽑았고, 복시는 이미 초시에 합격한 자 중에서 최종적으로 3인을 뽑았다. 처음 1등으로 급제한 자에게는 종8품, 2등 급제자는 정9품, 3등 급제자에게는 종9품에 임명했다. 하지만 원래 품계를 가진 자는 모두 1계를 올려주고, 올려줄 품계가 응당 주어야 할 품계와 같을 경우와 미치지 못하는 자들도 1계 올려주도록 했다. 6품 이상의 관직에 오르기 위해서는 의과 합격이 필수였기 때문에 이미 낮은 직책의 의관이 된 자나 의관 지망생 모두에게 중요한 시험이었다.

인간 허준의 면모

소설과 드라마에서 가장 많이 다루는 부분이 인간 허준에 관한 것으로, 하나의 인격체로서, 의사로서, 관리로서 그의 인간됨을 감동적으로 그리고 있다. 선한 존재, 열심히 노력하는 존재, 타인의 생명을 존중하고 사랑하는 존재, 남의 아픔을 차별 없이 어루만져주는 존재. 역사상 이런 인물을 찾는다면 우리는 아프리카의 성자 슈바이처를 떠올리게 될 것이다.

허준의 생애보다 더 사료가 빈약한 부분이 허준의 인간성에 관한 것이다. 자료가 빈약하기 때문에 소설가나 드라마 작가는 더욱 용이하게 자신이 상상하는 인물 허준에게 성자 슈바이처의 상을 덧입힐 수 있었다. 반면 역사학자는 마찬가지 이유로 곤혹감을 크게 느낄 수밖에 없다. 그래도 무엇인가를 말해야 한다면, 그의 인간성을 알려주는 극히 제한된 사료에 기대어 거칠게라도 추론할 수밖에 없다. 또 많은 경우, 직접적인 사료의 해석을 통해서 그의 인간성을 설명해내기보다는 그의 생애와 작업을 통해서 "동어반복적으로" 그의 인간성을 말할 수밖에 없다. 이렇게 얻은 해석은 그다지 믿을 만한 것이 못 되나 허준의 경우에는 어느 정도 유용할 수 있다. 소설이나 드라마에서 그린 것과 사뭇 다른 것을 말해줄 수 있고, 그것들을 통해서 형성된 인상을 어느 정도라도 씻어줄 수 있다는 점에서.

허준의 성품을 직접 말해주는 사료는 두 가지이다. 하나는 앞에서도 말한 "총민하면서 학문을 좋아했다"는 기록이다. 그는 경전과 사서에 두루 밝았고 의학에는 더욱 정통했다. 이런 사실은 허준이 머리가 좋고 행동과 판단이 빠르며 지식에 대한 욕구가 매우 큰 인물임을 말해준다. 또다른 기록은 허준이 종1품 작위를 받았을 때 문관들이 그를 평가한 것이다. "허준의 위인됨이 왕의 총애를 믿고 교만하고 방자했다" "양평군 허준이 우둔하여 위인이 어리석고 미련하였는데 은총을 믿고 교만했다" "허준이 본시 음흉하고 범람한 사람으로" "허준이 본래 흉악하고 참혹하며 도리에 어긋난 악한 사람으로서"라는 내용이 그것이다. 허준에 대한 이런 평가는 모두 허준이 당상관, 동반직에 오른 이후에 나온 '정치적인' 평가이다. 그렇다 해도 여기에서 유익한 정보를 이끌어낼 수 있다. 허준이 당상관에서 종2품, 종1품으로 지위가 올라가면서 그에 걸맞은 행동을 했다는 점이다. 즉 서얼 출신이지만 당당하게 자신의 목소리를 내고, 자기의 권한을 행사했다는 점이다.

간접적인 사료로도 제법 괜찮은 것이 있다. 허준의 선조 피난길 호종(扈從)이 가장 좋은 예이다. 문·무관, 의관 할 것 없이 다 도망쳤지만, 허준은 그 험한 길을 따라 나섰다. 위기 상황에서 사람의 본색이 드러나는 법! 허준은 강직하고도 충성스러운 모습을 보여주었다. "사대부들이 너희보다 못하구나"라는 선조의 탄식에서 엿볼 수 있듯이, 허준은 대다수 사대부보다 더 충성과 명분을 중시했다. 또 자신의 학문과 의술을 인정해준 군주에게 의리로 보답했다. 의리를 굳건히 지켰다는 점에서 허준은 늘 명분과 예의를 지킬 것을 부르짖던 보통의 사대부보다 도덕적으로 우위에 있었다. 그것은 이후 자신감의 표출로 이어졌을 것이고, 문신들의 질시를 받는 요인이 되었을 것이다.

그는 과감하고 솔직한 인물이었던 듯하다. 두 가지 의학적 사례가 이를 시사한다. 첫째는 왕자가 두창에 걸렸을 때, 아무도 나서는 이 없었지만 그는 과감하게 나섰다. 이는 두창을 고칠 수 있다는 자신감만으로는 설명할 수 없다. 실패했을 때 벌어질 참담한 일을 염두에 둔다면 쉽게 나서기 힘든 것이었다. 가만히 있으면 아무 탈도 없겠지만, 실패할 경우 비록 선조가 실패의 책임을 묻지 않는다고 했으나 왕자를 죽였다는 비난을 뒤집어써야 할 형편이었다. 죽음을 앞둔 선조에 대해 처방을 내릴 때도 다른 의관과 문관의 계속되는 반대에 아랑곳하지 않고 강력한 약을 처방하고 있다. 설사시키는 방법이 그것이다. 보통 보양하는 약들은 잘못이 잘 드러나지 않는다. 그렇기 때문에 의관들은 위기 상황에서 책임을 모면하기 위해 두루뭉술한 처방을 선호하는 경향을 보인다. 그러나 허준은 선조의 병이 깊어질수록 더욱 강력한 약을 처방하였다. 그는 선조의 병이 보통 약으로 고칠 수 없는 난치, 불치의 단계에 들어섰음을 잘 알았다. 그렇지만 이후 광해군의 말처럼 "죽음도 두려워하지 않고" 선조의 병을 고치려고 최선의 노력을 다했다.

한 가지 더 살필 것은 그의 의서 편찬과 관련된 것이다. 그는 『동의보감』을 편찬하라는 명령을 받아 일을 착수했으나 우여곡절 끝에 14년 만에 그 임무를 완수했다. 이것은 무엇을 말하는가? 나는 그의 학문에 대한 '집념'을 읽는다. 소설과 드라마에서는 인생 역정의 집념을 그렸지만, 그보다는 학문에 대한 집념이 좀더 그의 인간상에 더 가깝다고 본다. 그는 고금의 한의서를 일일이 검토하면서 얼개를 짜고, 또 그것을 수정하는 방식을 통해서 '완벽'을 향해 나아갔다. 『동의보감』 이전의 저술과 『동의보감』 안에 담긴 해당 부분의 내용을 비교한다면, 상당한 유사점에도 불구하고 이전보다 한결 향상되어 있음을 볼 수 있다. 또 『동의보감』의 역병 관련 내용과 그 이후의 역병 전문서의 내용을 비교해봐도 이 점은 마찬가지로 나타난다. 이는 그의 학문에 휴식이 없었음을 뜻한다.

이상의 내용만으로 인간 허준을 평가한다는 것은 "장님이 코끼리 뒷다리 더듬는 격"이 될 것이다. 그 뒷다리를 만진 느낌이라도 적는다면 다음과 같다. "그는 총기를 가지고 태어났다. 공부하기를 좋아했다. 늘 책을 끼고 살았고 매일 책장을 넘겼다. 추구하는 문제에 대해서는 끈질겼으며 명분과 의리를 중시했다. 깐깐했고, 솔직하면서도 과감한 성품을 지녔다. 신분의 굴레 안에 찌들지 않고 당당하게 자신을 내세웠다." 이런 느낌은 소설 동의보감과 드라마의 작가가 읽어낸 인간 허준, '의술을 향한 집념'과 다소 비슷하다. 그러나 또다른 측면, '다정다감하고 인자했다'는 인상과 제법 거리가 있다. 내 생각은 다음과 같다. '작가는 오늘날 우리에게 절실히 필요한 의사의 상을 역사적 인물인 허준에 가탁했다. 그와 달리 조선 중기의 실존 인물인 허준은 기술직 의원의 수준을 뛰어넘어 학문에 매진하고, 자신의 학문을 실천하는 꿋꿋한 학자의 삶을 살았다.'

홍대용

| 임종태 |

2004년 과학문화재단이 선정한 '이달의 과학기술 인물' 12인 중에서 담헌 홍대용(洪大容, 1731~83)은 단연 특이한 인물이다. 세종 임금을 제외한다면 다른 사람들은 천문학의 이순지, 의학의 허준과 같이 특정한 분야의 전문가이지만, 홍대용은 일반 사상가에 속한다. 물론 그가 천문학과 수학에 깊은 관심을 가졌고 여러 천문의기를 제작하여 사설 천문대를 설치했다는 사실은 잘 알려져 있다. 하지만 천문학에 소양을 지닌 유학자는 당시 홍대용 말고도 여럿 있었다.

홍대용이 동시대의 쟁쟁한 후보자들을 제치고 조선 후기 과학사를 대표하는 인물로 인식된 것은 그의 독특한 '과학사상' 덕분이었다. 한때 '동아시아 최초'라는 수식어가 그 앞에 따라붙었던 지전설(地轉說)과 무한우주의 학설은, 주자학의 공리공론이 만연하던 조선 후기의 암울한 학풍 가운데에서 드물게 반짝이는 '과학적' 정신의 빛으로 여겨졌다. 홍대용의 사상을 더욱 돋보이게 한 점은 그의 사색이 단지 과학사상에만 머물지 않고, 이를 토대로 당대 조선 학계에 만연하던 중화주의적 명분론을 비판한 일이다. 그것은 20세기 연구자들에게 한국 근대정신의 출발점으로 비춰졌다. 한 역사학자에 따르면 홍대용의 지전설은 "세계를 '중화(中華)'와 '사이(四夷)'로 준별하는 유자류(儒者類)의 명분사상을 타파하는 코페르니쿠스적 전회이며, 자주적 개국·개화의 길을 개척하는 사상적 대전제"였다.[1]

하지만 『담헌서(湛軒書)』의 서문을 써서 홍대용에 관한 오늘날의 상을 만드는 데 기여했던 위당 정인보는 『담헌서』 내에 쉽게 해결할 수 없는 모순이 존재함을 발견했다. 『의산문답(毉山問答)』『주해수용(籌解需用)』『임하경륜(林下經綸)』 3부작에 담긴 활달하고 '근대적'인 기풍과 합치되지 않는 내용들이 문집의 다른 글들에 담겨 있었던 것이다. 이를테면 주자학을 넘어선 듯한 『의산문답』의 호방한 사색과 북경에서 만난 중국인 학자들에게 양명학을 이단이라고 비판하며 주자학을 권장하는 보수적인 면모의 간극을 어떻게 설명할 수 있을까? 정인보의 해명처럼 후자의 모습은 당시 학계의 완고한 지적 풍토를 우려하여 홍대용이 본심을 감춘 결과일까? 나는 이 글을 통해 실상은 정인보의 해석과 반대임을, 다시 말해 '과장'된 것은 오히려 『의산문답』 쪽임을 주장하려 한다. 그렇다면 홍대용은 왜 그러한 '과장'을 시도했을까?

이러한 문제를 염두에 두고 이 글은 홍대용의 생애와 과학사상을 세 측면으로 나누어 살펴볼 것이다. 이들은 각각 홍대용의 삶과 사색이 밟은 세 단계, 그리고 그 각각을 상징하는 세 장소에 상응한다. 그것은 홍대용이 주자학자로서 교육을 받은 '석실서원(石室書院)', 천문학에 대한 그의 열정이 담긴 '농수각(籠水閣)', 그리고 그의 장대한 문명론과 세계상을 상징하는 '북경' 및 '의무려산(毉巫閭山)'이다.

석실서원 : 홍대용과 성리학의 요람

홍대용 만년의 저술 『의산문답』은 당시 조선의 고루한 선비들을 상징하는 '허자(虛子)'의 공부 내력을 소개하면서 시작된다. 허자는 과거에 뜻을 두지 않고 은거하여 책을 읽은 지 30년에 천지(天地), 성명(性命), 오행(五行)을 깊이 이해하였고, 유·불·선 삼교의 가르침에 통달했으며, 인간의 도리와 사물의 이치를 남김 없이 파헤쳤다. 결국에는 사람들에게 조롱당하고 의무려산의 '실옹(實翁)'에게 면박을 당

192

하지만, 학문을 대하는 허자의 사뭇 진지한 태도와 다양한 지적 편력
은 젊었을 때의 홍대용 자신을 연상시키는 면이 있다.

　18세기 동아시아의 위대한 '경계인' 홍대용은 어떤 면에서 보나 당
시 조선 사회의 '중심'에서 출발한 인물이었다. 그는 1731년(영조 7
년) 음력 3월 1일 충청도 천원군의 수촌 마을에서 아버지 홍역과 어머
니 청풍 김씨의 첫째 아들로 태어났다. 그가 속한 남양 홍씨 가문은
조선 후기의 정치와 사상을 주도했던 노론의 핵심 문벌이었다. 일찍
이 그의 6대조 홍진도는 인조반정(1623)에서 공을 세웠고, 할아버지
홍용조는 경종 연간 연잉군(훗날의 영조 임금)의 왕세제(王世弟) 책봉
을 둘러싸고 '노론 사대신'이 죽임을 당한 신임사화(1721~22)에 연
루되어 유배당하는 화를 입었다. 홍대용의 가문은 실로 누대에 걸쳐
정계에 진출한 명문가로서, 그의 당대에도 아버지와 숙부, 사촌 등 주
변의 많은 사람들이 과거시험을 통해 관직에 나아갔다.

　하지만 홍대용은 집안의 전통과는 달리 순수한 학문의 길을 선택했
다. 그의 회상에 따르면, 그는 이미 열 살 무렵 과거시험을 위해 경전
주석이나 외우는 속된 학자가 되지 않고 옛 성현의 도를 추구하겠다
는 뜻을 세웠다. 물론 이것만으로 홍대용이 조선 사회의 중심에서 벗
어나려 했다고 볼 수는 없다. 오히려 이는 당시의 사상적 주류였던 주
자 성리학의 핵심에 도달하려는 젊은 홍대용의 지적 야심을 드러내준
다. 실제로 재야학자로서의 길은 당시 사대부 가문의 젊은이들이 택
할 수 있는 정당한 진로 중의 하나였다. 게다가 서원을 중심으로 학문
을 연마하던 산림(山林)은, 17세기 이래의 붕당정치에서 중앙의 정계
와 함께 조선의 정치를 주도하던 양대 축이었다. 노론, 소론, 남인 등
의 붕당은 지방에 학문적 근거지를 두고 있었으며, 그곳에서 학문을

연마하던 학자들은 효종·숙종 대의 송시열과 허목처럼 곧잘 현실정
치에 참여하여 자신의 학문적 이상을 실현하려 했다. 어린 홍대용이
선택한 곳은 다름아닌 조선의 학문적 중심지, 서원이었다.

홍대용은 십대 초반의 어린 나이에 당시 노론의 명망 있는 산림학
자 김원행(1702~72)의 석실서원에 들어갔다. 김원행은 노론의 핵심
적인 사상가이자 문인이었던 김창협의 손자로서 율곡 이이 이래 기호
노론의 학맥을 잇는 큰 학자였다. 또한 신임사화에서 변을 당한 노론
의 정객 김창집이 그의 큰할아버지였다. 이 사건의 충격으로 김원행
은 경기도 양주의 석실서원에 칩거하며 학문 연구와 제자 양성에만
몰두하게 되었다. "만약 과거공부를 하고자 하는 자는 다른 서원으로
가야 한다"는 서원의 규칙에서도 드러나듯 그는 석실서원을 순수 성
리학 연구의 중심으로 일으켜세웠다.

홍대용은 김원행의 문하에서 공부하며 그 엄격한 학풍을 내면화했
다. 석실서원의 홍대용은 강직하고 모범적인 성리학자 후보생이었다.
그는 주자 성리학의 기본 문헌들을 충실히 공부했고, 일상에서도 철
저한 도학자로서 수련했다. 자신에게 엄격했던 그는 자신의 표준을
동료들에게도 요구했다. 심지어 스승 김원행이 '서울에는 들어가지
않겠다'는 약속을 어기고 서울 근교 고관 집 아들의 성인식에 주례를
맡은 일을 준엄하게 비판했다.

젊은 홍대용은 정치적인 쟁점에서도 강경한 노론학자의 면모를 자
주 보여주었다. 병자호란 당시 청나라에 굴복하여 그들과 군신관계를
맺자고 한 주화론에 대해, 명나라에 대한 의리를 저버린 행위라고 비
난했다. "사람은 한 번 죽고 나라는 한 번 망하는 법이지만, 오륜과 삼
강이 한 번 떨어지면 천하의 욕을 당하게 되는 것"이라며, 호란 당시

의 치욕적 강화에 분개했다. 그는 붕당 사이의 극한 대립을 조정하기 위해 영조가 실시한 탕평책에 대해서도, "옳고 그름을 혼란시키고 충성과 반역을 뒤섞는" 무원칙한 정책이라고 비판했다. 교조적으로까지 보이는 젊은 홍대용의 모습은 만년의 『의산문답』에 나타나는 호방하고 유연한 사유와는 사뭇 다른 면모이다. 그 때문에 많은 연구자들이 이십대에서 삼십대 사이 그의 사상에 커다란 변화가 일어났다고 추론하지만, 진리에 대한 열정과 엄격한 선비로서의 풍모는 그의 일생을 일관하는 특징이다.

분명한 것은 이십대 이후 홍대용은 그 사유의 폭이 넓어지고 이전보다 훨씬 더 관용적인 태도를 보인다는 점이다. 그는 스물한 살이던 1751년, 숙종 때의 소론학자 윤증의 문집을 읽고 그 학문적 깊이에 매료되었다. 이는 곧 노소론 분당의 원인이 된 윤증과 송시열의 불화에서 송시열 쪽이 편협했던 것은 아닌지, 경종 연간의 신임사화에서 노론 쪽에도 잘못이 있었던 것은 아닌지 하는 의심으로 이어졌다. 그는 당돌하게도 스승 김원행에게 이러한 의문을 제기했다. 노소론 사이의 당쟁으로 큰할아버지가 화를 입은 김원행은, 당시 그의 가문도 함께 피해를 본 홍대용의 '철없는' 태도에 분노했다. 하지만 홍대용은 "큰 의심이 없는 자는 깨달음이 없다"며 자신의 의문이 정당하다는 생각을 굽히지 않았다.

자신이 속한 가문과 학파의 원칙을 회의하는 모습에서 우리는 홍대용의 강직한 태도가 단지 기성의 권위에 대한 묵수(墨守)가 아님을 알 수 있다. 그는 비록 평생에 걸쳐 주자 성리학의 권위와 노론의 의리를 부정한 적은 없었지만, 그렇다고 경전에 대한 주자의 주석과 노론의 해석이 진리의 절대적 기준이라고 생각하지도 않았다. 성인의 도는 무엇보다도 학자 자신의 사색과 노력에 의해 스스로 깨치는 것이었다. 선현의 주석은 그와 같은 자각의 길을 인도하는 훌륭한 등불임에는 틀림없으나 자체로 맹종해야 할 기준이 될 수는 없었다.

석실서원에서 10여 년간 공부한 이십대의 홍대용은 이제 서원을 떠나 서울에 거하면서 좀더 유연한 사상의 세계를 열어나갔던 것으로 보인다. 그의 독서 범위는 폭넓었으며, 그 가운데에는 수학, 천문학 등 과학 분야와 함께 노장(老莊), 불교, 양명학과 같이 주자학에서 이단으로 간주하는 문헌도 포함되었다.

그에 비해 17세기 이래 조선 성리학계의 핵심 쟁점으로 붕당 간의 치열한 당쟁으로 번져간 예론, 이기심성론과는 점차 거리를 두게 되었다. 그가 이러한 주제에 아예 무관심했거나 나름의 견해가 없었던 것은 아니지만, 번다한 예론과 추상적인 성리설의 미세한 차이를 이유로 학파와 정파가 분립하고 서로를 사문난적으로 몰아가는 조선 학계의 편협함에 대해서는 강한 불만을 지니게 되었다. 사촌 홍대응의 회고에 따르면, 홍대용은 다음과 같이 말하곤 했다.

우리나라는 (왕조) 중엽 이후에 편협한 논의가 속출하여 시비가 공정하지 못했다. (……) 중국에서는 주자(朱子)를 반대하고 육왕(陸王: 육상산과 왕양명)의 학문을 존숭하는 이들도 성대하여 다 인정을 받으며, 사문(斯文: 정통 유교. 여기서는 주자학을 뜻함)에 위배된다고 죄를 받는 일을 들어보지 못했다. (……) [조선의 심성론 논쟁으로 말하자면] 모두가 한결같이 논쟁하여 이기는 데만 힘을 기울였으니, 너무 지나친 일이라 하겠다. 퇴계, 율곡, 우암[송시열]과 같은 여러 선생들의 성리설에는 일찍이 이와 같은 쟁변이 없었으니, 정말 퇴계, 율곡, 우암다운 데가 있었다.

홍대용에 따르면 조선 성리학계의 학풍은 경세치용과 일상의 윤리를 중시하는 성인의 공정한 도에 어긋났다. 1774년 세자(훗날의 정조 임금)를 시위하는 '익위사시직(翊衛司侍直)'에 임명된 홍대용은 세자와 이기심성에 관해 논한 끝에 "일상에서 당연히 행해야 할 일에 대해 간절히 묻고 가까이 생각하여 일에 따라 몸소 행한다면, 성리(性理)란 것도 별것이 아니라 곧 일상에 흩어져 있는 것"이라고 말했다.

이러한 태도를 반영하듯 그는 세상을 다스리는 데 필요한 실용적 분야에 폭넓은 관심을 가졌다. 연암 박지원의 아들 박종채는 연암과 홍대용의 만남을 회고하며 그들의 지적 관심을 다음과 같이 묘사했다. "위로는 고금의 치란·흥망의 까닭, 옛사람들의 출처(出處)의 절도, 제도, 농업과 공업의 이익 및 폐단, 물건의 생산과 식량의 수급, 산천, 군사적 요충지, 천문학, 음악, 나아가 초목, 동물, 육서(六書), 산수에 이르기까지 꿰뚫어 궁구하고 남김 없이 이해하지 않음이 없었다." 다방면에 걸친 홍대용의 능력을 잘 알았던 박지원은 홍대용의 묘비명에서, 그가 비록 재야에 은거한 학자였지만 "나라의 세정을 담당하고 먼 나라에 사신으로 파견할 만하며 통어(統御)의 기략이 있었던" 인물이라며 나라에 쓰이지 못한 홍대용의 경륜을 아까워했다.

농수각 : 홍대용의 과학과 우주론의 상징

젊은 홍대용의 관심을 가장 사로잡았던 분야는 단연 수학과 천문학이었다. 사촌 홍대응의 회고에 따르면, 홍대용은 "매양 잠자리에서도 격물궁리(格物窮理)의 공부에 열중했고, 상수(象數: 수를 다루는 수학, 천문, 술수 등을 통칭하던 용어)의 아주 중요하고 풀기 어려운 곳에 이르러서는 간간이 잠을 잊고 밤을 새우기도 했다."

이러한 홍대용의 지적 관심을 그 이전 석실서원에서의 공부와 단절된 것이라고 보기는 어렵다. 김창협, 김창흡에서 김원행으로 이어지는 학통은 노론 내에서도 천문학, 주역상수학,[2] 박물학 등에 대한 지적 관심을 용인하고 장려하는 독특한 학풍을 지니고 있었다. 그 결과 석실서원은 홍대용에게 천문학, 수학에 대한 흥미를 일깨워주고 동료들과 그에 대해 토론할 수 있는 장을 제공한 셈이었다. 석실서원의 이러한 학풍은 17세기 말 18세기 초 서양 천문학과 송나라 소옹의 상수학을 수준 높게 종합하고 지전설을 제창한 김석문(1658~1735)에게로 거슬러 올라간다. 홍대용의 젊은 시절 김원행 문하에서 김석문은 신화적 인물로 여겨졌다. 김원행 자신이 김석문의 학문을 높이 평가했고, 홍대용의 동료였던 황윤석(1729~91)은 그의 열렬한 추종자였다.

석실서원의 분위기를 반영하듯, 홍대용은 천문학을 만물의 근원인 하늘을 탐구하는 성리학의 한 분야로 파악했다.『주해수용』에서 그는 유학자들이 천문과 지리를 탐구해야 하는 이유를 "하늘은 만물의 시조이며, 해는 만물의 아버지이고, 땅은 만물의 어머니이며, 별과 달은 만물의 제부(諸父)이기 때문"이라고 밝혔다. 사실 이는 당시 모든 성리학자들이 공유한 입장이었다.

하지만 천문학에 대한 홍대용의 관심에는 분명 남다른 점이 있었는데, 이는『주해수용』의 다음과 같은 구절에서 잘 드러난다.

〔그러나〕 내가 알고 있는 하늘은 그것이 높고 멀다는 것뿐이요, 내가 알고 있는 땅은 그것이 두텁고 넓다는 것뿐이다. 이는 마치 내가 아는 아버지는 남자라는 것뿐이고 내가 아는 어머니는 여자라는 것뿐이라고 말하는 것과 어찌 다를 것인가? 그러므로 천지의 참모습을 알고자 할 때는 뜻으로 탐구〔意究〕하고 이치로 모색〔理索〕해서는 안 된다. 오직 기기를 만들어서 측정하며, 수를 계산하여 추측해야 한다.

홍대용은 '뜻과 이치로 추론하는' 형이상학이 아니라 기구를 이용한 관측과 수학적 계산이 하늘을 탐구하는 올바른 방법이라고 주장한다. 이는 단순히 천문학에 한정된 것이 아니라, 유학자들의 하늘에 대한 탐구 일반을 겨냥하고 있는 것처럼 들린다. 그가 이기심성론의 형이상학에 비판적이었던 점을 염두에 둔다면, 위의 주장은 아예 유학(儒學) 자체를 수학과 관측에 기초한 '엄밀한' 분야로 재정립해야 한다는 메시지를 담고 있는 것이 아닐까?

관측과 계산에 대한 홍대용의 열정은 그가 이십대 후반에서 삼십대 초반 사이에 고향 마을에 사설 천문대인 농수각을 짓고 혼천의를 비롯한 여러 의기들을 비치한 데서 잘 드러난다. 그 계기는 천문학에 대한 아들의 관심을 잘 이해하고 있던 부친이 자기 임지인 전라도 나주에 은거한 기계제작자 나경적을 소개해준 일이었다. 1759년 29세의 홍대용은 당시 70여 세의 연로한 기술자 나경적을 방문했다. 그곳에서 나경적이 만든 정교한 서양식 자명종을 보고 감탄했으며, 서양식 수차와 천문의기에 대해 의견을 나누었다. 대화 끝에 나경적은 서양식 방법을 참고하여 혼천의를 만들 계획을 세워놓았으나, 자금이 부족해서 뜻을 이루지 못했다고 토로했다. 홍대용은 다음 해 나경적과

제자 안처인을 나주의 관아로 초청하여 혼천의를 제작하도록 했는데, 그에 소요되는 비용은 홍대용의 아버지가 부담했다. 약 3년에 걸친 제작이 끝나자, 홍대용은 고향 집에 네모난 연못을 파고 가운데에 섬을 만든 뒤 건물을 세워 혼천의와 후종을 설치했다.

아쉽게도 그가 그곳에서 무엇을 관측하고 연구했는지를 알려주는 자료는 없다. 하지만 홍대용은 농수각에 깊은 애정과 자부심을 가지고 있었으며, 그곳은 곧 지인들 사이에서 홍대용과 그의 학문적 지향을 상징하는 장소가 되었다. 스승 김원행을 비롯해서 가까운 동료들이 농수각을 방문하여 기록을 남겼고, 북경에서 만난 중국의 선비들도 모두 기문(記文)을 지어 천문학에 대한 홍대용의 열정을 칭송했다.

농수각 천문의기를 제작하는 과정에서 알 수 있듯이, 홍대용은 일찍부터 서양 과학에 많은 관심을 쏟았다. 실로 17세기 이래 예수회 선교사들이 중국에 전파한 서구 르네상스 과학을 언급하지 않고는 홍대용의 과학을 논하기 어렵다. 홍대용이 농수각을 짓던 1760년 즈음은 바야흐로 조선 학계에 서학(西學: 서양 과학과 기독교)의 열풍이 불던 시기였다. 조선에 서학이 처음 소개된 것은 17세기 초 정두원이나 소현세자 대로 거슬러 올라가지만, 본격적인 서학의 시대는 조선과 청나라의 관계가 안정된 18세기에 접어들어서야 시작되었다. 이후 서학은 조선 학자 사회에 급속히 퍼져나가 18세기 중반이 되면 서학 서적을 읽고 토론하는 것이 사대부들 사이에 유행으로까지 번지게 되었다. 서양 과학에 대한 학계의 이해도 깊어져서 김석문, 정제두, 이익 등에 의해 서양 과학을 전통 우주론과 종합하는 원숙한 성과가 나타났다. 그리고 홍대용도 이러한 거장의 반열에 곧 합류하게 될 것이었다.

서학에 대한 홍대용의 태도는 얼핏 보아 당대의 개방적인 축에 속하던 지식인들과 그리 다르지 않았다. 당시 대다수 유학자들과 마찬가지로 그는 기독교의 가치를 전혀 인정하지 않았다. 양명학이나 불교에 대해서는 장점을 일면 인정했지만, 기독교에 대해서만은 "우리 유학의 상제(上帝)의 명칭을 몰래 취하여 불가의 윤회설로 장식한 것으로서 천박하고 가소롭다"고 비웃었다.

그에 비해 서양의 수학과 천문학에 대해서는 아주 우호적이었다. 홍대용은 "서양의 술법은 산수로 근본을 삼고 기구로 참작하여 온갖 형상을 헤아리고 관찰한다. 그러므로 천하의 멀고 가까움, 높고 깊음, 크고 작음, 가볍고 무거움을 눈앞에 모아놓고 마치 손가락으로 가리키는 것처럼 하니, 한나라와 당나라 이래로 유례가 없던 것"이라고 칭송했다. 서양의 천문학이 중국의 전통에 비해 우월하다는 것이다. 물론 전통 천문학에 대한 홍대용의 부정적 평가는 한나라 이후에 국한된 것으로서, 상고시대의 천문학이 완전했으리라는 유교 성리학의 일반적 믿음까지 버리지는 않았다. 중국 근세 천문학이 쇠퇴한 것은 곧 상고 성인들의 천문학이 후대에 제대로 이어지지 못했기 때문이었다. 실제로 그는 우수한 서양의 천문학이 옛 요순 임금의 천문학과 합치한다고 주장했다.

애석하게도 요순의 방법과 모델이 전해지지 않아 하늘을 측후할 때 근거할 것이 없었다. 대대로 기구를 제작하기는 했어도 논의가 분분하여 모두가 억측에서 나왔으니, 맞는 것은 적고 차이는 컸다. 서양의 술법이 나온 이래로 기구와 방법에서 요순이 남긴 오묘한 비법을 얻었다. (……) "천자가 관직(에 관한 지식)을 잃었으나 그 학문이 사방 오랑캐 땅에 남아 있었구나"라는 옛 말을 어찌 믿지 않을 것인가!

홍대용이 인용한 '옛 말'은『춘추좌씨전(春秋左氏傳)』에 나오는 구절로서, 공자가 노나라를 방문한 이웃 오랑캐 나라의 왕자에게 옛 성인들의 관직에 관한 지식을 배운 뒤 한 말이었다. 홍대용은 이 구절을 통해, '서양 오랑캐'의 천문학을 받아들이는 일이 결코 요순 이래의 전통을 부정하는 것이 아님을 주장하고 싶었던 것으로 보인다. 그런데 이러한 논법은 이미 17세기 초부터 중국의 학자들이 써오던 것으로, 18세기 들어 조선의 학자들 사이에도 확산되고 있었다.

그렇지만 서양 과학을 바라보는 홍대용의 관점에는 당시 조선 학계의 주류와는 다른 면모가 있었다. 그 단서는 홍대용이 서양 과학의 장점을 "수학적 계산과 기구를 이용한 관측"이라고 본 데서 찾을 수 있다. 이러한 평가는 겉보기에는 평범하지만, 앞서 홍대용이 하늘에 대한 올바른 탐구 방법으로 계산과 관측을 강조하며 형이상학적 사색의 가치를 격하한 것과 연결해서 생각하면 당시 조선 학계의 서양 과학 수용 태도에 대한 비판적 메시지를 담고 있음을 알 수 있다. 그가 비판하려 했던 것은 그 자신이 수학했던 석실서원을 비롯해서 당시 조선 학계에 만연했던 학풍, 즉 서양 천문학을 음양오행 및 주역을 근간으로 하는 동아시아 자연철학체계에 포괄하려는 시도였다.

홍대용은 한나라 이래로 동아시아 우주론의 한 축을 담당해온 '상관적 사유'의 전통을 정당한 학문으로 인정하지 않았다. 세계의 삼라만상을 음양, 오행, 주역의 괘에 배당한 뒤 그들 사이에 일어나는 연관과 감응으로 우주의 질서를 파악하려는 동아시아의 '상관적 사유'는 서양 과학이 전래된 이후에도 큰 영향을 받지 않고 번성했다. 18세기 조선의 경우 도리어 서양 과학과 상관적 우주론을 종합하려는 시도가 활발히 전개되었다. 홍대용이 속한 노론 학계의 선배인 김석문과 동료인 황윤석이 그 대표적인 인물이었고, 남인의 이익, 소론의 정제두와 서명응도 비슷한 경향을 보였다. 17,18세기 조선을 '주자의 나라'라고 부르기도 하지만, 과학사의 관점에서 보면 '소옹의 나라'라고 할 수 있을 정도로 당시 조선에는 주역상수학이 유행했다. 홍대용은 편협한 주자학적 논의에 대해서만큼이나 소옹의 학문에 경도된 학풍에 비판적이었다.

상관적 우주론에 대한 홍대용의 비판은 이십대의 연구노트라고 생각되는 『계몽기의』에서부터 나타나는데, 거기서 그는 주자의 『역학계몽』에 담긴 주역상수학의 부조리함에 구체적인 의문을 제기했다. 훗날 『주해수용』에서는 하늘의 별자리와 지상세계를 연결시키는 점성술을 근거 없는 믿음이라고 공격했다. 그에 따르면, 무한한 우주에 펼쳐진 무수한 별들을 사람들이 제멋대로 연결하여 별자리의 이름을 짓고는 그것과 인간사를 연결지어 상서와 재앙을 점치지만, 거기에는 아무런 합리적 근거도 없다. 홍대용의 비판은 『의산문답』에서 음양오행에 기초한 상관적 사유체계 전반으로 확대되었다. 음양이란 세계 만물의 변화에 관여하는 자립적 실체가 아니라, "햇빛의 강약을 표시하는 말"일 뿐이었다. 오행에 대해서도 그는, 주역의 팔상(八象), 불교의 사대(四大) 등 역사상 존재했던 다른 분류법을 예로 들고는, 만물의 근본을 꼭 다섯으로 확정할 수 없다고 주장했다.

상관적 사유와 그에 바탕한 술수(術數)를 체계적으로 비판한 것은 18세기 조선의 대표적 사상가 중에서 홍대용이 처음이 아닌가 한다. 합리적 성향의 학자들이 그러한 사유에 부분적으로 회의를 표시하거나 논의를 회피한 경우는 있었으나, 적극적이고 체계적인 비판을 시도한 경우는 18세기 조선에서 찾아보기 힘들다. 오직 한 세대 뒤의 정약용(1762~1836)만이 그와 비견될 만한 논의를 전개했다. 실로 그두 사람은 상관적 우주론과 서양 과학이 활발하게 결합하고 있던 조선 학계에서 도리어 서양 과학을 근거로 술수학을 비판했던 예외적인 인물이었다. 이 점이야말로 두 사람이 오늘날 조선 후기 '과학적' 정신을 대표하는 인물로 부각된 주된 이유일 것이다.

하지만 홍대용과 정약용 사이에는 한 가지 중요한 차이가 있다. 정약용의 경우, 주역상수학과 술수에 대한 비판을 극도로 밀고 나아간나머지 자연세계에 관한 철학적 사색이 존립할 여지를 그다지 남겨놓지 않았다. 그의 관심은 주로 경세치용에 유용한 기술로만 향했다. 하지만 홍대용은, 비록 형이상학의 가치를 정밀한 측산(測算) 아래에 놓기는 했어도, 우주론에 대한 관심을 버리지 않았다. 그는 음양오행론이 사라진 자리에 동아시아의 전통적 기론(氣論)과 서양 과학을 재료로 한 새로운 자연철학을 모색했고, 그 결과가 『의산문답』에 정리되어있다.

홍대용의 우주론은 우주가 인간 인식의 한계를 넘어 무한히 펼쳐져있다는 관념에서 출발한다. 따라서 우주의 중심을 정의할 수가 없다. 지금까지 우주의 중심으로 간주되었던 지구는 무한한 공간에 흩어져있는 무수한 별들 중의 하나에 불과하다. 그 다른 별들은 지구와는 다른 환경에서 다른 풍습을 지닌 다른 형상의 존재들이 살고 있는 세계이다. 우주가 무한하고 또 중심이 없기 때문에 하늘이 지구를 중심으로 회전할 리는 없다. 다만 지구가 하루에 한 번 자기 축을 중심으로돌기 때문에 사람들의 눈에 하늘이 도는 것처럼 비친다. 지구상의 인력도 지구의 회전 때문에 나타난 국지적 현상으로서, 지구 주위의 회전하는 기(氣)가 바깥의 허기와 마찰하여 지구 중심을 향하는 소용돌이 세력이 만들어지기 때문에 형성된 것이다.

홍대용이 언제 어떤 경로로 이러한 생각을 하게 되었는지는 아직 베일에 싸여 있다. 그에 대해서는 천문학과 우주론에 대한 공부를 본격적으로 시작한 이십대 중후반에서부터 북경 여행에서 돌아온 삼십대 후반~사십대 초반일 것이라는 막연한 추측만이 가능하다. 예를 들어 이십대의 저술로 간주되는『주역변의(周易辨疑)』에서 홍대용은 "하늘의 운행에 한시라도 쉼이 있다면 오행이 어지러워지고 사유(四維)가 무너질 것"이라고 언급했다. 이는 그가 당시로서는 하늘이 회전한다는 전통적 관념에 별다른 의심을 품지 않았음을 보여준다. 홍대용이 사십대 초에는 지전과 무한우주에 대한 생각을 가지고 있었음은 각각 1778년과 1780년에 북경에 간 이덕무와 박지원의 일화에서 드러난다. 이덕무는 북경의 선비들과 홍대용의 다세계설에 대해 논의했으며, 박지원도 열하의 태학에서 만난 학자들에게 홍대용의 학설을 소개했던 것이다. 1777년 태인현감으로 부임하기 전까지 홍대용은 서울에 살면서 박지원, 박제가, 이덕무 등과 친하게 지냈으므로, 자신의 생각을 이들에게 들려주었을 것이다.

홍대용의 이야기를 들은 동료들은 독창적이라고 생각했지만, 그의 학설을 구성하는 요소들이 새로운 것은 아니었다. 이미 여러 연구에서 지적되었듯이 지구 자전의 아이디어는 중국에서 간행된 서양 천문 서적인『오위력지』에 잘못된 학설이라는 단서가 붙은 채로 소개되어 있었다. 그리고 이를 토대로 나름의 지전설을 고안해낸 선배학자 김석문의 학설도 홍대용이 직접 읽었거나 최소한 그에 대해 들어본 적이 있었을 것이다. 다세계설의 독창성에 대해서는 이미 그 당시부터 의문이 제기되었다. 이덕무의 소개로 홍대용의 생각을 접한 중국의 학자들은 중국 사람들 중에서도 그와 비슷한 주장을 한 경우가 있고 홍대용의 생각이 기본적으로는 『장자』나 『열자』의 우화와 그리 다르지 않다는 반응을 보였다. 우주의 외연을 무한히 확대하는 관념 또한 조선 중기의 서경덕이나 장현광 등의 사상에서 그 선례를 찾아볼 수 있다.

하지만 이러한 요소들이 한데 결합해서 만들어진 홍대용의 우주상과 그 세계관적 함의는 아주 독특했다. 첫째, 그의 무한우주는 중심을 정의할 수 없이 무한히 펼쳐진 공계(空界)로서, 땅을 중심에 두고 우주의 바깥에 태극이나 태허(太虛) 등의 형이상학적 공간이 자리 잡은 서경덕 등 주역상수학자들의 관념과 달랐다. 둘째, 홍대용의 지전설은 바로 이러한 무한우주의 이론적 요청이었다는 점에서 『오위력지』에 소개된 서양의 학설이나 김석문의 학설과 궤를 달리했다. 물론 홍대용은 지전의 타당성을 보여주는 한 가지 근거로, 운동이 관찰자에 대해 상대적이라는 『오위력지』의 언급을 제시했다. 하지만 홍대용 자신이 말했듯 그것만으로는 회전하는 것이 하늘인지 땅인지를 판단할 수 없었다. 그가 지전설을 생각하게 된 근본적 이유는 우주를 무한히 확장함으로써 이제는 하늘의 회전이 이론적으로 불가능해졌기 때문이다.

홍대용 우주론의 가장 중요한 특징은 그가 이 모든 우주론적 재료들을 『장자』의 상대주의적 상상력에 의해 조직했다는 점이다. 홍대용의 생각이 『장자』나 『열자』의 우화와 비슷하다는 당시 중국인들의 지적은 옳았다. 광대한 세계와 그 속에 존재하는 낯선 존재들을 소재로, '우리' 사회의 상식에 의문을 던지던 『장자』의 전략은 홍대용에게도 그대로 나타난다. 다른 점이라면, 홍대용은 지구, 무한우주, 지전과 같이 『장자』보다 더 규모가 크고 '과학적인' 소재들을 사용했다는 사실이다. 박지원은 열하의 태학에서 중국 학자와 함께 달을 쳐다보다가 다음과 같이 말을 건넸다. "만일 달 속에도 세계가 있다면 오늘밤 그곳에서 두 사람이 우리들처럼 난간에 기대어 월광(月光)이 아닌 지광(地光)을 받으면서 지구가 차고 기움을 논한다고 아니할 수 없겠지요?" '우리'에서 '타자'로 관점의 자유로운 이동, 그를 통해 '우리'의 상식이 임의적임을 드러내는 전략은 홍대용의 우주론을 일관하는 주제였다. 『의산문답』에서 실옹은 우주 가운데 있는 땅이 왜 아래로 떨어지지 않는지 질문하는 허자에게, 그러한 의문은 좁은 견문에서 비롯된 것이라며 그것을 뛰어넘기를 주문했다.

무릇 해, 달, 별은 하늘로 떠올라도 올라가는 것이 아니며 땅 밑으로 져도 내려가는 것이 아니라, 공계에 매달려 장구히 머무르는 것이다. 태허에 위아래가 없음은 그 자취가 매우 분명한데도 세상 사람들은 상식적 소견에 젖어 그 연유를 살피지 않는다.

북경과 의무려산 : 무한우주의 우화

여기서 우리는 아주 기본적인 질문을 하나 던져볼 필요가 있다. 이러한 우주론을 홍대용 자신은 얼마나 심각하고 진지하게 취급했을까? 열하에서 박지원은 홍대용의 학설에 대해 다음과 같이 말했다. "(내 친구 홍대용은) 일찍이 나와 함께 달을 보면서 장난 삼아 내게 이런 이야기를 했습니다. 그 논의의 태반은 황당무계하다 할 수 있을지 모르겠으나 성인이나 현자의 힘을 가지고도 깰 수 없는 내용을 가지고 있습니다." 홍대용은 정말로 자기 생각이 황당무계하며 장난스러운 것이라고 여겼을까? 만약 그가 자신의 생각을 진지하게 여겼다면 왜 일찌감치 이를 체계적으로 정리하여 출판하지 않고, 가까운 동료들에게만 알려주었을까? 평생 정주학(程朱學)에 대한 믿음을 버리지 않았던 그가 어떤 이유로 『장자』와 같은 비정통적 경향에 의지한 우화에 자기 생각을 담게 되었을까?

이러한 의문에 홍대용은 아무런 답변을 남기지 않았다. 단지 홍대용의 장자에 대한 평가를 통해 그의 마음을 어렴풋이 추측해볼 따름이다. 홍대용은 북경에서 만난 선비 육비에게 쓴 편지에서 장자와 왕양명에 대한 자신의 태도를 다음과 같이 밝혔다.

〔공자의〕 70제자가 죽자 대의가 무너져 우활한 선비들이 박식만을 숭상하고 요도(要道)는 알지 못하였다. 그리하여 장주(莊周)가 세상에 분개하여 양생(養生)과 제물(齊物)을 논하였다. 주자 문하의 말학(末學)들이 입과 귀로 기송하며 훈고하는 것만을 숭상하여 그 선생의 학설을 어지럽혔다. 그리하여 왕양명이 시속을 밉게 여겨 치양지(致良知)의 학설을 주장했다. 그 의도는 모두 그 시대를 근심하고 세도를 걱정한 데 있었지만, 잘못의 교정이 지나쳐 방자한 의론의 폐해가 우활한 선비들과 다를 것이 없었고, 도를 바로잡으려는 해독이 자못 기송과 훈고보다도 더하였다.

흥미롭게도 장자와 왕양명을 비판하는 구절의 이면에는 그들의 처지에 대한 동정심이 짙게 깔려 있다. 그들의 본심은 혼란스런 세도를 바로잡으려는 것이었다. 그렇다면 홍대용의 눈에 비친 당시 조선의 학풍은 어떠했을까? "퇴계, 율곡, 우암과 같은 큰 선비들이 죽은 뒤" 편협한 의론이 들끓던 조선은 마치 공자와 주자가 죽은 뒤의 혼란한 시대와 크게 다를 바 없지 않았을까? 그렇다면 홍대용 스스로 이를 바로잡기 위해 장자와 같은 '과장'을 시도해볼 유혹을 느끼지 않았을까?

조선 학풍의 퇴락에 대한 홍대용의 우려가 깊어진 결정적인 계기는 그의 북경 여행이었다. 1765년 나이 35세 되던 해에 그는 연행사절의 서장관이 된 숙부를 따라 북경을 방문하여 3개월간 머물렀다. 연행에서 겪은 여러 사건을 길게 말할 필요는 없을 것 같다. 사실 과학적 측면에서 홍대용의 북경 체류가 그리 생산적이지는 않았다. 천주당을 방문하여 예수회 선교사들과 필담을 나눈 일이 눈길을 끌지만, 선교사들의 무성의한 태도로 홍대용에게 신기한 견문 이상의 소득을 주지 못했다. 홍대용에게 더 중요했던 일은 광대한 중국땅과 건륭 시대의 난만한 문명을 체험하고, 과거시험을 치르기 위해 올라온 항주의 세 선비, 육비, 엄성, 반정균과 교유하며 평생의 교분을 닦은 일이었다.

이러한 경험은, 박지원의 표현을 빌리자면 달세계를 방문하여 그곳의 인물과 만난 것에 비유할 수 있고, 『장자』추수(秋水)편의 우화를 빌리자면 자신이 최고라고 자만하던 황하의 신 하백이 대해(大海)를 만난 것에 비길 만한 일이었다. 당시 북경은 명실상부 천하의 '중심'이었다. 그곳에서 홍대용은 세계 각지에서 파견된 조공 사절 일행, 즉 '세계'를 접할 수 있었다. 그는 조선에서 독서를 통해, 마테오 리치 이래 서구 세계지도에 담긴 지리 지식과 학설에 익숙했을 터이지만, 북경이라는 국제도시에서 세계의 광대함을 체감할 수 있었을 것이다.

모든 여행이 그렇듯이, 홍대용의 연행은 자신이 '30년간' 익숙하게 살아온 조선 사회를 되돌아보는 계기가 되었다. 1636년 병자호란 때 '오랑캐' 청나라에 치욕을 당한 이후로 조선 사대부의 공론은 청나라를 쳐서 우리와 명나라의 원수를 갚자는 것이었다. 그로부터 한 세기 반이 지나도록 중화주의적 명분론은 여전히 조선 학자들의 정신을 사로잡고 있었다. 그사이 청나라는 강희, 옹정, 건륭의 황금 치세를 거치며 성대한 학술과 문명을 구가하고 있었다. 하지만 중화와 오랑캐의 위계적 질서로 세계를 바라보는 조선 성리학자들의 눈에 청나라는 여전히 야만 국가였고, 오히려 명나라의 의관과 제도를 보존하고 있는 조선이야말로 중화 문명의 정당한 계승자였다. 조선의 사상을 주도하던 노론 가문에서 태어나 노론의 핵심 학통을 이어받은 홍대용에게 북경 여행은 이와 같은 명분론이 현실과 괴리되어 있음을 가르쳐주었다. 홍대용은 항주의 세 선비에게서 주자학의 '편협한' 의론에 빠져 있던 조선의 학자들과는 다른 대범하고 활달한 대륙적 기풍을 경험할 수 있었다. 30년 동안 은거하며 학문을 연마하던 허자가 세상에 나와 말하자 그 현실과 동떨어진 학설에 세상 사람 모두가 비웃었다는 『의산문답』의 이야기는 마치 중국 여행에서 홍대용 자신이 느낀 당혹감을 표현한 것처럼 들린다.

북경에서 돌아온 그는 조선의 완고한 명분론과 곧바로 충돌했다. 그는 귀국한 그해에 북경에서 세 선비와 나눈 필담을 『건정동 회우록』으로 정리했다. 주변 사람들에게 널리 읽힌 이 기록에 대한 독자들의 반응은 양극단으로 갈라졌다. 박지원을 비롯한 훗날의 북학파 학자들

은 중국 선비들과 홍대용의 교우에 감명받고는 이를 자기들이 본받아
야 할 모범으로 받아들였다. 이들은 홍대용이 닦아놓은 인맥을 토대
로 중국을 방문하여 중국의 선비들과 교유했고, 이는 곧 '북학(北學)'
이라는 18세기 말~19세기 초 조선 사상계를 풍미한 학풍으로 이어졌
다. 하지만 청나라 학자들과 홍대용의 교유를 마땅치 않게 여겨 그를
비방하는 의론도 적잖이 일어났다. 석실서원에서 동문수학한 선배 김
종후가 그 대표적인 인물로서, 그는 "머리 깎은 청나라 학자들과 형제
처럼 사귀고 못 할 말이 없었다"며 홍대용의 행적을 비난했다. 김종후
는 오랑캐 황제 밑에서 벼슬을 하러 북경에 올라온 지조 없는 사람들
을 홍대용이 높이 평가하는 것을 납득하기 어려웠다.

김종후와 홍대용의 논쟁은 명나라, 청나라, 조선에 대한 인식과 문
명관으로까지 확대되었다. 홍대용은 김종후에게 명나라 이후 중원을
통치한 청나라는 비록 오랑캐였지만, "강희 황제 이후에는 백성과 더
불어 휴식하고 다스리는 도를 간단하고 검소하게 하여 한 시기를 진
무(鎭撫)할 수 있었다"며, 청나라 문물에 대한 우호적 견해를 피력했
다. 그에 비해 조선이 중화의 적통을 이었다는 김종후의 주장에 대해
서는 '우물 안 개구리'의 근거 없는 자만심에 불과하다고 비판했다.

우리 동방이 오랑캐가 된 것은 땅의 위치가 그러하기 때문인데, 또한
어찌 숨길 필요가 있겠소? 이적에서 태어나 생활한다고 해도 진실로
성인이 될 수도 있고 대현(大賢)이 될 수도 있는데, 우리가 불만스레
생각할 게 무엇이 있겠소? 우리나라가 중국을 본받아서 오랑캐란 이름
을 면한 지는 오래되었소. 그러나 중국과 비교하면 그 등분이 자연히
있는 것이오. 그런데 용렬하고 조그만 재주에 국한된 사람은 이런 말을

갑자기 들으면 대개 노여워하고 부끄럽게 생각하면서 마음에 달게 여기려 하지 않소. 이것은 곧 우리나라 풍속이 편협한 때문이오.

김종후를 비롯한 조선 사람들의 완고한 명분론을 비판하기 위해 홍대용은 결국 『장자』를 모방한 과학적 우화를 창작하기로 작정한 듯하다. 이러한 시도는 조선의 편협한 지적 풍토를 바로잡기 위해 그가 '권도(權道)'로 택한 과장법이었을 것이다. 『의산문답』에서 홍대용 자신을 상징하는 실옹과 조선의 명분론자들을 상징하는 허자의 대화가 이루어지는 장소는 의무려산이다. 이는 홍대용의 표현에 따르자면 "중화와 오랑캐의 경계"에 위치한다. 중국에도 오랑캐에도 속하지 않는 장소에 자신의 위치를 세운 홍대용은, '인물균' '무한우주' '외계인' '지구' '지전' 등 다양한 소재를 동원하여 화이의 명분론적 구분과 이를 뒷받침하는 상식적 구분―인간과 동물, 중심과 주변의 구분을 허물고자 했다.

무한한 우주에는 지구의 상식으로는 이해할 수 없는 존재들의 세계가 산재해 있다. 예컨대 해의 세계는 "순수한 불을 받아 그 몸은 밝게 빛나고, 그 본성은 강렬하며, 그 앎은 투철한" 존재들의 세상이다. 그곳은 지구와는 달리 "낮과 밤의 구분도 없고 겨울과 여름도 없다." 결국 지구 위에 사는 우리 인간의 모습과 삶의 방식은 지구라는 독특한 환경에서 비롯된 것일 뿐 결코 보편적이지 않다. 게다가 홍대용이 생각한 외계인은 "이해와 욕망이 넘쳐 삶과 죽음도 아랑곳하지 않는" 지구인들보다 훨씬 고등한 존재들이다.

홍대용에게 외연이 무한한 우주는 지구 위 사람과 사물의 차이를 상대화시키는 준거점이기도 했다. 『의산문답』의 실옹은 "천지의 생물

중에 사람만이 지각과 예의를 가지고 있다"는 허자의 믿음이 사람의 입장에서 세계를 보기 때문에 생긴 근거 없는 자만심에 불과하다고 비판했다.

> 너는 진실로 사람이로다. 오륜과 오사(五事)는 사람의 예의이고, 떼를 지어 다니며 서로 불러 먹이는 것은 금수의 예의이며, 덤불을 지어 무성하게 뻗어가는 것은 초목의 예의이다. 사람의 입장에서 만물을 보면 사람이 귀하고 만물이 천하지만, 만물의 입장에서 사람을 보면 만물이 귀하고 사람이 천할 것이다. 그러나 하늘에서 보면 사람이나 만물이 다 마찬가지이다.

이상의 이야기는 외계인의 존재, 사람과 사물의 차이에 관한 이론적 문제를 해명하려는 형이상학적 논술이 아니다. 그것들은 김종후처럼 편협한 견문에 사로잡힌 조선 학자들의 사고를 풍자하기 위한 일종의 우화적 장치였다. 우주에 존재하는 다양한 존재, 심지어 우리들보다 우월한 존재에 대해 말함으로써, 그는 과연 우리의 삶이 남을 판단할 보편적 기준이 될 수 있는지 반문한다. 동식물들도 나름의 덕성을 가지고 있음을 말함으로써 그는 오상(五常, 인의예지신)을 체현했다고 자부하며 야만족을 금수라고 비하하는 조선 성리학자들의 자존심을 조롱한다. 모든 우화가 그렇듯이 『의산문답』의 진지함은 그에 동원된 소재가 아니라 그것이 지향하는 메시지에서 찾아야 한다.

홍대용은 그 메시지를 『의산문답』의 결말에서 분명히 드러냈다. 주나라 이래 중국은 사치스러운 물질문명, 복잡한 예악 제도, 세련된 학문을 발전시켰지만, 그 장중하고 화려한 외양의 이면에는 자기 자신,

자기 집안, 자기 집단의 이익을 추구하는 이기심이 깔려 있다. 이적
(夷狄)이 사사로운 이익을 위해 중국을 침범한다고 하지만, 자기를 중
시하고 남을 배척한다는 점에서는 중국도 마찬가지였다. 다른 점이라
면 중국인들은 자기 중심의 피아 구분을 보편화시킬 세련된 논리를
만들 수 있었다는 사실이다.

중화와 이적의 절대적 구분을 선언함으로써 이후 화이론의 중요한
토대가 된 공자의 '춘추대의(春秋大義)'에 대해 실옹은 다음과 같이
언급했다.

공자는 주나라 사람이다. 왕실이 날로 기울어지고, 제후들이 쇠약해
지자 [오랑캐인] 오나라와 초나라가 중국을 어지럽혀 구적질하기를 그
칠 줄 몰랐다. 『춘추』란 주나라의 책이므로, 내외를 엄격히 구별하는
것은 또한 당연한 일이 아니겠느냐? 그러나 만약 공자로 하여금 바다
에 떠서 구이(九夷)에 들어가 살게 하였더라면, 그는 중화의 법도를 써
서 이적의 풍속을 변화시키고 주나라의 도를 역외(域外)에서 일으켰을
것이다. 그렇게 되면 안과 밖의 구별과, 높이고 물리치는 의리(義理)가
자연히 달라지는, 역외의 『춘추』가 마땅히 있었을 것이다. 이것이 공자
가 성인이 되는 까닭이다.

『의산문답』의 대단원을 이루는 위의 구절은 그 표면상의 명료함에
도 불구하고 독자들을 혼란에 빠뜨리는 모호함이 있다. '공자가 이적
땅에서 살았다면, 중국의 문화로 이적을 문명화했을 것'이라는 주장
은 중국 문명의 보편성을 인정하는 '문화적 중화주의'와 무엇이 다른
가? '역외춘추'에 담길 '역외의 의리(義理)'는 주나라의 의리와 어떻

게 다른가?

그 모호함이야말로 홍대용이 실제로 노린 효과였을 것이다. 그의 목적은 청나라와 조선 중에 누가 이적이고 중화인지 확정하는 것이 아니라, 중화와 이적이라는 구분 자체의 모호함을 부각시키는 것이었다. 『의산문답』의 실옹이 장대한 스케일의 우화를 통해 허자가 평생 배워온 상식적 구분들의 임의성을 드러냈듯, 홍대용은 조선 성리학자들의 명분론이 현실세계의 역동적 변화를 담아내지 못하고 있음을 깨우쳐주려 하였다. 그는 여전히 중화와 오랑캐라는 대우(對偶) 개념이 지배하는 세계에서 살고 있었지만, 조선의 학자들이 명확히 구분하는 두 범주의 경계가 분명하지 않다는 점을 알고 있었다. 중화와 오랑캐를 고정된 것으로 이해한다면, 명청 왕조 교체 이후 중화와 오랑캐의 두 범주가 상호 침투하며 변동하고 있던 현실을 제대로 파악할 수 없을 것이다. 그가 자신을 위치시킨 의무려산은 바로 그러한 변동이 일어나는 긴장된 경계면을 상징하며, 모든 상식적 구분을 상대화시키는 무한우주와 맞닿아 있었다.

현대의 많은 연구자들이 홍대용의 우화를 그의 확정된 '이론'으로 받아들인다. 그들은 '인물균' 논의에서 '물리(物理)를 도리(道理)에서 해방시킨' 심성론의 혁신을 발견하고, 화이의 구분을 상대화시킨 '역외춘추론'에서 중세적 세계상에서 벗어난 근대 민족주의의 맹아를 찾는다. 하지만 이는 우화와 형이상학의 차원을 혼동하는 일이며, 그의 우화에 담긴 창조적 긴장을 허망하게 해소시켜버리는 일이다.

"홍대용 학설의 반은 황당무계하다"는 박지원의 평가는 홍대용 스스로가 『의산문답』의 논의를 어떻게 생각했는지 드러내준다. 그는 수학적 계산과 정밀한 관측을 연구의 최고 가치로 삼은 학자로, 거기에서 벗어난 우주론적 사색에 그리 진지한 관심을 두지 않았다. 물론 홍대용이 합리적 추론을 통해 도달한 지전설과 무한우주론을 믿었음은 분명하다. 하지만 사람과 동물의 차이를 상대화시킨 '인물균', 지구적 상식의 임의성을 드러내는 '다세계'의 논의에서 그 과학적 진지함은 현격히 떨어진다. 이러한 이야기들은 『장자』에 나오는 이야기들처럼 과장된 우화였으며, 이것들에 의해 무한우주론의 세계관적 함의가 극적으로 강화되었다.

『의산문답』의 과학적 우화를 통해 홍대용이 동시대 조선 학자들에게 말하고 싶었던 것은, 중화와 이적의 범주를 폐기해버리라거나, 주자학을 버리고 서학이나 도교, 또는 '민족주의'를 받아들이라는 것이 아니었다. 그는 단지 조선 학자들이 자명하게 받아들이고 있는 '의리'가 자기 중심적 사고에서 비롯된 것은 아닌지 반성해보라고 권유한다. 그런 점에서 홍대용의 메시지는 진(晉)나라의 곽박이 『산해경(山海經)』의 기이한 기사를 불신하던 동시대 사람들에게 권고했던 반성적 사유와 궤를 같이한다.

『산해경』을 읽는 세상 사람이라면 그 책이 황당무계하며, 기괴하고 유별난 말이 많기 때문에 의혹을 품지 않는 이가 없다. 나는 이 점에 대해 논의해보고자 한다. 장자(莊子)는 이런 말을 한 적이 있다. "사람이 아는 것은 그가 알지 못하는 것에 미치지 못한다"고. 나는 『산해경』에서 그 실례를 발견할 수 있다. (……) 세상에서 소위 이상하다는 것에 대해서는 그것이 이상한 이유를 알 수 없고, 세상에서 소위 이상하지 않다고 하는 것은 그것이 이상하지 않은 이유를 알 수 없다. 왜 그러한가? 사물은 스스로 이상한 것이 아니라 나의 생각을 거쳐서 이상해지

는 것이므로, 이상함이란 결국 나에게 달린 것이지 사물이 이상한 것은
아니기 때문이다.

곽박과 홍대용의 메시지는 청나라를 오랑캐로 간주하며 현실의 변
화에 눈을 감은 당대의 명분론자들뿐 아니라, 홍대용과 그의 시대를
바라보는 오늘의 우리들에게도 유효하다. 홍대용의 저술에서 근대적
세계상의 징조를 읽고 '조상의 과학정신'에 감격했던 오늘날의 우리
또한 결국 현대적 상식으로 홍대용을 재단한 셈이다. 홍대용이 끝내
저서를 출판하지 않은 것은 자신의 의도적 과장을 세상 사람들이 제
대로 이해해주지 못할까 두려워서가 아닐까? 20세기 들어서 그의 원
고가 『담헌서』로 출간된 이후 『의산문답』에 쏟아진 우리의 찬양은, 홍
대용 자신이 우려했던 세인들의 곡해가 현실화된 증거가 아닐까?

조선 지리학을 완성한 위항인

김정호

| 배우성 |

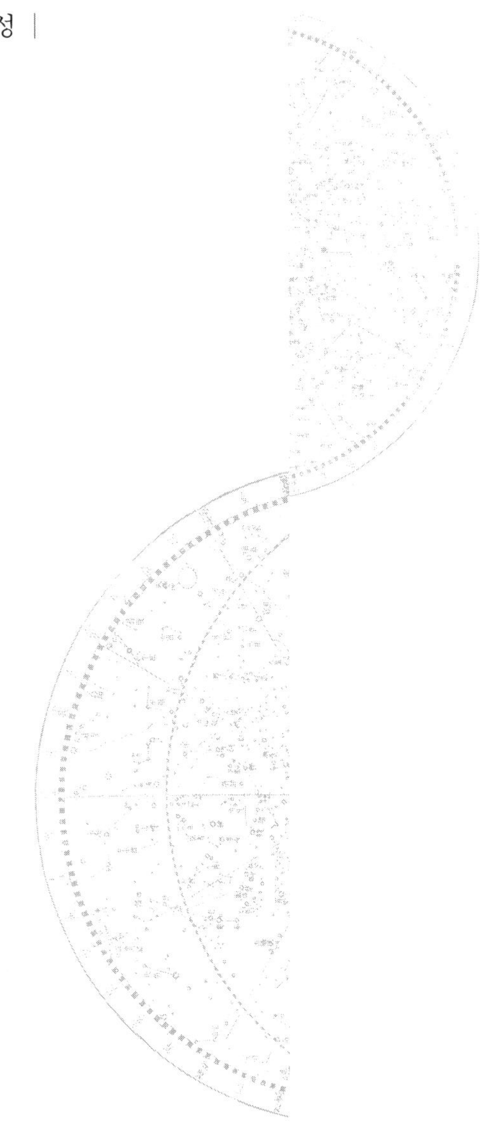

김정호와 〈대동여지도〉에 대한 두 갈래 이야기

김정호 이야기

이 소년의 성은 김, 이름은 정호였다. (……) 김정호는 그동안 팔도를 세 번 돌아다니고 백두산을 여덟 차례나 올랐다. (……) 그는 하나둘씩 나무판을 사 모으고 틈틈이 그의 딸과 함께 지도를 새겼다. (……) 얼마후 병인양요가 일어나자 김정호는 대동여지도를 어느 대장에게 건네주었다. 그 대장은 뛸 듯이 기뻐하며 이것을 대원군에게 바쳤다. 외국을 배척하던 대원군은 지도를 보고 크게 화를 내며 말했다. '함부로 이런 것을 만들어서 나라의 비밀이 다른 나라에 누설되면 큰일이 아니냐.' 대원군은 지도판을 압수하고 김정호 부녀를 잡아 옥에 가두었다. 부녀는 그뒤 옥중에서 고난을 당하다가 죽었다. (……) 청일전쟁 때와 토지조사사업 때 일본은 이 지도를 중요한 자료로 사용했다." (『조선어독본』 제5권)

이 글은 조선총독부가 『조선어독본』(1934)을 통해 소개한 김정호(金正浩 또는 金正皞) 이야기의 일부이다. 꼼꼼히 따져보면 엉성하기 짝이 없는 내용이지만, 김정호의 삶에 대한 우리의 단편적인 지식들은 결정적으로 이 책에 의존하고 있다. 부분적으로는 여기에서 좀더 과장되어 있기도 하다. 대원군이 그 판목을 '불살랐다'는 이야기도 그런 것들 중 하나이다.

1995년 말 국립중앙박물관에서 〈대동여지도〉의 목판이 발견되었다. 이 사실을 보도한 신문들은 김정호 옥사설 및 목판소각설이 식민사관에 따른 것이라고 전한다. 기사는 옥사설이 『조선어독본』에서 나왔다고 전하지만, 목판소각설의 출처는 밝히지 않고 있다(동아일보 1996년 2월 12일자). 소각설은 『조선어독본』 이후 다시 한번 창작되고 윤색되었을 가능성이 높다. 그렇다면 김정호와 대동여지도에 대한 당시 한국인들의 저술들은 어떤가.

『조선어독본』보다 앞서 김정호와 〈대동여지도〉를 세상에 알린 사람은 최남선(1890~1957)이었다. 그는 1925년 10월 8일과 9일자 동아일보에 실은 글에서 김정호를 소개했다(「古山子를 懷함(上)—드러나가는 大潛龍」). 최남선은 이 글에서 김정호가 백두산에 일곱 번 올랐으며, 옥에 갇혀 죽었다는 이야기를 전한다. 최남선은 또 1928년 『별건곤』에서 〈대동여지도〉를 좀더 자세히 소개했는데, 오늘날 학자들의 견해와 크게 다르지 않을 정도로 그 내용이 충실한 편이다(六堂學人, 1928년 5월, 「七十年前에 單身實査, 獨力創製한 古山子의 大東輿地圖」 『별건곤』).

최남선은 『별건곤』에서도 김정호 개인의 고난을 강조했다. 그러나 김정호가 백두산을 "일곱 번 올랐다"던 어조는 "백두산을 세 번인지 네 번인지 올라갔었다고 하더라"로 바뀌었다. 백두산 등반설의 신뢰도는 이미 1920년대부터 의심받고 있었지만, 『조선어독본』에서는 오히려 "여덟 차례나 올랐다"고 부풀려졌다. 오늘날 김정호를 연구하는 학자들은 그가 전국을 세 번 돌고 백두산을 여덟 번 올랐다는 것은 신빙성이 없다고 본다. 당시의 교통 여건이나 김정호 개인의 신분, 재력 등으로 볼 때 상식적으로 불가능한 얘기라는 것이다.

최남선은 누가 김정호를 옥에 가두어 죽였는지 말하지 않았지만, 『조선어독본』은 대원군이라고 구체적으로 적시한다. 또 청일전쟁 때

청국과 일본 양쪽에서 모두 〈대동여지도〉를 사용했다는 최남선의 주장은 『조선어독본』에서 러일전쟁과 토지조사사업 때 일본이 〈대동여지도〉를 사용했다는 것으로 변해갔다.

최남선은 또 과학기술적 성과를 알아보지 못한 위정자, 과학기술자를 홀대한 당대인과 그 시대를 포괄적으로 비판했다. 그러나 『조선어독본』은 대원군이라는 상징적 인물을 내세운 뒤 그를 일제와 대비시킴으로써 최남선과는 다른 방식으로 부정적인 이미지를 만들어나갔다.

〈대동여지도〉의 위상

『조선어독본』의 김정호 이야기는 일제가 대원군을 매도하고 식민통치를 합리화하기 위해 여러 대목을 날조했다는 평가를 받는다. 그러나 최남선의 두 글과 『조선어독본』(1934년) 사이에는 그밖에도 중요한 차이가 있다. 그것은 〈대동여지도〉를 조선시대 지도학의 귀결점으로 볼 것인가, 그와 무관한 것으로 볼 것인가에 관한 것이다.

최남선은 『별건곤』에 발표한 글에서 조선을 유사 이래 지도학이 특별히 발전한 나라라고 주장했다. 고구려의 영류왕이 당나라에 고구려 지도를 보낸 일(628년), 고려 성종이 고려 지도를 요나라에 보낸 일(984년)들은 지도학의 유구성을 보여주는 대표적인 사례였다.

최남선에 따르면 조선시대에 들어와 지도학은 더욱 발달했다. 세종은 윤사웅 · 이무림 · 최천구 등을 백두산, 마니산, 한라산 등에 보내 북극고도를 측정하게 하였을 뿐만 아니라 다양한 천문관측기구들을 만들고 시험하게 하였는데, 이러한 세종의 천문정책이 조선의 지도학

발달에 영향을 주었다. 또 세조 때에는 규형, 인지의 등의 기구를 발명하여 삼각 수준 등으로 지형을 측량했다. 이밖에도 조선은 주변에 강대국을 끼고 있어서 국경지대의 지리 파악이 무엇보다 중요한 일이었고, 이것이 지도 발달의 계기가 되기도 했다. 최남선에 따르면, 모든 조선 지도학의 업적은 결국 〈대동여지도〉로 집대성되었다.

최남선은 『구당서』『요사』『관상감일기』와 같은 한문 자료들을 뒤져가면서 조선 지도학의 전통을 발굴했으며, 그 결과 〈대동여지도〉와 이전 지도 사이의 관계를 밝힐 수 있었다. 서서히 친일의 길로 빠져들어가던 그가 〈대동여지도〉를 정당하게 자리매김하기 위해 몸부림친 것을 어떻게 받아들여야 할까. 그에게 학문과 현실은 어떤 관계였던 것일까.

최남선의 글이 『별건곤』에 발표된 지 3년 뒤, 정인보(1892~1950)도 〈대동여지도〉에 대한 연구성과를 동아일보에 발표했다. 정인보는 유재건의 『이향견문록(里鄕見聞祿)』, 최한기(1803~79)의 〈청구도〉 서문 등 관련 사료를 인용해가면서 〈대동여지도〉를 설명했다. 특히 지도발달사의 맥락을 자세히 언급한 것은 주목할 만하다. 정인보가 검토한 사료들에는 오늘날 학자들이 김정호와 〈대동여지도〉를 연구하면서 거론하는 것들이 거의 망라되어 있다. 정인보의 학자적 치밀함이 돋보이는 대목이다.

정인보는 우선 나홍유, 양성지, 윤영 같은 지도 제작자의 이름을 거론했다. 특히 윤영은 〈항부도기첩〉이라는 지도를 그려 『성호사설』에 붙였다 한다. 정인보는 〈청구도〉 범례에 보이는 정철조, 황엽의 이름도 빠뜨리지 않았다.

이밖에 정인보가 이름과 함께 설명을 보탠 인물로는 정상기(1678~

1752), 홍대용(1731~83), 신경준(1712~81)이 있다. 정인보가 이들 중 특별히 강조한 이는 홍대용이었다. 수학적 원리를 채택하고 천체 관측기구를 사용한 홍대용이야말로 지도를 직접 만들지는 않았지만 조선 지도의 과학화에 크게 공헌한 과학자라 평가한다. 정인보는 김 정호가 이들 성과를 참고하기 위해 노력했을 것이라고 적음으로써 〈대동여지도〉를 조선 지도학의 발달선상에 두었다. 조선학운동에 참 여했던 문일평(1888~1939)도 김정호의 업적을 '종래 지도학파를 집 대성한 데 있다'고 잘라 말했다.

『조선어독본』은 바로 이 지점에서 특별한 의미를 가진다. 최남선, 정인보, 문일평의 연구로 〈대동여지도〉를 조선 지도학의 전통 위에서 파악할 수 있는 토대가 마련되었음에도 『조선어독본』은 그 맥락을 완 전히 삭제해버린 것이다. 『조선어독본』을 다시 읽어보자.

　　그후 몇 해가 지나서 친한 친구에게 읍지도 한 장을 얻었는데, 펴본 즉 산도 있고 시내도 있고 마을의 모양이 손금 보듯 자세했다. 김정호 는 뛸 듯이 기뻐하며 그 지도를 가지고 동네마다 돌아다니며 일일이 맞 추어보았다. 그러나 생각과는 달리 지도는 실제 지형과 아주 딴판이었 다. 너무나도 실망한 그는 그후 서울에 정확한 지도가 있다는 말을 듣 고 곧 상경하여 여기저기 부탁하여 궁중 규장각에 있는 조선팔도지도 한 벌을 얻었다. 그러나 그 지도 역시 그가 다시 황해도로 가서 실지로 조사한 결과 그 부정확함은 역시 전의 읍지도와 다름이 없었다. '이거 원 지도가 있다고 해도 이렇게 많이 틀려서야 해만 되지 이로움이 없을 것이다'하고 탄식한 그는 이에 자기 손으로 정확한 지도를 만드는 방 법밖에는 다른 도리가 없는 것을 깨달았다.

김정호와 〈대동여지도〉에 대한 그동안의 연구논문에서도 〈대동여지도〉를 앞선 지도들과 관계없는 것으로 이해하는 경우가 없지 않았다. 물론 그런 경향을 『조선어독본』과 같은 논리라고 말하는 것은 지나칠지도 모른다. 하지만 〈대동여지도〉의 역사적 의미는 그런 단절적인 이해를 넘어설 때에야 비로소 되살아날 수 있다.

최근 조선 지도학의 전통을 발굴하고 그 위에서 〈대동여지도〉를 자리매김하려는 연구가 늘고 있는 것은 이런 의미에서 주목할 만한 현상이다. 최남선, 정인보 등이 제안했던 연구 방향이 비로소 구체화되고 있는 것이다. 그러나 지도발달사를 재구성하는 것으로도 해결되지 않는 또다른 문제가 남아 있다. 그것은 김정호의 삶에 관한 것이다.

김정호의 생애가 베일에 가려져 있는 것을 당연시하면서 지도발달사의 맥락만을 강조하는 것은 모래 위에 화려한 집을 짓는 것과 같은 일일지도 모른다. 김정호의 생애를 복원해야 할 필요성은 그만큼 절실하지만, 그에 대한 연구는 거의 이루어지지 않고 있다. 김정호가 정확히 언제 태어나 언제 죽었는지조차 모르는 실정이다. 도포를 입고 양반 갓을 쓴 그의 동상은 김정호의 신분이 미천하다는 학자들의 주장과 썩 어울리지 않는다. 사료가 부실한 탓에 김정호의 생애에 대해 알 수 있는 게 없기 때문에 빚어진 일이다. 그러나 작은 실마리라도 적극적으로 해석해보려는 노력이 있다면 좀더 다른 면들을 볼 수 있지 않을까.

황해도에서 태어나 약현에 살다

김정호가 황해도 출신이라고 처음 말한 사람은 최남선이었다. 그는 또 김정호가 남대문 밖 약현(藥峴)에 살았다고도 전한다. 최남선에 따르면 조선광문회에서 〈대동여지도〉가 김정호의 작품이라는 사실을 알고 그가 살던 약현에 기념비를 세우려 했다 한다.

정인보는 김정호가 살던 곳이 만리재일 가능성이 높다고 했다. 만리재 역시 약현과 가까운 곳이므로 김정호가 약현 일대에 살고 있었음을 알 수 있다. 약현은 지금의 서울시 중구 중림동 일대를 말한다.

최남선은 김정호가 '재주는 있으나 과거공부를 하지 않는 어리석은 사람'이라는 비난을 받았다고 전한다. 이처럼 그가 잡과에 응시할 정도의 신분이라면, 사회적으로 가장 미천한 계급이라고 보기는 어렵지 않을까.

김정호의 신분을 이해하는 데에는 당대의 기록인 『이향견문록』(유재건, 1862)이 가장 중요하다. 『이향견문록』은 총 열 권으로 구성되어 있는데, 서화(권8)편에 김정호의 이름이 있다. 이 책은 『호산외사(壺山外史)』(조희룡, 1844), 『희조질사(熙朝軼事)』(이경민, 1866)와 함께 이른바 '위항인'들의 전기를 정리한 대표적인 책자이다.

이향인, 위항인들은 양반 사대부를 제외한 나머지 모든 신분 계층을 포괄하는 용어지만, 이 시대에는 양반이 아니면서도 양반문화를 새롭게 누리게 된 사람들을 주로 의미했다. 그들 중에는 기술직, 서얼, 이서 등 중인들이 다수 포함되어 있었다. 김정호가 신분상 중인이었는지 천민이었는지는 분명하지 않다. 그러나 위항인의 전기 가운데 김정호 편이 들어 있다는 사실, 그가 위항인들의 정서를 가지고 있었을 가능성이 높다는 사실이 중요하다. 이 점은 김정호가 뒷날 누구와 어떻게 어울리게 되는지, 그가 어떤 과정을 거쳐 신헌의 도움을 받게 되는지를 밝히는 데 도움이 된다.

목각기술자로서의 재능을 인정받아 관찬자료를 보게 되다

베일에 싸인 김정호의 행적은 1834년 〈청구도〉 편찬으로 처음 드러나기 시작한다. 최한기는 김정호가 "어렸을 때부터 깊이 지도와 지지에 뜻을 두고 오랫동안 자료를 찾아서 모든 방법의 장단점을 자세히 살폈다"고 말했지만, 양반 신분이 아닌, 그것도 한 개인에 불과한 김정호가 〈청구도〉 편찬에 필요한 관찬자료를 손에 넣을 수는 없었을 것이다. 그렇다면 김정호는 어떻게 그런 일들을 해낼 수 있었던 것인가.

우선 정치적 유력자의 도움을 생각해볼 수 있다. 김정호를 후원한 사람 중에 비중이 있는 인물로는 신헌(1810~84)이 유일하다. 그런데 그가 국가의 기밀지도류를 다룰 수 있는 위치에 오르게 되는 시기는 아무리 이르게 잡아도 1849년이다. 더구나 그는 바로 그해부터 1857년까지 유배생활을 했다. 1834년에 신헌은 김정호에게 아무런 도움을 줄 수 없었다.

누군가의 도움이 없었다면 자신의 능력으로 인정받는 것 이외에 다른 도리는 없다. 『이향견문록』의 저자 유재건은 김정호에 대해 "원래부터 공교한 재주가 있었다"고 했다. 김정호가 어떤 재주로 남에게 인정받았다면 그것은 단연 목각 기술이었을 것이다. 〈청구도〉를 간행하던 그해, 김정호는 친구 최한기의 부탁을 받고 〈지구전후도〉를 나무판에 새겼다. 김정호의 목각기술이 어느 정도 경쟁력이 있었는지는 알 수 없다. 그러나 김정호에게는 당시의 일반적인 목각기술자와는 무언가 다른 점이 있었다.

조선시대 목판인쇄는 중앙관청 혹은 왕실에서 제작한 것들이 지방 관청이나 개인이 제작한 것들을 품질 면에서 압도했다. 재능 있는 목각 기술자들이 중앙관청의 서적 출판 등에 동원되는 현실에서 지방의 기술자들에게 높은 품질의 목판인쇄물을 기대하기는 어려웠다. 더구나 그들 중 상당수는 한문의 이치를 터득하지 못하고 있었기 때문에 판각을 단순히 손끝의 기술 정도로 여길 뿐이었다.

당시의 목각기술자로서는 거의 유일하게 높은 수준의 한문 이해력과 지적 능력, 해박한 지리지식을 두루 갖추고 있었던 김정호는 그런 면에서 남다른 경쟁력이 있었다. 김정호가 그런 능력을 갖추게 된 데는 최한기의 도움이 절대적이었다. 김정호는 교서관이 요구하는 기술자로서의 요건을 훌륭히 갖춘, 거의 유일한 사람이었다.

김정호가 어떻게 목각인쇄기술을 익히게 되었는지 이해하기 위해서는 조선시대 약현의 상황을 살펴볼 필요가 있다. 김정호는 왜 황해도에서 서울로 올라오려 했으며, 하필 그곳 약현을 택했을까. 그는 또 어떻게 목각기술자로서의 기본 자질을 갖추게 되었을까.

지금의 서울시 중림동 일대가 약현이라 불린 이유는 이곳에 내의원의 종약전이 있었기 때문이다. 3, 4일갈이 정도였던 종약전의 규모는 시간이 지나면서 줄어들었다. 벌써 영조 때 약전을 잠식해들어온 무허가 주택이 120호에 달했으며, 나머지 땅조차 인근 양반가의 사유물처럼 변질되어갔다.

약현의 허름한 초가 중에는 서울에 주둔하는 군인들의 집도 있었

조선시대의 목판인쇄

인쇄 출판의 역사적 전통을 이어받은 조선왕조는 일찍부터 금속활자나 목활자를 만들어 책을 펴냈다. 목판인쇄 역시 오랜 전통을 자랑하는 인쇄술이지만, 조선왕조에 들어와 더욱 활발해졌다. 조선시대의 서적 인쇄는 중앙관청과 지방관청(관판본), 국왕과 왕족(국왕 및 왕실판본), 사찰(사찰판본), 서원(서원판본), 개인(사가판본) 등 여러 곳에서 이루어졌다. 중앙의 관판본 인쇄를 총괄하는 곳은 교서관이었지만, 특정 관청에서 직접 간행하는 경우도 있었다. 지방관청도 독자적으로 필요한 책을 목판으로 제작해 간행했다.

목각기술자가 중앙관서에 소속되기 위해서는 교서관의 각자장(정원 14명)이 되거나, 군영 등 기타 관서의 인쇄기술자가 되는 길이 있었다. 우선 각자장은 법전에서 경공장의 일부로 규정되어 있었다. 조선왕조는 양인과 공천 중에서 수공업자나 기술자들을 선발해 해당 관청에 소속·등록시키고, 그들에게 필요한 물건을 만들어 바치도록 했다. 기술자들은 중앙관청에 소속된 경우는 경공장, 지방관청에 등록된 경우는 외공장이라 불렸다. 교서관 소속 각자장은 경공장의 하나였는데, 경서와 사적 등 중앙 관판본의 인쇄, 반포를 담당했다.

다. 원래 서울에 주둔하는 군대나 혹은 왕의 친위부대에 소속된 군인들은 궁궐 가까운 곳에 살 집을 마련할 수 있었다. 군인들이 궁궐에서 멀리 떨어진 곳에 살 경우 비상사태에 효과적으로 대응하기 어렵다는 이유 때문이었다. 그러나 서울에 인구가 늘어나고 상업활동이 활발해지면서 군인들은 서울 주변으로 살 곳을 옮겨야 했다. 영조 때 성 밖 여러 곳에 군인들이 나가 살고 있어서 문제가 되고 있다는 주장이 제기되었을 때, 약현은 군인들의 성 밖 거주지 가운데 대표적인 곳으로 거론되었다.

서울에 주둔하는 군인들 중 다수를 차지한 것은 훈련도감에 소속된 군인들이었다. 이들 군인 중에는 양인뿐만 아니라 노비 신분에서 벗어나려는 천민도 일부 포함되어 있었다. 훈련도감에 소속된 군인이라고 해서 모두 전투원은 아니었다. 그들 중에는 기술자 특히 활자를 만드는 주자장도 여럿 포함되어 있었다. 그들은 임진왜란 후 한동안 훈련도감에서 인쇄 업무를 도맡기도 했다.

김정호는 지도 제작에 남다른 흥미가 있었지만 경제적으로는 넉넉지 못한 처지였다. 그런 김정호가 서울로 이주를 결정했을 때 약현의 이런 조건들은 매력적으로 보였을 것이다. 그는 그곳에서 어렵지 않게 살 자리를 얻었고, 그곳에 살고 있는 군인들, 특히 군영 소속 인쇄 전문 기술자들에게서 판각에 관한 기초적인 기술을 습득했을 것이다.

정인보는 김정호가 '군교를 다녔다' 고 전하고 있다. 군교는 일반적으로 각 군영에 속한 권무군관, 별무관, 지구관, 기패관, 별무사, 교련관, 별시위 등과 지방 관아의 군문에 종사하는 사람들을 아우르는 용어이다. 약현의 상황을 고려해본다면 정인보의 말은 아마도 김정호가 약현에서 군인들, 특히 군영 소속 인쇄기술자들과 어울린 사실을 반영하는 것 같다.

정인보의 말처럼 김정호가 군영 소속 공장이었을 가능성도 있다. 그러나 뒤에서 보듯이 김정호가 비변사나 팔도 감영을 〈청구도〉 수정 작업의 주체로 여기고 있는 것을 보면 〈청구도〉 제작이 군영 단위에서 이루어졌다고 보기는 어려울 것 같다. 그런 점은 그가 군영보다는 교서관 소속의 각자장이었을 가능성을 높여준다.

물론 교서관에 소속된 목각기술자라고 해서 관찬 지리지와 지도를 모두 볼 수 있었을 리는 없다. 그러나 교서관이 규장각에 소속된 관청이라는 사실은 그 과정을 이해할 수 있는 중요한 실마리가 된다. 정조는 조선 초기부터 있어온 교서관을 새로 만든 규장각의 외각으로 삼고 교서관의 주요 버슬을 규장각 관원이 겸임하게 했다. 정조는 규장각과 교서관을 통해 각종 서적, 지리지, 지도들을 펴냈을 뿐만 아니라, 규장각을 통해 전국의 감영과 병영에 필요한 지침을 내려 보내기도 했다. 김정호는 목각기술자로서의 재능을 발판으로 관찬자료를 보거나 관찬사업에 참여할 수 있는 실무적인 위치에 도달할 수 있었던 것이다.

〈청구도〉 편찬을 주도하다

선행 지도에 대한 평가

〈청구도〉는 김정호의 여러 지도 가운데 가장 이른 시기(헌종 즉위년, 1834년)에 만들어진 것이다. 최한기에 따르면 김정호는 〈청구도〉를 만들어냄으로써 두 가지 획기적인 성과를 거둘 수 있었다. 도면 안에 모눈을 그려넣어 산과 물이 모눈에 의해 끊기는 문제점을 해결한 것이 그 하나라면, 도면 폭의 크기에 맞추어 제작된 군현별 지도의 한계를 넘어선 것이 다른 하나이다. 전자는 도면 위에 모눈을 직접 그리던 기술적 문제점을, 후자는 축척에 일관성이 없는 문제점을 가리킨 것이다.

〈청구도〉가 나오기 전까지 조선 지도학의 성과를 집대성한 것들로는 비변사지도와 신경준의 지도가 있다. 1730년대에 회화식 도별 지도집을 편찬한 바 있었던 비변사는 1750년대부터 새로운 형식의 기호식 지도집을 만들었다. 대형 도면 위에 1리 간격의 모눈을 그리고 그

위에 군현지도를 그리는 방식이 그것이다. 이런 지도 제작법은 오래 전부터 알려져 있었지만, 전국을 망라하는 기호식 도별 군현지도집을 제작한 것은 이때가 처음이었다.

비변사의 기호식 지도를 뛰어넘는 중요한 성과는 신경준에 의해 이루어졌다. 영조는 『동국문헌비고』를 펴낸 뒤 별도로 지도책자를 간행하기로 하고 그 일을 신경준에게 맡겼다. 신경준이 만든 지도는 족자로 된 조선전도를 제외하고 〈팔도도〉 1권, 〈열읍도〉 8권 등 모두 9책으로 구성되어 있었다.

모눈 위에 군현별로 한 장씩 그려진 지도들에는 면뿐만 아니라 촌의 이름까지 기재되어 있었다. 과거 어느 지도와 비교해보더라도 가장 많은 지명이 도면 안에 들어갈 수 있었던 것이다. 더구나 이 군현지도들은 같은 축척 위에 그려졌을 뿐만 아니라 각각의 경계가 선명히 묘사되어 있었다. 신경준의 군현지도집은 여러 면에서 비변사지도가 구현하지 못했던 기술적인 수준에 도달해 있었다. 신경준은 모든 군현지도에 동일한 축척을 적용하기 위해 지도집을 첩의 형태로 만들었다.

규장각에 소장되어 있는 〈조선지도(규16030)〉는 20리 간격의 모눈이 도면 바깥 쪽에 그려져 있는 점, 인접 군현과의 연결관계가 고려되어 있는 점 등이 특징이다. 국립도서관에 소장된 〈해동여지도〉는 〈조선지도〉와 윤곽은 같으면서도 몇 개의 군현을 한 도면에 그린 점, 도별 경위전도와 군현지도의 경위선을 갖춘 점 등이 다르다. 자연히 20리 모눈의 간격도 도면들 사이에서 통일되어 있지 않다.

김정호는 책판의 크기에 제한되어 경위선 간격이 도엽마다 다른 도별 군현지도집을 보았다. 물론 그 군현지도들은 1군현 1도엽으로 구성되어 있었다. 김정호는 〈조선지도〉와 〈해동여지도〉의 중간 단계에 해당하는 지도집을 보고 그것을 집중적으로 비판했던 것이다.

〈청구도〉를 통해 구현하려 했던 것

김정호가 어떤 자료들을 바탕으로 〈청구도〉를 만들었는지에 대해서는 논란의 소지가 있다. 하지만 김정호가 보았을 지도집이 신분이 낮은 민간인으로서는 구경조차 하기 힘든 자료라는 점이 중요하다. 김정호는 〈청구도〉 범례에서 인구수, 토지 수를 비롯한 각종 지표들을 제시하면서, 1828년(순조 28년)의 『비국도록(備局都錄)』을 참고하였음을 밝혀두었다. 이런 수치들은 관찬자료가 아니면 알 수 없는 것들이다.

〈청구도〉 범례에는 〈청구도〉를 시의적절하게 수정해나가기 위한 제안도 들어 있다. 범례는 모두 13개 항목으로 구성되어 있는데 주목되는 것은 아홉째 항목이다. 이 항목은 전적으로 〈청구도〉의 수정에 관한 문제를 다루고 있다.

김정호는 이 항목에서 〈청구도〉 수정을 위해 군현지도와 지리지를 만드는 일이 필요하다고 보고, 그것을 비변사와 팔도 감영이 담당해야 한다고 주장했다. 문제는 각 지방 군현에서 초안을 작성하는 단계에 있었다. 군현지도와 읍지를 〈청구도〉의 외형과 범례에 맞추어 편찬하지 않으면 청구도를 수정하는 데 거의 무용지물이 될 것이기 때문이다.

곧이어 등장하는 지도식(地圖式)은 청구도를 지방 군현지도로 베껴 그리는 기술적인 문제에 관한 것이다. 〈청구도〉에 입각해 각 군현지도를 만들고 이것을 각 지방에 반포하는 것까지는 중앙에서 할 수 있는 일이었다. 그러나 각 지방으로 하여금 그 군현지도를 토대로 복제본을 만들어 거기에 지명이 변경된 것과 읍진이 옮겨간 것들을 적게 하려면 복제본을 어떻게 만들지가 문제일 것이다. 김정호가 〈청구도〉 범례에서 지도식을 제시한 이유는 이 때문이다. 지도식은 '군현지도에 관한 일정한 원칙'에 해당한다.

김정호는 이어서 '읍지 작성에 관한 일정한 원칙'도 제시했다. 군현지도가 12방위인 것처럼 읍지도 12방위로 구분된다. 김정호는 읍지의 항목과 세부 지침을 열거하면서, '여러 읍으로 하여금 이 방식을 어기지 말고 지도와 함께 행하게 해야 한다'고 말했다.

영·정조 때에도 중앙에서 통일된 지침을 내려보낸 뒤 읍지와 지도를 만들어 올리게 한 적이 있었다. 『여지도서』 같은 책자가 대표적이다. 그러나 『여지도서』의 지도들은 읍지의 부속지도일 뿐이며, 읍지 상의 방위, 거리 등이 지도 위에 정확히 구현된 적은 없었다. 그런 상황에서 읍지도들을 모아 전국지도를 그리는 일은 더욱더 무망한 일이었다.

김정호는 바로 이런 문제점들을 넘어설 수 있는 방안을 생각했다. 〈청구도〉를 토대로 군현지도를 베껴 그린 뒤 그 군현지도 위에 시대적 변화를 반영하고, 읍지는 지도 상의 방위, 거리 등과 부합되는 방식으로 만들어내는 것이다. 그것이 가능하다면 수정된 읍지도들을 모아 〈청구도〉의 수정본을 만들 수 있을 뿐만 아니라, 군현지도와 읍지의 상호보완 역시 새로운 차원으로 끌어올릴 수 있기 때문이다.

〈청구도〉를 제작하고, 읍지와 군현지도를 새로 만들어 청구도를 수정하려 했던 것은 김정호 개인의 작업이었는가. 이 지점에서 김정호가 비변사와 팔도 감영, 그리고 각 군현의 협조를 전제로 〈청구도〉를 수정할 계획을 세웠음을 상기할 필요가 있다. 〈청구도〉 범례에 보이는 지도 수정에 관한 구체적인 계획은 〈청구도〉가 관찬지도 제작사업의 일부로 만들어진 것임을 말해준다. 그런 측면에서 〈청구도〉는 순조 말엽 규장각과 같은 중앙기구 차원에서 지도와 읍지, 전국지도와 군현지도를 개선하려는 새로운 시도가 있었을 가능성을 시사한다.

〈청구도〉가 순조 사후 헌종 즉위년, 즉 풍양 조씨가 유력한 권력집단으로 떠오르기 시작하는 시점에 완성되었다는 점, 범례 말미에 저자의 이름이 적혀 있지 않은 점도 무심코 지나칠 문제는 아니다. 〈청구도〉를 둘러싸고 그 이면에서 우리가 상상하지 못했던 역동적인 역사가 전개되었으리라고 보는 것은 지나친 억측일까.

『동여도지』를 편찬하다

김정호는 1834년 〈청구도〉를 만들었다. 하지만 엄밀한 의미에서 〈청구도〉가 '완성되었다'고 말하기에는 어폐가 있을지도 모른다. 한 책자 안에서 지도와 지리지를 모두 싣는 것이 김정호가 〈청구도〉 단계에서 의도했던 것이며, 그것이야말로 비변사와 팔도 감영의 협조를 받아 완성될 〈청구도〉 수정본의 모습이었다. 만일 〈청구도〉가 김정호의 의도대로 최종 완성되었다면 그 이름은 〈청구도〉가 아니라 『청구도지』가 되었을지도 모른다. 김정호는 〈청구도〉 제작을 위해 별도의 지리지를 시방서로 채택한 것이 아니라, 수정본 〈청구도〉를 만들기 위해 지리지를 필요로 했다.

일관된 원칙에 따라 지도와 지리지를 만들고, 그것을 하나의 책자로 통합하려 했다는 점에서 〈청구도〉 범례에 보이는 김정호의 생각은 특별했다. 그러나 12방위에 따라 군현지도와 읍지를 작성하고, 그것에 입각해 〈청구도〉를 수정하려 했던 계획은 실행하지 못했다. 관찬지도 및 지리서 제작을 위한 〈청구도〉 프로젝트가 물거품이 되자 김정호는 〈청구도〉 대신 『동여도지(東輿圖志)』라는 새로운 책자를 정리하는데 온 힘을 쏟았다.

최근 영남대도서관, 규장각, 대영도서관 등에 소장된 『동여도지』가 확인되면서 『동여도지』 연구가 활기를 띠고 있다. 『동여도지』의 원래 모습은 서문에 잘 나타난다. 김정호는 『동국여지승람』에서 지도와 지리지가 한 책으로 갖추어졌지만 그 이후 시대가 변했기 때문에 변화를 적절히 반영하는 책자가 절실히 요구된다고 말했다. 『동여도지』는 그것을 실현하기 위해 편찬한 책자였다. 서문에 따르면 『동여도지』는 모눈이 있는 군현지도와 군현별 지리지를 합쳐놓은 것이었다.

현재 확인되고 있는 『동여도지』의 여러 판본들에는 모두 김정호가 편찬했다는 기록이 있지만, 서문과 완벽하게 일치하지는 않는다. 영남대본과 규장각본은 여백에 계속 수정했던 흔적이 있지만, 서문과는 달리 군현지도가 없다. 대영도서관본에는 서문에서 전혀 언급하지 않은 강역표, 극고표, 도리표 등이 도별로 기록되어 있으며, 경기도 편의 구성은 황해도, 강원도의 경우와 전혀 다르다.

김정호가 『동여도지』를 완성하면서 서문을 붙인 것은 1861년(철종 12년)이었다. 그러나 그가 『동여도지』를 일차로 완성했던 때는 1834년이었으며 『동여도지』에 사용한 지표들은 1828년(순조 28년)의 것이다.

『동여도지』 단계에서 확연히 달라진 부분은 지리지 항목이다. 김정호는 『동여도지』의 서문에서 『동국여지승람』의 체제를 따르겠다고 했다. 그러나 『동여도지』는 인물·명환·우거·효자·열녀·제영·성씨와 같은 인문적 항목이 없다는 점에서 『동국여지승람』과 결정적으로 다르다. 조선시대 지리지에서 인문적 항목의 비중을 생각하면 이는 결코 사소한 차이가 아니다.

조선시대의 양반 사대부들에게 이 인문적 항목들은 지리지의 모든 것을 의미했다. 특히 향촌사회에서 양반 사대부들의 권위가 현저히 하락했을 때 지리지의 의미는 더욱 각별했다. 그들은 지리지를 펴냄으로써 향촌사회를 교화할 수 있다고 굳게 믿었다.

김정호는 말하자면 그런 인문적 지리지의 맥락에서 서서히 멀어지고 있었던 것이다. 그는 〈청구도〉 수정을 위해 제시한 지리지 항목에서 대부분의 인문적 요소를 생략했으나 인물 항목은 남겨두었지만, 『동여도지』에서는 그것마저 생략했다. 그런 발상은 양반 사대부들의 사고방식과는 확실히 달랐다. 김정호는 어떤 계기로 그런 자각에 이르렀던 것일까.

위항인으로서 시대적 역할을 깨닫다

최성환, 최한기, 이규경과 『사소절』

이규경(1788~1860)은, 최성환(1813~91)이 이덕무의 『사소절(士小節)』을 간행했다는 소식을 1853년(철종 4년)에 들었다. 이덕무는 정조 때 활약한 서얼 출신 검서관이었으며, 이규경은 그의 손자였다. 이듬해 최한기는 『사소절』을 들고 충주에 살던 이규경을 직접

조선 후기의 위항문학운동

위항인은 조선 후기에 새롭게 한문학 활동에 참여한 계층을 가리킨다. 위항인이 새로운 문학집단으로 등장한 것은 숙종 때였다. 왕조 후기에 접어들면서 중인들 중에서 무역과 상업 등을 통해 경제적 능력을 갖춘 사람들이 생겨났다. 그렇지만 그들과 양반 사이에는 건널 수 없는 강이 있었다. 그들은 양반문화의 상징이었던 문학계에 뛰어들어 활발한 활동을 벌임으로써 현실의 굴레를 벗어던지려 했다. 중인들은 시사(詩社)라는 문학모임을 결성해 활동하는 한편, 중인의 전기를 편찬하기도 했다.

중인들은 주로 광교와 인왕산 자락에 살고 있었는데, 광교 일대는 기술직 중인과 상인들이, 인왕산 자락에는 경아전들이 무리를 지어 살고 있었다. 인왕산에서 경아전들이 주도하던 중인들의 문학활동은 1870년대 말부터 광교 부근에서 기술직 중인이 주도하기 시작했다. 양반문화를 양반과 같은 수준에서 누림으로써 돌파구를 찾으려 했던 중인들은 이제 개화운동을 통해 사회변혁을 꿈꾸는 단계로까지 나아간다. 신분의 한계를 안고 살아가는 위항문학인들에서 시대의 과제를 깨달아가는 위항의 선비, 위항의 경세가로 변모해간 것이다.

찾았다.

『사소절』은 선비가 지켜야 할 사소한 예절이라는 의미이다. 이덕무는 선비들이 사소한 예절을 지키지 않는 풍조는 잘못된 것이라고 말했다. 사소한 일까지도 예절로써 한계를 정하고 실천한 주나라의 전통이 무너진 뒤 한나라, 당나라 때 이후로는 어떤 선비도 사소한 예절의 중요성을 돌아보지 않았다는 것이다. 주자의 『소학』을 읽고 실천해온 이덕무는 주자가 사소한 예절을 강조한 취지를 이어받아 이 책을 쓰게 되었다 한다.

서얼인 이덕무가 주자를 거론하면서 선비 자신이 지켜야 할 작은 예절들을 강조한 이유는 무엇인가. 최한기, 최성환, 이규경이 『사소절』 간행을 전후하여 공유하게 된 정서는 무엇인가. 중인들을 중심으로 한 위항문학운동(委巷文學運動)은 이런 의문들을 풀어갈 수 있는 실마리를 던져준다.

양반들은 위항인들의 문학활동을 적극적으로 후원했다. 문학활동이야말로 체제 내적인 활동이며, 또 그 결과 양반문화가 폭넓게 퍼져나갈 것이기 때문에 반대할 이유가 없었다. 그런 점에서 보면 서얼이지만 명문가 자제들과 친분을 유지하며 문학활동을 했던 이덕무는 위항문학의 상징적인 존재였다. 그러나 엄밀한 의미에서 양반들의 위항인에 대한 호의는 거기까지였다. 양반들이 중인을 후원한 것은 문학활동에 한정되어 있었으며, 중인들도 자신을 사상가나 학자로 여기지는 않았다. 그것은 어디까지나 양반의 영역이었다.

이덕무가 『사소절』을 쓴 것은 1775년(영조 51년)의 일이었다. 뒷날 정조는 이덕무 등 유능한 서얼들을 발탁해 규장각 검서관으로 삼았지만, 그런 정조조차 검서관들을 전통적인 의미의 선비로 여기지는 않았다. "학자는 아니지만 주자의 『근사록』을 항상 곁에 두고 있다"는 이덕무의 자조적인 말에서 정조 시대 위항인들의 현실이 묻어난다.

최성환이 『사소절』을 간행한 1850년대는 위항인들이 시사를 중심으로 문학모임을 전개하던 때이며, 위항의 선비로 의식이 고양되기 시작하는 시점이다. 최성환이 위항의 선비로서 상징적인 존재였던 이덕무의 책을 간행하고, 그것을 최한기가 이규경에게 전달한 것은 그런 시대적인 분위기 속에서 가능한 일이었다.

최성환, 최한기, 이규경과 김정호

최성환, 최한기, 이규경 세 사람이 『사소절』을 간행하기 전부터 서로 잘 알고 있었던 것은 아니었다. 최성환이 『사소절』을 펴낸 사실을 이규경이 사전에 모르고 있었던 것으로 보아 최성환과 이규경 사이에 특별한 친분관계가 있었다고 보기 어렵다. 다만 최한기가 일부러 『사소절』이 간행되었다는 소식을 이규경에게 전하고, 또 간행된 책을 전해주었던 것을 보면 최한기와 이규경 사이에는 어느 정도 친분이 있었음직하다.

『사소절』을 매개로 얽혀 있던 이들 세 사람은 김정호와도 직간접적인 인연이 있었다. 세 사람 가운데 김정호와 일찍부터 알고 지내던 사람은 최한기이다. 최성환은 뒤에 김정호와 함께 『여도비지』를 편찬하게 된다.

이규경은 자신의 문집에서 김정호를 한 번은 목각기술자로 또 한 번은 지도책의 저자로 소개했다. 그런데 이규경은 두 번 모두 최한기가 사용한 김정호(金正浩) 대신 김정호(金正皥)라는 한자 이름을 썼다. 金正皥라는 한자 이름은 김정호 자신이 즐겨 사용하던 것이었다. 그런 점으로 미루어 이규경은 최한기와는 다른 경로로 김정호에 대해 들어 알고 있었거나, 그를 직접 만났을 가능성도 없지 않다.

김정호와 이들 세 사람의 친분관계를 고려해보면 『사소절』 간행은 김정호에게도 특별한 의미가 있었던 것 같다. 『사소절』은 이들 네 사람이 '위항의 선비'라는 정서와 시대의식을 공유하게 되는 직접적인 계기가 되었다. 김정호가 언제부터 위항의 선비라고 생각했는지는 정확히 알 수 없다. 다만 위항문학운동이 정조 때부터 활성화되었던 데

다 최한기와 일찍부터 친구였다는 사실을 감안하면 이미 〈청구도〉 단
계에서부터 그런 자각이 있었던 것은 아닐까 짐작할 따름이다.

양반 사대부의 후원을 받다

최성환, 남병철과의 만남과 『여도비지』

1850년대에 김정호가 편찬한 지리지로는 『여도비지』가 있다. 『여도
비지』의 매 권 첫머리에는 "최성환이 휘집(彙輯)하고 김정호가 도편
(圖編)했다"는 표현이 보인다. 『여도비지』는 각 도의 첫머리에서 도내
의 현황을 표로 정리하고 있는데, 이 가운데에는 강역표, 극고표, 도
리표, 방위표 등 다른 지리지에서는 볼 수 없는 내용들이 포함되어 있
다. 특히 극고표(極高表), 거경직선, 24방위의 자료들은 〈동여도〉, 혹
은 〈대동여지도〉에 충실히 반영된 것으로 평가되고 있다. 그런 점에서
지도 제작에 직접적으로 도움이 될 수 있는 지리지를 펴내고 싶어했
던 김정호에게 『여도비지』는 중요한 의미가 있었다.

『여도비지』에서 단연 돋보이는 것은 극고표이다. 〈청구도〉 단계에
서도, 『동여도지』 단계에서도 김정호는 천문상의 좌표가 가지는 의미
에 대해 거의 주목하지 않았기 때문이다. 북극고도, 각 도 감영의 편
동도에 대한 정보는 어떤 과정을 거쳐 『여도비지』에 실렸을까.

이규경에 따르면, 최성환은 판서 박종보의 집에 있던 금속활자를
빌려다가 앞서 본 『사소절』을 펴냈다고 한다. 최성환이 개인적으로 책
을 간행할 수 있을 정도로 재력이 있는 인물이었다고 하더라도 생면

부지의 세도가 가문에서 활자를 빌려다 책을 찍을 수는 없었을 것이다. 이전부터 최성환과 박종보 가문 사이에는 신분의 차이를 뛰어넘어 상당한 유대관계가 있었다고 볼 수밖에 없다.

최성환은 비연시사(斐然試社)를 주도하던 장지완, 정지윤 등과 특히 자주 어울렸다. 최성환과 장지완은 저술에 서로 서문을 써주었을 정도로 친밀한 사이였다. 최성환은 정지윤의 시집을 간행하기도 했다. 최성환은 시를 직접 짓지는 않았지만 위항시인들과 어울리면서 위항인으로서의 의식을 공유했다. 최성환이 박종보 집안에서 활자를 빌려 책을 펴낼 수 있었던 것은 위항인과 위항인을 후원하는 양반가의 관계에서 보면 자연스러운 일이었다.

최성환은 또다른 세도가 남병철(1817~63)과도 친밀한 관계를 유지했다. 남병철은 최성환이 지방관의 자질과 덕목을 논한 『시민요결(視民要訣)』을 펴내자 그 책에 발문을 써주었다(1853년). 최성환은 박종보 가문과 인연을 맺은 방식 그대로 남병철과 친분을 쌓았다. 주목해야 할 것은 남병철이 철종 대 조선 학자들 가운데 천문학, 수학 분야에서 많은 업적을 낸 과학자이기도 했다는 점이다. 이런 점들로 미루어 『여도비지』에 극고표를 비롯한 각종 천문 관련 지표들이 포함될 수 있었던 것은 최성환과 남병철의 관계 속에서 설명해야 하지 않을까. 『여도비지』가 편찬되었다고 추정되는 시기는 최성환이 남병철에게 『시민요결』의 서문을 받은 해와 멀지 않다.

신헌과의 만남과 〈동여도〉 〈대동여지도〉

최성환이야말로 지도에서 천문좌표가 중요하다는 사실을 김정호에게 알려준 사람이었다. 물론 그 정보들은 최성환을 후원했던 남병철 등에게서 나온 것이었다. 그러나 최성환이 김정호에게 준 도움은 거기에 그치지 않았다. 신헌(1810~88)의 「대동방여도서(大東方輿圖序)」라는 글에는 잘 알려진 다음 구절이 수록되어 있다.

내가 일찍이 우리나라 지도에 뜻을 두어 비변사나 규장각에 소장되었던 것이나 고가에 보관된 벌레 먹은 것 등을 널리 수집하고 증정(證定)했는데, 여러 책을 비교하고 참고하여 하나로 편집해두었다. 마침 김군백원(金君百源)에게 부탁해 그것을 완성해주도록 하였는데, 가리켜 증명하고 말로 도와주기를 수십 년, 비로소 1부를 완성하니 모두 23권이다.

이 기사는 김정호가 신헌의 도움을 받아 관찬자료를 열람하고 〈동여도〉를 펴낸 사실을 말해주는 것으로 여겨진다. 신헌이 김정호에 대해 '김군백원'이라고 말한 것은 남병철이 최성환에 대해 '최군성환'이라고 말했던 것과 같은 맥락이다. 남병철과 신헌은 최성환과 김정호보다 나이는 적었지만, 신분이 높았기 때문에 이렇게 말할 수 있었던 것이다. 그런데 김정호는 어떻게 신헌의 도움을 받을 수 있었을까.
의문을 풀 수 있는 열쇠는 위항인 최성환과 그를 후원했던 남병철이 쥐고 있다. 한 연구에 따르면, 정약용의 장남 정학연은 박규수, 신헌, 남병철 등 양반뿐만 아니라 강위(1820~84) 등 위항인과도 폭넓게 사귀었다 한다. 남병철과 신헌은 정학연을 매개로 한 교유권 안에 포함되는 인물들이었던 것이다.
남병철과 신헌은 위항인의 후원자라는 공통점이 있었다. 최성환과 남병철의 관계는 강위와 신헌의 관계와 유사하다. 광교의 시사시대를 연 육교시사의 맹주 강위는 위항인들뿐만 아니라 유력한 양반들과도 시를 매개로 각별한 인간관계를 맺었다. 그들 가운데 신헌도 포함되어 있었다. 신헌은 위항인 강위를 후원하였을 뿐만 아니라 강위와 함께 김정희의 문하에서 수학했다. 강위는 위항의 선비로서 포부와 능력을 갖춘 인물로 여겨지고 있었다. 최성환과 강위의 직접적인 관계는 확인할 수 없지만, 남병철과 신헌은 모두 위항인의 후원자라는 공통점이 있었다. 결국 김정호는 최성환과의 친분을 통해 남병철을 알게 되고 남병철과 친분이 있던 신헌의 도움을 받을 수 있었던 것이다.

신헌의 글은 김정호의 지도 작업에 신헌의 도움이 적지 않았음을 말해준다. 그러나 비변사와 규장각의 자료를 보여주었다는 것, 수십 년 동안 도와준 끝에 지도를 만들 수 있었다는 말은 어디까지 믿을 수 있는 것일까.

앞에서 본 것처럼 신헌은 아무리 빨라도 1849년이 되어서야 국가의 기밀지도류를 볼 수 있는 위치에 오르며, 그나마 1857년까지는 유배에서 풀려나지 못했다. 그렇다면 신헌은 1849년 이전에 김정호와 친분을 맺고 있었던 것일까. 김정호와 신헌의 관계가 최성환과 남병철을 매개로 하고 있었으며, 김정호와 최성환, 최성환과 남병철의 관계가 확인되는 것이 1850년대라는 점에서 그 가능성도 높지는 않다.

〈청구도〉『동여도지』『여도비지』『대동지지』 등에 기록된 통계자료는 이 점을 이해하는 데 도움을 준다. 김정호는 〈청구도〉에서 1828년의 최신 통계자료들을 이용했지만, 그후 펴낸 여러 지리지들에서 새로운 통계자료를 제시하지는 못했다. 신헌이 보여주었다는 규장각과 비변사의 자료뭉치 속에 1828년 이후에 파악된 통계자료들만 빠져 있

있다고 보기는 어렵다.

그런 점에서 보면 〈동여도〉가 〈대동여지도〉(1861), 『대동지지』(1864)보다 뒤에 만들어졌을 가능성도 있다. 김정호가 『대동지지』에 서조차 1828년의 통계자료를 쓴 것은 〈청구도〉 이후 관찬 통계자료를 확보하지 못했음을 반증하기 때문이다. 그러나 신헌이 김정호를 도운 기간이 '수십 년 동안'이라는 말은 1860년대에 막을 내렸을 김정호의 생애에 비추어보면 여전히 의문이다.

남은 문제들

김정호와 그의 지도, 지리지가 한국 실학사상과 과학기술사에서 차지하는 위상은 아무리 강조해도 지나치지 않을 것이다. 그러나 유감스럽게도 그의 행적을 전해주는 사료는 거의 없다. 그의 지도와 지리지만이 그의 삶을 웅변해줄 뿐이다.

김정호의 지도와 지리지는 다양한 학문 분야에서 연구대상으로 삼아왔다. 지도의 축척과 도법, 지리지로서의 특징 등과 관련된 성과도 적지 않게 쌓여가고 있다. 특히 최근 들어 김정호와 대동여지도를 조선 지도발달사의 연장선상에서 다루는 연구들이 나타나고 있는 것은 고무적인 현상이다. 그러나 김정호의 지도와 지리지가 만들어질 수 있었던 역사적, 사회적 맥락이 빠져 있다는 데 문제가 있다.

이 글은 김정호의 지도와 지리지를 김정호의 삶, 그리고 김정호를 둘러싸고 있던 사회적 관계망 속에서 이해하려고 했다. 그 결과 약현에서 경쟁력을 갖춘 목각기술자로 성장하던 김정호, 교서관의 각수로

서 관찬지도 제작사업에 참여했던 김정호, 그리고 위항인으로서 자각
에 도달한 김정호를 그려낼 수 있었다.

김정호를 역사적 맥락으로 읽어보면, 고난을 이겨낸 위대한 과학자
라는 단편적인 이미지를 넘어설 수 있다. 김정호의 의식은 아마도 경
세가로서의 능력을 갖추었으면서도 선비를 자임하지 못했던 이덕무
와 한말 개혁을 주도해가는 강위 사이에 있는 듯하다.

19세기 역사에 대한 무지는 김정호 지리지와 지도를 살펴보는 데
결정적인 걸림돌로 작용한다. 김정호와 그의 지리지, 지도는 결코 개
인만의 문제로 설명할 수 없기 때문이다. 이런 점 때문에라도 분과 학
문의 경계지점에 선 19세기 역사 연구의 진보는 더욱 절실한 과제가
아닐 수 없다.

이원철

| 나일성 |

이원철이 자라난 시대

우남(羽南) 이원철은 1896년 8월 19일 서울 다동에서 이종억의 4남으로 출생했다. 어려서는 민충공의 사랑방에서 민충공의 아들 민식과 김우현(후일 기독교회 목사가 됨) 등과 함께 한학을 공부했고 서울 YMCA의 여러 프로그램에 참가하여 배우기도 하고 마당에서 놀기도 하면서 자랐다고 전한다.[1] 성인이 된 후 그의 평시 모습은 개구쟁이 같은 인상을 주진 않지만, 연희전문학교 제1회 졸업앨범에 찍힌 그의 모습은 또다른 해석을 하게 한다. 소년기의 이원철이 어느 소학교를 다녔는지 아직 밝혀지지 않았다. 어쩌면 소학교의 생활보다 서울 YMCA에서 보낸 생활이 그의 인생에 더 큰 영향을 미쳤을 것이다. 그것은 뒤에 언급할 서울 YMCA와의 관계를 보면 분명해진다.

정확하지는 않지만 이원철은 1910년~15년에 보성고등보통학교 (현 보성중·고등학교)와 선린상업학교(현재의 선린인터넷고등학교)에서 정규 과정을 이수했다. 연희전문학교에 입학한 1915년은 그가 선린상업학교를 졸업한 해이기도 하다. 그가 보성고보를 다니다가 선린상업학교로 옮긴 이유는 일본의 영향력이 더욱 공고해지던 시대 상황에 적응하려는 가족의 사정과 연관이 있는 것으로 추측해본다. 선린상업학교는 1899년에 관립 상공학교로 시작했으나 그후 일본인이 운영하게 되었다. 신문물을 교육하기 위하여 설립된 학교로 조선 사람들에게 비교적 좋은 인상을 주었는데, 일본 학생과 조선학생이 별도로 반을 구성하였다.

수학하던 시기

연희전문학교가 개교한 것은 1915년 조선총독부가 교육령을 반포
한 뒤였기 때문에 총독부의 승인을 얻어야 했다. 그러나 당시 조선에
서 고등교육을 어떻게 할 것인지 미처 대비하지 못했던 일본은 대학
이라는 학제로 출발하지 못하도록 하기 위해서 전문학교로 인가하였
다. 미국의 선교부는 이 학교를 미국식 Liberal Arts College로 육성하
려고 4년제 과정으로 커리큘럼을 만들었다. 그리고 학교명을 Choson
Christian College(C.C.C.)라고 하였다.

문과, 상과, 수물과, 농과 등 4개 과를 개설했으나, 양반의 자제들이
농사짓는 공부는 할 수 없다는 이유로 농과에는 지망생이 없었다.[2] 문
과와 수물과는 4년제였으나, 상과만은 3년제였다. 그런데 선린상업학
교를 졸업한 이원철은 상과가 아닌 수물과에 입학했다. 당시의 시대
상으로 보아 농과를 기피한 것은 이해할 수 있지만, 수물과 지망생을
모집한다는 것 또한 쉬운 일이 아닌 때였다. 대학에서 현대수학과 물
리학, 화학 등을 수강할 만한 기본 교육을 이수한 학생이 그 시기에
과연 몇 명이나 되었을까. 연희전문학교 수물과에 입학한 학생 네명
중 세명은 평양의 숭실학교에서 공부를 마쳤거나 숭실전문학교에 다
니던 중 두 과학자 선교사 베커(白雅悳, Authur Lynn Becker)와 루퍼
스(Will Carl Rufus)[3]의 영향을 받아 서울로 오게 된 학생들이었다. 이
들은 말하자면 스카우트되어 온 셈이지만, 마땅히 거처할 곳을 찾지
못하여 서울 YMCA 기숙사를 이용했다고 한다. 그러나 만일 이 학생
들이 수물과에 입학하지 않았더라면, 수물과도 농과와 같은 운명에
처했을지 모른다. 그런데 묘하게도 이 두 선교사와 직접적인 관계가

없었던 서울 태생의 상업학교 졸업생인 이원철이 합류한 것이다.

재미있는 사실은 첫해에 네 명의 학생이 입학(더 있었을지 모르지만 자료가 없다)한 뒤 4년 동안 수물과에는 지원자가 없었다. 결국 1919년에 제1회 졸업생이 배출된 후 다음 졸업생은 1924년에야 나온다. 그것도 세 명뿐이다. 제1회 졸업생 4명은 졸업 후 1~2년 사이에 전부 미국으로 유학 갔으나, 4년 후의 졸업생 세명 중 두명은 일본으로 유학 가고 한 명은 수물과의 실험조수로 남게 된다. 이는 미국이나 유럽 유학이 어려워진 당시 상황을 반영하는 것이다. 한편 1919년 3월에 졸업한 네 명은 3·1 만세운동으로 졸업식을 치르지 못한 채 졸업장만 받았다. 성대하게 계획한 첫 졸업식이 이 사건으로 무산되고 만 것이다. 이때부터 이원철과 일본의 악연이 시작되었다.

1924년에 졸업한 학생들뿐만 아니라 그후의 졸업생 대부분은 미국이나 유럽 유학을 포기하고 일본으로 건너갔다. 물론 극소수의 예외는 있었지만.

연희에서 이원철의 학업 성적은 물론 우수했다. 현재 학교에 남아 있는 학적부에 따르면, 그의 성적은 다음과 같다.

제1학년: 대수(90점), 물리(75점)

제2학년: 해석기하(96점), 물리(92점), 물리화학(94점), 기계제도(90점)

제3학년: 미적분(99점), 측량(95점), 역학(96점), 전기공학(98점), 건축(92점)

제4학년: 미분방정식(97점), 전기공학(92점), 전기화학(85점), 동역학(95점), 공장기계(92점), 천문학(97점)

한편, 그가 미국에 유학 갈 때 학교에서 발행한 영문 학적표에는 이수한 학점 수도 기입되어 있어서 당시의 학과목을 이해하는 데 도움이 된다. 위의 학적부와 대동소이지만 몇 과목이 추가되어 있다. 이학적증명서는 타자한 것이고 당시의 학과장인 베커가 사인한 것이다.

Algebra	3	90
Analytic Geometry	5	96
Calculus	5	99
Differential Equations	2	97
Astronomy	3	97
Physics	5	88
Mechanics	3	96
Dynamics	3	95
Mechanical Drawing	2	90
Building Drawing	2	92
Surveying	3	95
Physical Chemistry	3	94
Electro. Chemistry	2	85
Work Shop	2	92
Commercial Geography	3	90
Agriculture	2	89

이원철은 졸업과 동시에, 1922년 미국에 유학하기 전까지 C.C.C.에서 강사로 재직했다. 그는 다른 동기생들과 함께 재학중에도 조교 역

할을 했다. 그것은 교수의 확보가 어려웠던 탓도 있었지만, 베커가 알비언 칼리지(Albion College) 재학시에 조교로 일했던 관행을 C.C.C.에도 그대로 적용한 교육방침의 산물이었다. 물론 학생조교로 실력이 인정되었기 때문이다. 4년 동안 후배 학생이 없는데 누구를 위한 조교요 강사란 말인가 의심이 생길 것이다. 그러나 그때 2년 후배로 농과 학생 세 명이 있었고, 졸업하던 마지막 해에는 수물과에 입학생이 생겼다.

당시의 수물과 학생들은 외로웠다. 경쟁자도 없고 후배도 생기지 않았으므로, 폐과가 될지도 모르는 형편에 무슨 미래를 설계할 수 있었겠는가. 과학자가 된들 최고 학부를 졸업한 엘리트로 살아갈 수 있는 세상도 아니었다. 그런 시대에 값비싼 유학이란 지금 우리들로서는 생각하기 어려운 일이다.

이학박사 제1호

다른 동기생들과 앞서거니 뒤서거니 미국에 간 이원철은 두 스승 베커와 루퍼스의 모교인 알비언 칼리지로 갔다. 다른 세 명은 명문 하버드 대학교, 마켓 대학교, 시카고 대학교로 갔는데, 이원철만이 미시간 주의 작은 마을 알비언에 있는 알비언 칼리지로 간 이유는 이해하기 어려운 일이 아니다. 그가 이 알비언으로 갔던 시기에 천문학자인 스승 루퍼스는 이미 미시간의 앤아버에 있는 미시간 대학의 교수로 있었다. 알비언은 앤아버에서 자동차로 두 시간 정도 걸리는 가까운 거리에 있다.

미국에 귀국해 있던 루퍼스와 C.C.C.에 남아 있던 베커는 이원철의
장래를 의논했을 것이다. C.C.C.에서는 우수했지만 자기들이 교육시
킨 이원철이 과연 미국의 기준에 어느 정도 적응할 것인가는 그들에
게도 걱정스러울 수밖에 없었다. 결국 먼저 자기들의 모교에 편입시
킨 후 다음 진로를 모색하기로 결론지은 것이다. 이런 이유에서 이원
철은 알비언으로 가게 되었다. 많은 사람들이 이원철이 이 학교에서
1~2년 수학했다고 추측한다. 그러나 1991년에 저자는 이 알비언을
방문하여 루퍼스와 베커의 기록을 조사하는 중에 이원철의 학적부를
발견했다. 그 기록에 따르면, 이원철은 1922년 제2학기에 편입하여
다음 네 과목을 이수하고 한 학기 만에 졸업하였다. 졸업한 것은 1922
년 6월 15일이다. 그러니까 이원철이 미국으로 간 것은 1921년 말일
것이다. 1919년 3월에 C.C.C.를 졸업한 지 2년 반 만이다.

Theory of Equations	A
Differential Equations	A
Advanced Calculus	A
Advanced Physics	A

이렇게 두 스승을 실망시키지 않고 전 과목 A라는 성적으로 졸업했
으니, 루퍼스 교수는 미시간 대학 대학원에 이원철을 입학시키면서
의기양양했을 것이다.

미시간 대학의 천문학 교수였던 루퍼스는 하버드의 샤플리 박사가
주창한 "변광성의 맥동이론"을 증명하는 연구를 하고 있었다. 변광성
의 맥동이론이란, 주기적으로 변광하는 별들의 변광 원인으로 식쌍성

의 식 현상이 유일한 해석방법으로 통용되던 시기에 붉은 거성(赤色巨星)의 경우 팽창과 수축을 반복하는 과정에서 밝을 때와 어두워질 때가 주기적으로 나타난다는 이론이다. 루퍼스는 미시간 대학 천문대에서 분광학적으로 이 이론을 증명하는 연구를 하고 있었고, 이원철은 루퍼스의 조수가 되어 박사학위 논문을 위해 관측과 자료 분석을 시작했다.

그에게 주어진 별은 η Aquilae(독수리자리 에타별)였다. 이 별은 여름철에 은하수 서쪽에서 잘 보이며, 견우성과 가까이 있는 3등성의 밝은 별이다. 당시로서는 세계 최고급의 천문관측 시설이었던 미시간 대학 천문대의 1미터 카세그레인 반사망원경과 프리즘 분광기를 이용한 그의 관측연구는 1923년 5월부터 1924년 10월까지 이루어졌다. 전체 관측일 수는 거의 70일에 달한다. 기상 상태와 달의 위상변화를 고려하여 그의 관측을 추산해보면, 이원철은 독수리자리가 보이는 초여름에서 늦가을까지 분광관측이 가능한 거의 모든 밤을 이 대형 망원경과 지새운 것으로 보인다. 관측연구에 쏟은 그의 정열도 놀랍지만, 그 연구의 중요성을 인정하여 첨단장비를 마음껏 사용하게 해준 미시간 천문대의 배려도 대단하다.

이런 그의 노력은 현대과학을 공부해 획득한 한국인 최초의 이학박사라는 결실을 맺었다. 그때가 1926년 5월이며, 미국으로 간 지 4년 만이었다. 그의 미국 이름은 David W. Lee였다. 다윗(David)은 거인 골리앗을 돌멩이 하나로 쓰러뜨린 작은 소년이다. 그가 이 David라는 이름을 갖게 된 것은 아마 그의 작은 체구와 연관지었거나, 어렸을 때 서울 YMCA에서 들은 성경 이야기 중에서 가장 감명 깊게 마음에 새긴 인물이어서일 것이다.

이원철의 연구성과는 학위논문이 완성되기 이전인 1925년 미국천문학회에서 발표되었다. 그리고 이듬해에 「독수리자리 에타성의 대기 운동 (Motions in the Atmosphere of Eta Aquilae)」이라는 학위논문을 완성하였다. 그때쯤에는 샤플리의 "맥동설"은 이미 확고히 자리매김 되어 있었고 루퍼스의 업적도 널리 알려져 있었다. 그런 흐름에 뛰어들어 함께 미국 천문학계에서 업적을 쌓아올릴 수 있었던 이원철은 지체하지 않고 귀국을 서둘렀다. 그는 일본 제국주의자들에게 빼앗긴 조국이 자신의 새 학문을 꽃피울 터전이 아니라는 것과 천문학이 대중적인 학문이 아니라는 것도 잘 알고 있었다. 그러나 그가 귀국을 서두른 가장 큰 이유는 베커의 강력한 권유였을 것이다. 최초의 이학박사, 연희전문 수물과의 제1회 졸업생이 모교의 강단에 선다는 것은 당시의 조선 민중과 연희전문의 큰 자랑이 되기에 충분했다.

연희전문에서의 생활

일제 강점기에 중등학교에서 과학을 가르친다는 것은 서양 과학의 도입이라는 측면에서 볼 때 대단히 중요한 역할이라고 평가해야 한다. 지적 능력을 독점하려고 철저히 조선 사람들의 교육 기회를 박탈한 일제하에서 연희전문학교 수물과를 졸업한 사람들은 사립 중학교와 고등보통학교에서 과학을 가르치는 것이 가장 큰 기회요 보람이었다. 그들 중 일부는 이런 환경에 적응하면서 과학 교과서를 저술한 사람도 있었다. 설사 창조적인 일에는 공헌하지 못했다 하더라도 과학을 지망하는 후학이 끊어지지 않도록 그들이 쏟은 정열과 의지를 간과해선 안 된다. 『연세동연록』을 보면 이 시대에 중학교에서 과학을 가르친 졸업생 수는 전부 59명에 이른다. 이것은 조사된 수에 불과하므로 실상은 그 이상일 것이다. 창립한 지 30년간 연희전문학교 수물과는 313명의 과학자와 기술자를 양성해냈고, 비참할 정도로 진로가 막혔던 암담한 시기에도 굴하지 않고 그중 절반이 넘는 졸업생들이 연구와 교육 일선에서 활약한 덕에 1945년 광복 당시의 엄청난 인적 공백을 메울 수 있었던 것이다. 필자는 이 어려운 시기에 서양 과학을 도입하는 데 큰 역할을 한 16명의 졸업생을 따로 구별하여 그들의 행적을 소개한 바 있다. [4]

귀국 초기의 생활

베커와 루퍼스는 이런 미래를 내다보았기에 청년 이원철을 아끼고 사랑하고 심혈을 기울여 길러낸 것이다. 그래서 이원철은 이 두 스승이 감당하지 못하는 다른 (한국인으로서의) 역할을 책임지는 숙명을 겸허히 받아들였다. 이렇게 해서 이원철은 귀국하여 모교의 교수로 부임하게 된 것이다. 그리고 수학과 물리학, 천문학 등 여러 강좌를 담당하면서 한국 과학을 이끌어갈 후학을 길러내는 일에 주력하였다. 또한 1928년에는 국내에서는 처음으로 연희전문 학관 옥상에 현대식 굴절망원경을 설치하여 교육에 활용하도록 하였다.

이원철의 학위논문은 그가 미국에 있을 때 부분적으로 학회에서 발표한 바는 있으나, 제대로 된 학술지에 게재된 것은 귀국한 후 6년 만인 1932년이었다(참고문헌 참조). 이것은 높이 평가할 만한 가치가 있다. 일단 학위논문이 통과되면 그것을 다시 정리하여 학술지에 발표하는 경우는 아주 드물었다. 이유는 여러 가지가 있겠으나, 이원철의 경우는 이색적이다. 그가 일하던 연희전문학교는 말할 것도 없고, 한반도 어디에도 그가 상대할 천문학자는 없었다. 그리고 미국이나 유럽의 학술지를 제때 받아볼 수 있는 상황도 아니었다. 사막에 홀로 버려진 미아나 다름없는 처지에 6년이라는 세월을 붙들고 발버둥치고 있었을 그를 상상해본다.

이원철의 귀국 후 생활의 단면을 말해주는 증언이 있다. 10여 년 전 교육학자 윤태림(尹泰林)에게 들은 이야기다. 그의 중학생 시절의 친구가 이원철의 조카였다고 한다. 당시 미혼이었던 이원철은 형의 집에 기거하고 있었는데, 호기심 많은 중학생이었던 조카와 그 친구는 미국에서 박사가 와 있다는 사실만으로도 궁금증이 솟아났다. 그래서 학교가 끝나면 조카의 집에 가서 놀다가 이원철에게 야단을 맞기 일쑤였다. 학생이 공부하지 않고 놀기만 한다고. 그들은 가끔 이원철이 없을 때 그의 방에 몰래 들어가 책들을 구경했다고 한다. 방 한쪽 벽에 영어로 쓰인 책이 꽉 차 있어서 보기만 해도 질렸다고 한다. 궁금증은 그것으로 끝나지 않았다. 이원철이 방에 있다는 것을 알면, 문틈으로 그가 무엇을 하는지 훔쳐보기도 했는데, 언제나 바른 자세로 골똘히 책을 읽고 있거나 무엇인가 손놀림을 하는 모습이 경건하게 느껴졌다고 한다. 철없는 아이들이라고 하지만, 그들에게도 이상이 있었을 테고 한 인물을 통해 무언의 교훈을 얻으려는 마음도 있었을 것이다.

조선 사회의 반응

1929년 11월에 발간된 대중종합지 『三千里』 3호는 「'원철성' 발견한 세계적 천문학자 이원철 박사」라는 기사를 통해 다음과 같이 그를 소개하고 있다.

지금 경성시외 연희전문학교에서 교편을 잡고 계신 삼십이 세의 소장 교수 이원철 씨는 실로 세계적으로 유명한 천문학자임은 아마 제 나라인 조선보다도 구미 각국의 학자 사회에서 더 많이 알 것입니다. 씨의 학위는 미국 미시간 대학에서 받은 이학박사인데 원래 어릴 때부터 신동이라 할 만큼 씨의 재질은 수리방면에 단연 일두지를 나타낸 바 있어 일찍기 연희전문학교의 학생시대에는 1학년 때부터 졸업 당시까지 항상 수석으로 시종하야

『三千里』는 1932년 다시 그에 대해 다음과 같은 기사를 싣는다.

(이원철 교수가) '원철성'을 발견하여 세계 천문학계에 절대의 공헌을 하고 미국 내 학자들의 이목을 놀라게 한 것은 일찍이 우리 신문계를 통하여서도 널리 알려진 바이거니와 (……) 연전(延專)에 와서는 일반 학생들에게 비상한 환영을 받으며 연전 수물과의 존재가치가 전혀 씨에게 달려 있는 감이 불무하다. 연전의 세 가지 보물 중에 수위의 영예를 걸머지는 씨로서 (……) 조선 학계에 있어서도 씨의 존재는 발군의 지위를 가져야 한다는 것이 일반의 정평이다

연희수리연구회에서 1929년 발간한 국내 최초의 과학전문지 『科學』 창간호에서도 그에 대해,

이원철 박사의 논문(은) 조선에서 유일한 과학학위논문이며 조선민족의 천재를 해외 학계에 알린 귀한 은혜입니다.

라고 언급하였다.

실로 지나치다고 할 만한 극찬이 아닐 수 없다. 그러나 그 시대의 조선인이 처한 암담한 처지를 생각해야 한다. 이원철의 박사학위 취득과 국제적인 연구성과는 1920년대 말 갈수록 잔혹해지는 일제의 통치하에 있던 암울한 우리 사회에 큰 위로와 희망이었음은 분명하다. 과학 분야의 성과는 예나 지금이나 민족의 지적 역량에 대한 지표이고 국가적 자긍심의 원천이 되는 것이다. 나라를 빼앗기고 절망에 빠져 있던 당시의 조선 민중에게는 이원철의 존재 자체가 상당한 위안이 되었던 것으로 보인다.

결혼

그는 치과 치료를 받기 위해 지금의 중앙은행 뒤편에 있던 경성치과전문학교 병원을 찾았다가 그곳에서 김화순(金和順)이라는 여의사를 만났다. 이것이 인연이 되어 36세 되던 1932년 8월 11일 빌링스(邊永瑞, B. W. Billings) 목사 댁의 정원에서 결혼식을 올렸다.[5]

이때가 그의 논문이 게재된 해였음을 상기해볼 때, 그는 일단 학문

의 문을 열었다는 자신감을 얻었기 때문에 가정을 꾸릴 생각을 한 모양이다. 그러나 불행히도 그들 부부에게는 슬하에 자녀가 없었다.

사회에 바친 재산

이원철은 원한경이 추진한 연희전문학교 도서관 확충과 박물관 신설에 적극적으로 참여했다. 이것은 원한경이 새 교장에 취임하면서 일으킨 야심 찬 사업이었다. 본격적으로 도서관 확충을 추진했고, 박물관을 개설했다. 사실 여부는 조사할 일이지만, 한 문헌에 따르면 그때의 박물관이 조선 최초로 설립된 것이라고 한다. 많은 기증자가 원한경의 계획에 찬동하고 적극적으로 동참했다. 기증품이 많아지자 원한경은 전시용 장을 기증해줄 것을 호소하기에 이르렀다.

이원철도 이에 동참했다. 그가 기증한 기증품과 그가 마종승(馬鍾昇) 씨로 하여금 기증하도록 권유한 물품 그리고 그의 노력으로 받은 기부금 등은 다음과 같다.

(1) 한서(漢書) 1697책 (『연희전문학교 상황보고서』, 1932)

(2) 경대(鏡臺) 1점 (『연희동문회보』 제2호, 1934)

(3) 연상(硯箱, 벼루상자) 1점 (『연희동문회보』 제2호, 1934)

(4) 한서(漢書) 16책 (『연희동문회보』 제2호, 1934)

(5) 조선신선로형풍로(朝鮮神仙爐形風爐) 1점 (『연희전문학교 상황보고서』, 1934)

(6) 마종승 씨의 광고연구자료 138점을 대신 기증 (『연희전문학교 상황보고서』, 1936)

(7) 이종익(李鍾翊) 씨가 위탁한 장학금 1,500원과 체육기기 구입비 500원을 대신 기증(1937).

위의 물품과 금전이 그가 사회에 바친 전부는 물론 아니다. 경기도 금곡에 있는 토지는 서울 YMCA에 서울시 용산구 갈월동의 저택과 대지 170평은 서울 YMCA 강남지회회관 건립을 위해 기증했다. 미망인인 김화순 여사는 이원철의 장례식에 모인 조의금을 연세대학교 장학금으로 내놓았다. 공산군에게 압수당했다가 되찾은 이원철의 책들은 전부 건국대학교 도서관에 기증했다. 이것들은 물론 밝혀진 것들 중 일부에 지나지 않을 것이다.

연희전문학교 교수 이원철

연희전문에서 그가 학교 발전을 위해 노력한 다음과 같은 흔적은 그의 또다른 면을 보여준다.

1935년: 과학관장 겸 체육부장 (『연희전문학교상황보고서』, 1935)
체육활동상황: 싹카축구단, 럭비축구단, 정구단, 야구단, 육상경기단, 농구단, 산악단, 씨름단, 배구단, 수영단, 빙산경기단, 빙상학키단, 유도단, 유구단(柔球團), 권투단, 스키단, 육상학키단, 수구단(手球團), 검도단 등 19단(團)
1936년: 과학관 관장직만 맡음.
1937년: 일본 중등교육수학회 제19회 총회 참석차 7월29일부터 동 31일까지 동경에 체재함.

젊은 소장교수로 연희전문의 수물과 과장과 한때나마 학교 학감까지 역임하며 활발한 교육활동을 벌여나가던 그는 1938년 수양동우회 사건과 흥업구락부 사건 등의 항일운동에 연루되어 일본 총독부에 의해 교수직을 박탈당한다. 1941년에 복직되었으나 교수가 아닌 직원 신분으로 복직했다. 그러나 이듬해 조선어학회 사건이 일어났을 때 요주의 인물로 지목당해 그 자리에서조차 사임하게 된다. 그리고 이 즈음에 그가 설치했던 현대식 굴절망원경은 일제의 군수물자조달을 위해 강제로 징발되는 운명을 맞게 된다. 참담한 날들은 이렇게 계속되고 있었다. 피어보지도 못하고 짓밟힌 과학자 이원철의 훗날 생애도 겉보기와는 달리 불운의 연속이었다.

다행히 경제적 어려움은 그럭저럭 면했다는 이야기가 있다. 부인 김화순이 병원에서 일을 계속하였기 때문이라고 생각된다. 같은 운명에 처한 다른 해직 교수들의 처지는 참담하였다. 그 한 예로 한글학자 최현배는 연희전문 도서관의 사서로 책 정리를 하였다고 한다.

이 시절 이원철이 간 곳은 서울 YMCA 강당이었다. 시민 계몽을 위해 그가 할 수 있었던 일은 그곳에 주기적으로 모이는 시민들에게 과학 이야기를 하는 것이었다. 당시 그의 강연은 장안의 인기였다. 재미있는 이야기가 전해오고 있다.[6] 저녁에 이원철 선생의 강연이 있다고 하기에 서울 YMCA 강당에 몇 번 간 일이 있었다. 강연 제목이나 내용에 관해서는 알 수 없으나, 재미있는 광경을 목도했다. 이원철이 강연을 마치고 나가자 한 늙은이가 신기한 듯 전등불을 껐다 켰다를 되풀이하였다. 전등을 보지 못했던 사람들이 시골에는 많았던 시대라 이런 것도 호기심을 유발하는 물건이었다. 그런데 문제는 그 늙은이가 시골에서 올라온 촌로가 아니라 연희전문의 위당 정인보 선생이었다는 사실이다. 앞뒤가 맞지 않는 이야기 같지만, 위당 선생도 이원철의 강연을 듣기 위해 서울 YMCA 강당에 갔다는 사실이 우리의 관심을 끈다.

영광과 고난의 삶

1945년 일본이 제2차 세계대전에 패망하자 한반도에는 광명이 찾아왔다. 이때를 맞아 일본인에게 강탈당했던 연희전문학교를 되찾는 법적 절차를 밟는 작업이 시작되었다. 조선총독부는 연희전문학교가 적국(미국)이 세운 학교이기 때문에 적국의 재산이라는 명분을 내세워 1944년에 몰수했다. 총독부는 '사립연희전문학교 기독교연합재단법인 적산 관리인'으로 오노(大野一郎)를 임명해 학교를 강탈했다. 더 나아가 전시체제에 맞는 교육을 빙자하여 "경성공업경영전문학교"로 학교 이름까지 바꾸어버렸다. 개교 29년 만에 연희전문학교의 위신은 일그러져버렸다.

연희전문학교 접수위원

광복은 연희전문학교에게 새로운 절차를 밟기를 요구했다. 연희전문학교는 없어지고 일본 소유의 경성공업경영전문학교가 되었기 때문에, 미군정청은 적산(敵産, 이번에는 일본의 재산)으로 간주한 것이다. 불과 2년이 못 돼 두 개의 다른 명목의 적산으로 등록된 셈이다. 쫓겨났던 옛 교수들과 재단이사들이 적산이 되어버린 연희전문을 되찾는 작업을 할 수밖에 없었다.

이 일은 백낙준, 최현배, 이춘호 등을 위시하여 몇 사람이 접수위원회를 구성하여 추진했는데, 이원철이 이에 참여한 것은 당연한 일이다. 이들이 접수를 마치자, 미군정청 학무부에 학교를 연희대학교로 등록하고 수물과를 이학원(理學院, 이공대학이라는 뜻)으로 하고 이원철을 초대원장으로 임명했다. 지금 와서 돌이켜보면, 이원철이 이학원 원장으로 학교에 남아 학문적 업적을 쌓고 수하에 제자를 둘 수 있었더라면 학자로서의 그의 생이 빛날 수 있었을 것이다. 하지만 그 시대는 그가 학교 교수로 남아 있도록 허락하지 않았다.

지금도 흔한 일이기는 하지만, 그때는 특히 더해서 C.C.C.에서 고락을 같이한 다른 교수들도 비슷한 경험을 하였다. 원한경과 형제처럼 동고동락하면서 학감을 지낸 유억겸이 하지 중장의 고문이 된 원한경의 권유로 군정청 문교부장이 되었으나 과로로 일찍 숨지고 말았고, 총독부의 압력으로 수물과 과장직과 교수직을 물러났던 이춘호는 문교부 차장이 되어 국립대학안(國立大學案)을 창안하고 서울대학교 제2대(실제로는 초대) 총장, UN 한국정치 연락위원 등을 역임하다가 인민군에 의해 납북되었다. 최현배는 문교부 편수국장으로 여러 해 근무하였다. 물론 잘된 사람도 있었다. 일제 말에 잠깐 수물과 과장을 지낸 최규남은 이춘호를 도와 서울대학으로 자리를 옮김으로써 후에 서울대 총장을 거쳐 문교부장관으로 출세하였다. 이때 연희대학에서 서울대학으로 자리를 옮긴 사람이 여러 명 있었다.

중앙관상대장

이원철에게 급한 전갈이 날아들었다. 그것은 일본인들이 조선총독부 기상대(당시 인천에 기상대 본부가 있었다)의 귀중한 문건들을 일본으로 빼돌리고 있다는 정보였다. 이원철은 그 문건 중에 조선의 관상감 때부터 전해내려오는 관측자료와 귀중본, 그리고 옛 관측기기들이 있다는 사실을 누구보다 잘 알고 있었다. 그의 스승 루퍼스 박사가 1935~36년 안식년으로 서울의 누이동생[7]의 집에 머물면서 유명한 『Korean Astronomy』를 집필할 때 그를 도와 인천 기상대의 '성변측후단자'를 비롯하여 여러 자료를 찾아 설명해준 일이 있었기 때문이다.

이 다급한 소식을 듣고 이원철이 군정장관 하지 중장을 면담한 자리에서 조속한 조치를 요청했더니, 하지는 그가 이 기관을 맡을 적임자임을 알고 관상대장직을 수락해달라고 부탁했다. 관상대의 주 업무는 기상에 관한 것이기는 하지만, 매년 발행하는 역서 편찬도 큰 비중을 차지했다. 당시 이 일을 맡을 사람은 그를 제외하고는 없었다. 총독부 기상대는 1945년도 역서까지는 발행했으나, 1946년도 역서는 그때 이미 10월에 접어들어 시간적 여유가 없었다. 아직도 1946년도 역서는 나타나지 않는다. 끝내 발간하지 못한 것인지 아니면 남아 있는 게 없는지는 앞으로 조사할 과제이다.[8]

이원철은 초대 관상대장으로 부임하여 모교에서의 교육활동보다는 국가 과학의 기초를 쌓는 데 주력한다. 1948년 정부 수립 후 국립중앙관상대로 개칭된 일터에서 1961년 5·16 군사정권 때 은퇴하기까지 무려 15년간 한국의 기상과 천문 업무를 이끌었다. 빈약한 기상관측 설비를 개선하는 일과 예보 인력을 확보하는 일 그리고 매년 사용되는 역서를 발간하는 일 등 국가 기간사업의 수행을 위해서 남모르는 고통을 감내했다. 기상 업무에 경험이 있는 기수급(技手級)으로 총독부 기상대에 근무했던 조선 사람은 일곱 명이 전부였다.[9] 그러나 이들 중 광복 후 관상대에 남은 사람은 거의 없었던 듯하다.

한국전쟁이 일어나고 1·4후퇴로 부산으로 피난 갈 수밖에 없었던 관상대는 인력난으로 관측과 예보 업무를 제대로 수행할 수 없었다. 재미있는 이야기가 전해진다. 부산 피난 시절, 이원철이 기상대에 출근해보니 젊은 직원 하나가 보이지 않았다. 직원 수가 워낙 적은 탓에 누가 결근했는지 대장도 금방 파악할 수 있었다. 이원철이 왜 그 직원이 보이지 않는지 물었더니 출근길에 경찰관에게 붙잡혀 논산 훈련소로 끌려갔다는 것이다. 이원철은 그 즉시 차를 몰아 논산으로 가서 훈련소장에게 호통을 쳐서 그 직원을 데리고 부산으로 돌아왔다. 그에게 이런 면도 있었다.

휴전이 되어 서울로 돌아온 중앙관상대가 점차 안정을 회복하고 있었던 1957년에 부분일식이 일어났다. 세계적 이목을 끌었던 1947년의 개기일식에는 무감각했던 세상 사람들이 10년 후가 되니 부분일식이라는 작은 일에 난리법석을 떨었다. 여론을 의식한 관상대는 무슨 일이든 벌여야 했다. 그리하여 급작스럽게 10센티미터 굴절망원경을 가지고 관측계획을 짰다. 태양빛을 많이 줄여야 하기 때문에 필터가 필요했으나 그런 것은 사치였다. 하는 수 없이 당시 관측과 직원이었던 나는 책받침용으로 생산된 셀룰로이드 판을 두 장 겹쳐서 앞 렌즈를 막았다.[10] 관측 현장을 취재하던 동아일보 기자가 옆에 있던 이원철 대장에게 정부에 예산을 요청해야 하지 않느냐고 물었다. 당시 많은 사람들은 이원철은 무엇이든 할 수 있는 사람으로 알던 시절이었다. 그러나 이원철은 오히려 "정부에 재원이 없는데, 무턱대고 요청만 하면 되는 일이냐"고 기자를 나무랐다. 당시는 직원 수를 줄여가면서 정부가 버텨가던 때였다. 이원철은 할 수 있는 일과 할 수 없는 일을 분간하는 사려 깊은 사람이었다.

미수에 그친 자살 소동

이 무슨 터무니 없는 이야기인가? 그러나 사실이다. 1950년 남침을 시작해 서울을 점령한 인민군은 그들의 계획대로 유명 인사들을 차례로 체포하기 시작했다. 대한민국 공무원 중 최고 호봉을 받고 있던 이원철은 다른 각료들의 피난 사실도 모른 채 서울에 남아 체포를 각오하고 있었다. 이원철은 부인과 함께 집 근처에 피신하여 집에는 거의 들르지 않았다. 그러던 어느 날 체포조가 집을 포위하고 들이닥쳤다. 인민군이 왔다는 전갈을 받고 그는 부인과 함께 음독하였다.

이원철을 체포하는 데 실패한 인민군은 미리 준비한 트럭에 그의 책을 전부 싣고 가버렸다. 얼마후 부부는 다시 깨어났다. 약이 생명을 앗아가기에는 충분치 않았던 것 같다고 그의 조카인 이정근(현 건국대학교 명예교수)이 증언하고 있다.

이해 8월 어느 날, 유경로(전 서울대학교 명예교수)는 이원철의 집을 찾아간다. 이낙복(李樂福)[11]의 지시였다. 이낙복은 부산 해양대학 혹은 수산대학에서 한국전쟁이 일어나기 전까지 천문항해법(天文航海法)을 강의하고 있었다. 지금부터 20년 전만 해도 바다에서 배의 위치를 정하는 데 천체관측이 꼭 필요했다. 따라서 해군사관학교를 비롯하여 위의 두 대학에서는 천문항해법 강의가 필수과목이었다. 그래서 해방과 더불어 동경대학교 천문학과 2학년을 중퇴하고 귀국한 이낙복이 이 과목을 맡고 있었는데, 인민군이 남하하자 인민군 해군 장교가 되어 서울에 나타나 관상대를 장악(?)했다. 그리고 다음 해인 1951년에 사용할 달력을 만들기 위해 당시 서울대학교 사범대학 학생이었던 유경로에게 역학(曆學) 계산을 부탁한 것이다. 이런 연유로 유경로가 역서 계산법을 배우려고 이원철의 집으로 찾아간 것이다. 물론 유경로는 이원철을 만날 수 없었다. 이원철이 근처 어디엔가 숨어 있었다 하더라도 만나주었을 리 만무한 일이다. 그런데 이때 유경로는 놀라운 광경을 목도했다. 그 유명하다는 천문학 박사 댁에 쓸 만한 책이 거의 없었던 것이다. 그는 너무 놀랐다. 그리고 실망했다. 이원철은 이름뿐인 천재요 거짓 과학자라는 실체를 목격한 것이다. 당시 인민군이 이원철의 책을 모조리 쓸어갔음을 알려줄 사람이 아무도 없었다.

부끄럽고 안타까운 일이지만, 지금까지 많은 사람들이 이것을 사실이라고 믿고 있다. 이제 이원철은 가고 없고, 그를 화제에 올리는 일도 없으니, 오늘 이 글이 그의 누명을 씻어주는 계기가 되기를 바라는 마음 간절하다.

혼란기의 역서 편찬

뒤늦은 감이 있기는 하나 이원철이 광복 후 최초의 달력을 만들던 때의 일화를 소개할 필요가 있다. 역서 편찬은 조선의 개국 이래 지금까지 중대한 국가 기간사업의 하나로 계속되고 있다. 1910년에 일본이 합방을 선언하자 다음 해인 1911년 관상소 발행 「大韓隆熙四年曆」

을 「朝鮮民曆」으로 바꿔서 총독부 기상대가 발간했다. 이 총독부의 역서는 1945년도 역서까지 발행한 다음 끝이 났는데, 광복을 맞은 조선에서는 1946년도 역서를 발간해야 했다. 그러나 앞에서도 언급한 바대로 이원철에게는 시간적 여유가 없었다. 이원철이 1946년도 역서를 발간했는지는 알 길이 없으나 1947년도 역서에 있는 이원철의 서문을 보면, 당시의 비참한 경제 상황이 잘 묘사되어 있다. 이원철에게 역서 계산이라는 천문학자의 작업이 문제가 된 것이 아니라 이와는 상관없는 두 가지 외적인 문제가 그를 괴롭혔다.

이원철을 괴롭힌 일은 첫째, 물자와 예산의 부족으로 역서를 인쇄할 종이를 구할 수 없었다는 것이다. 당시 한반도의 유일(?)한 펄프공장은 함경북도 길주(吉州)에 있었다. 남한의 소규모 시설로는 수요를 감당하지 못하던 때였다. 미군정청은 현물(종이)을 배당했는데, 그것이 제때 충분히 제공되지 않았다. 1947년도 역서의 지질을 보면 이런 시대가 우리나라에 있었나 의심스러운 정도로 형편이 열악했다.

둘째 장애는 미신의 확산이었다. 양력 역서는 일본 사람들이 가지고 온 것으로 잘못 알려진 탓에 광복이 되자 민간에서는 중국에서 들여온 중국 역서를 그대로 베껴 출판하고 있었다. 이것이 불법은 아니나 음력을 권장하는 내용으로 되어 있는 것이 문제였다. 관상대가 발간한 역서의 머리말에는 언제나 이를 바로잡으려고 설명한 글이 포함되어 있었다. 이원철은 태양력의 과학성을 기회가 있을 때마다 역설하였다.

인하공과대학 초대 학장

이원철에게는 피할 수 없는 또다른 임무가 찾아왔다. 초기 하와이 교민들은 독립한 조국에 산업을 일으키는 일이 필요하다는 의견에 합의했다. 그래서 자신들이 출발했던 인천항을 기념하여 이곳에 공과대학을 설립할 기금을 모았다. 그리고 이 기금은 당시의 이승만 대통령에게 전달되었다. 이승만은 이 일을 추진할 인물로 이원철을 떠올렸다. 그러나 이원철은 중앙관상대장 일도 다 못하고 있다는 이유로 사양했지만 받아들여지지 않았다. 이리하여 그는 공과대학을 창설하는 일을 맡게 되었고, 결국 초대 학장에 취임한다. 이때가 1954년이었으니 환도한 다음 해의 일이었다. 그는 매일같이 관상대에 출근한 다음에는 인천으로 가서 나머지 시간을 보냈다. 당시로는 중앙관상대가 있던 서울의 송월동과 인하공대가 있는 인천 간은 먼 길이었다.

드디어 그가 이 자리에서 물러나는 날이 왔다. 어느 날 그는 '관상대 직원 전원 집합'이라는 시달을 내렸다. 현역에 종사하는 직원 외에는 전부 모인 자리에서 그는 대단히 상기된 어조로 이기붕의 이름을 들먹이며 욕을 퍼부었다. 내용은 학생들이 동맹파업을 일으켰는데, 이것을 이유로 당시의 이사장인 이기붕(李起鵬)에게 사임서를 제출했더니 이기붕은 "학생들의 지각 없는 행동에 신경 쓰지 마십시오"라고 했다는 것이다. 그런데 실상을 알고보니 뒤에서 충동한 사람이 바로 이기붕이라는 것이다. 이기붕이 누구인가. 나는 새도 떨어뜨리는 제2의 실권자가 아니었던가. 그래서 그때 그의 독설은 듣는 이들의 간담을 서늘하게 했다.

연희대학교 이사장 시절

그럭저럭 세월은 흘러 1961년 4·19혁명이 일어났다. 그리고 그해 말 군사정권에 의해 그의 관상대장직은 재임 15년 만에 마감되었다. 연세대학교 이사회는 이원철을 이사장으로 영입하고 2년간 일하게 했다. 그러나 출퇴근용 차량이 제공될 뿐 무보수여서 그는 생활의 어려움을 토로하기도 했다. 학교는 학생들의 수업 거부 사태가 계속되는 와중에 교수들도 농성하던 어수선한 때였다. 연세대학 역사상 가장 어려운 시기에 이사장이 되어 기쁨보다 괴로움이 더 많은 생활을 이어갔다.

1962년에 작은 사건 하나가 생겼다. 국제천문연맹(IAU) 총회가 미국 LA에서 개최되었는데, 여기에 북한은 이미 가입되어 있으나 한국은 회원국이 아니었다. 워싱턴의 한국대사관에서 외무부로, 외무부에서 학술원으로 이 소식이 차례로 전달되었다. 학술원의 주장은 한국천문학회를 빨리 창설하여 회원국 신청을 하자는 것이었다. 학술원의 과장이 이원철로 하여금 학회를 조직하여 신청하기를 간청했다. 이원철은 천문학자가 없었던 시절이었으므로 물리학자와 기상학자들을 소집했다. 그런데 이에 응하여 약속장소에 온 사람은 박철재, 국채표, 안세희 등이었고 말석에 나일성이 끼어 있는 정도였다. 이원철은 서울대학교 교수들이 없다는 이유로 회의를 다음 날로 미루었다. 그는 밀어붙이는 식으로 일을 추진하지 않았다. 결국 이 일은 무산되고 말았고, 이해 국제천문연맹 가입은 성사되지 못했다.[12] 이원철은 1926년에 귀국한 이래, 일제 때 중등학교 교육회에 참석하기 위해 일본에, 해방 후에 세계기상회의 한국대표로 출국한 게 전부이다. 일본의 탄

압을 받았을 때와 그후 괴로운 일이 있었을 때 막강한 미국 선교사들과의 연줄이 있었음에도 국내에서 묵묵히 참고 견뎠다. 오로지 이 땅에 자기의 시간을 다 바친 것이다.

그의 종착역은 서울 YMCA였다

이원철의 마음은 점점 어린 시절로 회귀하고 있었다. 그가 뛰놀던 서울 YMCA는 그와는 끊을 수 없는 연결고리였다. 제12, 15대 이사장이 되어 운영을 지휘했지만, 그는 강당에서 별 이야기를 했을 때를 더 의미 있게 기억하고 있었을지도 모른다. 그에게 이 서울 YMCA는 연희전문학교와 같은 비중으로 마음에 간직되어 있었던 것 같다.

그는 부인과 의논하여 경기도 양평군 금곡에 있는 임야 3만 6천여 평을 서울 YMCA에 기증하였다. 이때 이곳에는 작은 건물 한 채가 있었다. 이원철은 이 건물을 의미 있는 일에 활용해주기를 부탁했다. 그리고 그 옆에 자기와 부인을 묻어줄 것을 당부했다. 1963년 3월 14일 오전 11시 그는 갈월동 자택에서 눈을 감았다. 부인 김화순은 이 집에서 홀로 10년을 살다가 대지 170평과 가옥(연건평 86평)을 서울 YMCA에 기증하였다. 이 재산은 요긴하게 사용되었다. 서울 YMCA가 종로에 있는 건물로는 감당할 수 없어 강남에 지회를 만들면서 회관을 건립할 때 기금으로 사용한 것이다. 지금 강남지회 회관에는 이원철의 호를 딴 "우남홀"이 있어 그를 기념하고 있다.

별처럼 아름다운 생애

미래의 성공 여부는 오늘 노력하는 사람들의 예지와 개척자 정신에 의해 판가름나는 것이고, 오늘의 성과는 지난날 노력했던 사람들이 있었기에 가능한 것이다. 한국이 지금 수만 명의 과학기술자를 보유하고 과학 선진국으로 진입하는 문턱에 서 있다고 하지만, 이 모든 것에 시작이 있었음을 잊지 말아야 한다. 나라마저 빼앗긴 민족사의 수난기에 외로운 과학자로 성장하고 최선을 다해 활동했던 우남 이원철. 그의 생애는 우리의 현대과학사에 그가 공부했던 밤하늘의 별처럼 외롭지만 아름답게 빛나고 있다.

혹자는 이원철이 명성에 걸맞지 않게 저작물이 빈약하다고 지적한다. 그러나 그것은 일본 강점기의 사정을 모르는 이들의 편견이다. 그 시대에 이원철은 미국에서 활동하지 않고 연희전문으로 돌아와서 후진 양성에 진력했다. 당시에 그가 할 수 있었던 일은, 연희전문의 강의실에서 열심히 서양 과학을 강의하는 일과 종종 시내에 있는 YMCA 강당에 모인 지식에 굶주린 사람들에게 과학 이야기를 하는 것이 전부였다. 그가 게을렀던 것도 아니요 과학적 지식이 부족했던 것은 더더욱 아니었다. 그가 처한 사회가 그렇게 살도록 강요했을 뿐이다.

돌이켜보면, 이원철은 험한 세상을 살면서 억울한 일로 고통을 감내하지 않을 수 없었지만, 연희전문학교 제1회 졸업생이자 한국 최초의 이학박사 학위의 소유자로서 '최초'라는 명예에 부합되게 성실히 살다간 큰 별이었다.[13]

우장춘

| 김근배 |

새롭게 조명하는 인간 우장춘

우장춘(禹長春)은 한국의 대표적 과학자로 꼽힌다. 그는 세계적 유전육종학자, 한국 근대농학의 아버지, 국보급 과학자 등으로 불리며 존경받아왔다. 그의 생애는 너무나 굴곡이 많고 극적이어서 많은 사람들에게 호기심과 감동을 불러일으켰다. 이 때문에 그는 위인전의 주인공으로 자주 등장하며 과학자로서는 드물게 대중적 명성까지 얻었다.

그가 다른 과학자들에 비해 널리 알려진 이유는 무엇일까? 그것은 우장춘을 특징지어온 투철한 애국심과 탁월한 연구성과 덕택이다. 그는 한국 현대사가 표방해온 커다란 두 흐름이라 할 민족주의와 과학주의를 잘 결합시켜 몸소 실천한 인물로서, 뛰어난 연구를 통해 조국에 헌신한 가장 위대한 과학자라는 평가를 받게 되었다.

그런데 우장춘만큼 대중적 이해와 실체적 진실 사이의 간극이 큰 인물도 드물다. 그의 대표적 연구업적으로 여겨져온 '씨 없는 수박'은 그가 아닌 일본인이 개발한 것이다. 사실 그는 씨 없는 수박보다 훨씬 더 가치 있는 연구성과를 일구어낸 세계적인 과학자였다. 또한 그가 일본에서 한국으로 돌아온 것은 투철한 애국심보다는 아버지의 나라 한국에의 봉사라는 의미가 컸다. 이처럼 그간의 우장춘에 대한 대중적 이해는 상당 부분 잘못되거나 과장된 사실에 기반한 것이었다.

나는 우장춘의 일부만을 부각시키기보다 삶 전체에 기반해서 그의 생애와 학문을 조망하려고 한다. 우리는 우장춘을 그간의 특출난 천재 과학자로서보다는 인간적 면모를 지닌 과학자로 새로이 만날 필요가 있다. 그가 쌓아올린 연구성과는 개인적 고뇌와 노력의 산물이며 한국에서의 과학활동도 그의 독특한 인간적 감정과 정서가 배어들어 나타난 결과이기 때문이다. 이렇게 함으로써 우리는 그의 과학활동의 내면에 더 가까이 다가갈 수 있고 그 내용을 한층 객관적으로 파악할 수 있게 될 것이다.

이 글은 다음과 같은 질문에 대한 답을 찾는 형태로 전개된다. 우장춘이 박사학위를 받으려고 그토록 애쓴 이유는 무엇이었는가? 근무지의 특성상 현실적 연구에 치중했어야 함에도 학문적 연구에 계속해서 집중한 원천은 무엇일까? 가족을 남겨두고 혼자 한국으로 건너오게 된 주된 배경은 무엇이었는가? 한국에서 그는 왜 자신이 하고 싶은 과학연구가 아닌 한국 현실에 부합하는 과학연구를 수행하게 되었는가? 이 과정에서 우리는 과학자 우장춘을 새롭게 만나고 재평가할 수 있을 것이다.

우장춘의 생애

우장춘에게는 평생 간직해온 좌우명이 하나 있었다. '짓밟혀도 끝내 꽃을 피우는 길가의 민들레' 이야기가 바로 그것이다. 그가 삶의 지표로 삼은 동시에 자신의 역정을 표현하는 글귀이기도 하다. 우장춘은 어떤 역경이든 이겨내는 민들레꽃을 가슴 깊이 간직하며 살아왔을 뿐 아니라 한국의 연구소 직원들에게도 이 이야기를 자주 들려주었다.

가계와 성장과정

우장춘의 집안은 한국인과 일본인이 복잡하게 얽혀 있다. 근대 이후 일찍이 복잡한 혈통의 가계를 형성한 보기 드문 경우이다. 그의 어머니와 부인은 일본인이고 동생과 자녀들도 일본인으로 살아갔다. 반면에 그의 아버지, 이복누나, 이모부 등은 한국인이었다. 혈통으로 볼 때 우장춘은 한국인과 일본인의 피를 이어받은 혼혈아로서 한국에는 물론 일본에도 여러 명의 친척이 있었다.

우장춘이 태어난 곳은 일본 도쿄였다. 그는 아버지 우범선(禹範善)과 어머니 사카이 나카(酒井仲)의 장남으로 태어났다. 우범선은 자기 아들이 당연히 한국에 돌아가 살 것으로 생각해서 한국 이름을 짓고 한국 국적을 얻게 하였다. 호적에는 그의 출생일이 1898년 4월 9일로 되어 있으나 우장춘은 부처님 오신날인 4월 8일을 자신의 생일로 여겼다. 이렇게 해서 우장춘은 한국인 우범선의 아들로 일단 한국 국적을 취득하게 되었다.

아버지 우범선은 중인 출신의 개화파로서 한국에서 훈련대 제2대 대장으로 근무했다. 그는 군인이지만 학문에도 조예가 깊고 한시에도 능했다고 한다. 당시 부인과 딸을 두었는데 명성황후 시해사건에 연루되어 일본으로 망명하게 되었다. 그는 1903년 고영근에 의해 죽임을 당하여 길지 않은 생애를 마쳤다. 어머니 나카는 일찍 부모를 여의고 결혼 적령기를 놓친 채 남의 집에 더부살이를 하던 중 우범선을 만났다. 그녀는 당시 여성으로는 드물게 학교를 다니지 못했고 글을 읽을 줄도 몰랐다.

우장춘은 소학교를 마치고 1911년 히로시마 현립의 구레 중학교에 입학하였다. 그는 학교를 다닐 때 성적이나 다른 면에서 두드러진 점이 없던 평범하고 무난한 학생이었다. 대신에 그는 수학을 잘하는 편이어서 장차 공학을 공부할 생각으로 고등학교에 진학하려고 했다. 그러나 그의 학비를 지원한 조선총독부의 지시로 1916년에 도쿄 제국대학 농학부 농학실과에 청강생으로 입학하게 되었다. 당시 일제는 한국인 유학생들에게 대학보다는 전문학교 이하 교육기관으로의 진학을 권장했다.

이 농학실과는 대학의 정식 학부가 아닌 전문학교 과정이었다. 교육도 실습 위주로 이루어지며 실무에 밝은 농촌 지도자 양성이 목표였다. 이 때문에 고등한 학술이론과 응용을 가르치고 연구하는 대학과는 학력과 교육수준에서 커다란 차이가 났다. 이 과정을 마치더라도 대학에 진학할 자격은 얻지 못했으므로 우장춘의 학력은 여기서 끝나게 되었다. 이 학교는 이후 도쿄 고등농림학교로 완전히 독립하여 현재의 도쿄 농공대학(東京農工大學)이 되었다.

한편 우장춘은 1923년에 소학교 교사였던 일본인 와타나베 고하루(渡邊小春)와 결혼을 약속하였다. 고하루는 부모의 완강한 반대를 무릅쓰고 결혼을 강행했고 이 때문에 집안과 의절한 채 살게 되었다. 당시는 체면을 매우 중시하던 때라 결혼 상대자가 한국인이라는 점이 반대의 가장 큰 이유였다. 두 사람은 이후 그녀의 집안에서 호적을 건네주지 않아 혼인신고도 할 수 없는 난감한 처지에 빠지고 말았다.

몇 년 지난 1926년에 우장춘은 그의 집안을 돌봐주던 스나가 하지메의 제안으로 스나가 집안의 양자로 입적하였다. 우선 고하루가 스나가 집안의 양녀로 들어간 뒤에 우장춘이 데릴사위가 되는 형식을 취하였다. 이는 고하루 집안이 결사적으로 반대한 자신들의 결혼과 앞으로 태어날 자식들의 장래를 위해 취한 조치로 생각된다. 그래서 우장춘은 일본 국적과 함께 스나가 나가하루(須永長春)라는 일본식 이름을 정식으로 얻었고 그의 자녀들도 스나가 성을 따르게 되었다.

그러나 우장춘은 일본 성 대신에 한국 성인 우를 고집했다. 그가 일본에 살면서 한국 성을 계속해서 사용한 이유는 무엇일까? 정확한 이유를 현재로서는 알 수 없지만 그동안 자신이 우라는 성을 써왔고 한편으로 자기를 낳아준 아버지와의 연분을 유지하고 싶은 심리가 크게 작용한 듯하다. 일본인 성이 자신의 생활과 처신에 유리할지도 모르지만 본래의 성을 버리면서까지 그렇게 하고 싶지는 않았던 것이다.

연구활동과 성품

1919년 농학실과를 마친 우장춘은 지도교수의 추천으로 농림성 소속의 농사시험장에 취직하였다. 처음에는 고원(雇員)으로 고용되었다가 일 년 후에 정식 기수(技手)로 발령을 받았다. 이때부터 우장춘은 남다른 노력을 통해 자신의 능력을 한껏 발휘하면서 왕성하게 연구활동에 매진했다. 그는 잠자리에 들 때도 베갯머리에 항상 메모지와 붉은 연필을 놓아둘 정도로 새로운 생각을 메모하는 습관을 가지고 있었다. 그는 제국대학 출신자들이 주축을 이룬 시험연구기관에서도 주위 동료의 인정을 받는 연구자로 성장했다.

우장춘은 시험장의 바쁜 일상생활 속에서도 박사학위에 유달리 강한 집념을 가지고 있었다. 그가 시험장 생활에 안주하지 않고 이토록 박사학위를 받으려고 애쓴 이유는 무엇이었을까? 이는 우장춘이 박사학위를 농학실과 출신이라는 낮은 학력과 한국인이라는 민족차별에 대한 대응수단으로 여겼기 때문이다. 그의 직위는 점차 올라갔지만 직급은 후배들에게 계속 밀리며 만년 기수의 처지를 벗어나지 못하고 있었다. 이 때문에 그는 당시 극히 힘들었던 박사학위의 취득을 통해 개인적 능력의 과시와 지위의 상승을 이루고자 하였다. 그에게 주어진 차별과 멸시가 연구 열정과 의지를 계속 자극함으로써 박사학위라는 '민들레꽃'를 피운 것으로 볼 수 있다.

우장춘은 드디어 1936년 5월 4일에 도쿄 제국대학에서 농학박사 학위를 받았다. 그의 박사학위 논문 제목은 「아부라나 속(*Aburana* 屬)에 있어서의 '게놈' 분석—나푸스(*Napus*)의 합성과 특수 수정현상」이다. 그는 이것을 주논문으로 하고 유채와 관련한 다른 6편을 부논문으로 해서 박사학위를 받았다. 이 주논문은 '종의 합성' 이론의 입증이라는 획기적인 성과를 담고 있었다. 이를 계기로 우장춘은 일본 내에서는 물론 국제적으로도 유전육종학자로서의 명성을 얻게 되었다.

그는 외모 때문에 불독이라는 별명을 얻었다. 겉으로 풍기는 인상이 차갑고 무뚝뚝하며 말투도 거친 편이었기 때문이다. 물론 매서울 정도로 성격이 침착하고 공평하며 치밀했지만 한편으로는 마음이 넓고 따스하며 애정이 많은 사람이었다. 그는 술은 전혀 하지 않는 대신에 식도락가로 불릴 만큼 맛있는 음식과 과자를 즐겼으며 동물과 새를 좋아해서 카나리아를 많이 길렀다. 또한 바둑, 장기, 화투, 마작 등의 놀이를 좋아했는데 이때도 뛰어난 집중력을 보이며 강한 승부욕을 발휘하였다. 특히 화투에 관심이 많아 수학적 확률로 치밀한 계산을 하며 즐길 뿐 아니라 그에 대한 책까지 쓰려고 했을 정도이다.

박사학위 취득 후 우장춘은 오히려 현실의 높은 벽을 더욱 실감하게 되었다. 그는 박사학위로 자신을 둘러싼 제약을 넘어설 수 있을 것으로 보았으나 실제 현실은 아무것도 바뀌지 않았다. 그는 고등관 기사(技師)가 될 수만 있다면 외지에 나가도 좋다고 생각하였다. 실제로 그는 중국의 칭타오 시찰을 자원해서 그곳 농장장으로 나가려고 했으나 그것마저도 농림성의 반대로 무산되고 말았다. 결국 그는 고노스 시험장에서 유일하게, 그것도 아주 뛰어난 박사학위 논문을 썼음에도 기수의 처지를 면할 수가 없었다. 일본 정부는 그가 농업시험장을 그만두기로 하자 퇴직 하루 전에 위로 차원에서 기사 임명장을 주었을 뿐이다.

우장춘은 1937년에 농업시험장을 그만두고 교토에 위치한 다키이(瀧井) 종묘회사의 초대 연구농장장으로 자리를 옮겼다. 그는 농장의 연구기반을 빠른 시일 안에 갖출 뿐만 아니라 회사에 도움이 될 연구성과를 내놓기 위해 노력하였다. 그는 남달리 과학에 철저히 기반한 육종연구를 수행하는, 즉 육종의 과학화와 합리화를 추구하였다. 아울러 1942년에 『원예와 육종』이라는 잡지를 발간하여 육종연구의 수준을 높이고 연구성과를 널리 알리는 데도 힘썼다. 이는 우장춘이 육종업계는 물론 학계에서도 신망이 매우 두터운 사람이었기 때문에 가능한 일이었다.

한국인들과의 만남도 이 무렵부터 본격적으로 이루어졌다. 당시 연구농장에는 견습생으로 한국인 청년들이 5~6명 있었고 잡지 편집기자로 김종이라는 한국인이 근무하고 있었다. 또한 교토 제국대학에 근무하던 한국의 대표적 과학자인 이태규, 이승기, 박철재 등과도 교류했다. 그뿐 아니라 한국을 방문하여 자신의 혈족을 만났고, 일본에 유학중인 이모의 한국인 아들을 자신의 집에 데리고 있기도 하였다.

우장춘은 일본이 패전한 직후인 1945년 9월에 연구농장장을 사임하였다. 다키이 사장은 한국에 있는 자신의 농장 부지가 몰수되지 않도록 현지에 가서 수완을 발휘하여줄 것을 우장춘에게 요청하였다. 그러나 우장춘은 그 요구를 거절하였고 이 일로 관계가 불편해지자 연구농장을 그만두었다고 한다. 그는 평소에 도움을 주던 근처의 장법사로 거처를 옮겼고 일본의 지인들과 개인 연구농장을 세워 운영하려 했으나 뜻대로 되지 않았다. 이후 우장춘은 한국으로 건너올 때까지 다른 일자리를 구하지 않은 채 무위도식하며 지냈다. 어느덧 그의 나이도 오십대에 접어들 때였다.

유전육종학과 '종의 합성'

흔히 우장춘을 대표하는 연구업적으로 씨 없는 수박을 떠올린다. 그러나 이는 잘못 알려진 사실이다. 그는 오히려 잘 알려지지 않았지만 훨씬 뛰어난 많은 연구성과를 낸 인물이다. 그는 기술적으로뿐만 아니라 학문적으로도 아주 탁월한 과학자였다. 우리가 우장춘을 새롭게 재조명해야 할 이유도 여기에 있다.

유전육종학 연구

우장춘은 일본 최고 과학자의 일원으로 활약하였다. 만약 그가 품종개량에만 치중했다면 그저 평범한 과학자에 머물렀을 것이다. 그러나 우장춘은 당시의 첨단과학에 충실히 기반한 연구를 수행했고 그 결과 학문적으로 매우 독창적이고 뛰어난 연구성과를 거두었다.

철저히 과학으로서의 육종학, 실험으로서의 육종학을 추구해나갔던 점이 성공의 주된 원동력이었다.

우장춘이 첫째 연구주제로 삼은 것은 나팔꽃이었다. 이 무렵 일본에서는 나팔꽃이 많이 재배되고 있었고 품종개량을 위한 연구가 한창일 때였다. 그는 서로 다른 품종의 나팔꽃을 다양하게 교배 실험하는 과정에서 특이한 반수체(Haploid) 나팔꽃을 발견하였다. 또한 우장춘은 농업시험장 책임자의 권유로 사카타 종묘회사에서 종자를 건네받아 페튜니아(Petunia) 연구도 병행하였다. 당시 페튜니아는 겹꽃끼리 교잡해도 홑꽃이 섞여 나와 아름다운 겹꽃만 얻을 수는 없었다. 그런데 우장춘은 교잡실험 과정에서 어떤 것과 교잡해도 모두 겹꽃만을 만들어내는 절대 우성형질을 지닌 '완전겹꽃 페튜니아'를 발견하였다. 그의 연구성과로 사카타 종묘회사는 페튜니아 세계시장을 독점하여 엄청난 수익을 올리게 되었다.

1930년 무렵 우장춘은 일본 과학계에서 상당히 인정받는 위치에 오른다. 그는 일본유전학회에 여러 차례 초청받아 강연을 했고 『유전학잡지』에 논문도 잇달아 발표하였다. 겹꽃 페튜니아의 발견을 계기로 그의 능력을 과학계에서 인정받게 되었던 것이다. 그런데 이들 연구성과는 대부분 논문 형태가 아니라 간단한 초록 형태로 게재되었다. 농업시험장 화재로 거의 모든 연구 결과가 불타버렸기 때문이다.

우장춘은 연구를 거듭한 결과 1932년에 반수체 나팔꽃에 관해 영문으로 쓴 연구논문을 『식물학잡지』에 발표하였다. 이 논문은 미국, 독일 등지에서 행해진 형태학, 세포학, 유전학에 관한 최신 연구성과에 충실히 기반한 아주 우수한 것이었다. 지금까지 사람들은 화재 사건만 없었다면 1930년 무렵에 나팔꽃 연구로 우장춘이 박사학위를 받았을 것이라고 말해왔지만 그는 이 연구논문을 박사학위 논문으로 제출하지 않았다.

내가 보기에 나팔꽃 연구논문은 학문적으로 뛰어나기는 하나 그 실용적 가치는 크지 않다. 그가 발견한 반수체 나팔꽃은 기존의 것과 세포유전학적으로는 크게 다르지만 모양은 그리 다르지 않았다. 그의 연구는 학문적 성과에 그쳤던 것이다. 한편 주변 동료들은 그에게 학위논문 주제로 겹꽃 페튜니아 연구를 권유하였지만 그는 페튜니아 연구를 더는 추진하지 않았다. 가장 큰 이유는 겹꽃 페튜니아의 발견이 학문적으로 보면 멘델의 법칙을 교배실험에 적용한 간단한 것이고, 게다가 사카타 종묘회사에서 겹꽃 페튜니아의 채종개발에 도입해 이를 기업 비밀로 했기 때문일 것이다.

대신 우장춘은 새로이 유채 연구에 혼신의 노력을 기울인다. 유채 기름의 수요가 세계적으로 급증하면서 제유업(製油業)이 활기를 띠고 있을 때였다. 그는 품종의 특성조사에서 다양한 교잡실험에 이르기까지 엄청난 실험과 관찰을 하였다. 이 과정에는 이전의 나팔꽃 연구에서 익힌 체계적인 유전학 지식과 실험이 중요한 학문적 기초가 되었다. 그는 5년여에 걸친 연구 끝에 유채를 포함한 배추과 작물의 게놈(Genome) 분석에 관한 아주 탁월한 연구논문을 발표하기에 이르렀다. 이 논문은 영어로 씌어져 1935년 『식물학잡지』에 실렸으며 무려 59개의 참고문헌이 달린 63쪽 분량의 대작이었다. 그는 이 논문에서 세계 최초로 자연에 있는 새로운 종(Species)을 교잡실험을 통해 인위적으로 만들어내 '종의 합성' 이론을 입증하였다. 이 연구논문으로 그는 다음 해에 박사학위를 취득하게 되었다.

육종기술 개발 연구

1937년 다키이 농장으로 옮긴 후 우장춘은 더욱 실용적인 연구에 집중하였다. 농장에서는 그에게 배추과 작물의 품종개량과 채종방법 개선 등의 산업적으로 유용성이 큰 연구과제를 수행할 것을 요구했다. 이에 따라 우장춘은 채소에서 보이는 잡종강세 현상을 이용하여 일대잡종의 우량품종을 만들어내고 그 종자를 손쉽게 대량생산할 수 있는 방법을 개발하는 데 중점을 두었다.

그는 분명 기존 육종가들과는 다른 경력과 시각을 가지고 있었다. 당시는 과학이론에 입각하여 항상 일정한 품위의 종자를 생산할 수 있는 육종체계가 세워져 있지 않았을 때로, 시행착오를 수없이 되풀이하여 얻은 경험기술에 크게 의존하던 시기였다. 반면에 학문으로서의 육종학과 그것의 새로운 이론적 기초로 부상중인 유전학에 대해 폭넓은 지식을 가지고 있었던 우장춘은 육종기술도 철저히 과학지식에 기반해서, 그리고 과학적 방법으로 추진하려고 하였다. 즉 그는 최신 과학에 기반한 육종과 채종의 과학화 및 합리화를 추구하였던 것이다.

우장춘은 채소를 종류와 품종에 따라 체계적으로 분류한 다음 그에 맞는 육종기술의 과학적 체계를 확립하려고 하였다. 그가 일본종묘협회에서 행한 강연으로, 1945년에 『농업과 원예』에 실린 「채소의 육종기술」은 그의 생각과 노력이 종합된 것이다. 그는 이 글에서 채소의 육종과 관련한 모든 기술적 과제와 현황을 서술하고 향후 발전 방향에 대한 견해를 피력하였다. 이는 채소 육종기술 전반을 아우르고 있을 뿐만 아니라 세부 기술 내용까지도 세밀하게 밝힌, 채소 육종기술

우장춘의 '종의 합성' 이란?

세계 과학계에서는 서로 다른 종의 교잡을 통해 새로운 종이 탄생할 수 있으리라는 주장이 제기되었으나 그것을 과학적으로 증명하는 데는 어려움을 겪고 있었다. 우장춘은 배추과를 실험재료로 사용하여 그 염색체 구성과 분열을 고배율의 현미경으로 세밀히 분석함으로써 종의 합성을 완벽하게 밝혔다. 특히 그는 배추, 양배추, 흑겨자와 같은 기본 종의 상호 교잡을 통해 복합 종인 유채, 갓, 에티오피아 겨자가 만들어질 수 있다는 사실을 규명하였다. 예를 들어 유채(n=19)는 배추(n=10)와 양배추(n=9)의 염색체가 합쳐져서 만들어지고 갓과 에티오피아 겨자도 마찬가지의 방식으로 얻어질 수 있는 것이다. 이는 이른바 '우장춘의 트라이앵글'로 불리며 지금도 종의 합성의 대표적인 사례로 간주되고 있다.

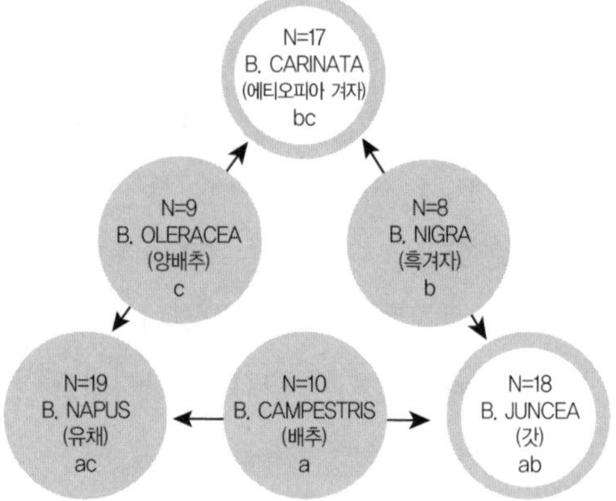

배추과 종들의 게놈관계 (U's Triangle)

이 연구성과는 유전학적으로는 종들의 게놈, 즉 염색체 구성과 상호관계를 잘 규명하여 그 과학적 기반을 마련했다는 점에서, 진화학에서는 생물체의 진화가 서로 다른 종들의 교잡으로 새로운 종이 탄생하는 방식으로도 이루어질 수 있다는 점에서, 육종학적으로는 종의 합성이론에 근거해서 종자 육종과 개량의 가능성을 밝혔다는 점에서 매우 중요하다. 이 논문으로 우장춘은 일본은 물론 국제적으로도 탁월한 과학자로서 명성을 얻었고 그의 연구성과는 세계 각국의 생물학 및 육종학 연구자들 사이에서 널리 읽히게 되었다.

을 체계적으로 집대성한 결정판이라고 할 수 있다.

우장춘은 육종과 관련한 이론 중에서 잡종강세, 불화합성, 웅성불임성 등을 채소 품종개량에 중요하게 활용할 수 있을 것으로 내다봤다. 그는 각국에서 쏟아져나온 유전학적 연구성과를 기초로, 잡종강세를 이용한 F1세대의 우량품종을 얻는 데 많은 노력을 기울였다. 그런데 채소는 자가수분이 잘 이루어지지 않고 타가수분을 할 경우에는 순도가 떨어지는 문제를 안고 있었다. 이에 우장춘은 채소의 육종에 자가불화합성(自家不和合性, Self Incompatibility) 성질을 역으로 이용할 수 있을 것으로 판단하고 이를 중심 연구과제로 삼았다. 그 결과 불화합성을 이용하여 처음으로 채소 육종기술을 과학적으로 체계화했다. 이로 인해 우수한 채소 종자를 품질의 퇴화 없이 매년 대량으로 얻을 수 있는 길이 열렸다.

이때는 우장춘의 생애에서 중간단계라고 할 수 있다. 농업시험장에서는 학문적 연구에 치중했다면 이후 한국에서는 철저히 기술 개발에 역점을 두었다. 그런 면에서 이 시기는 이론과 실천을 결합해 학술적 응용을 추구한 절충의 단계로 이해할 수 있다. 그뿐 아니라 연구자인 동시에 관리자로서의 경력은 향후 한국에서 활동하는 데 상당한 도움이 되었다.

한국 귀환과 국민적 우상

그동안 많은 사람들은 우장춘을 열렬한 애국심의 소유자로 묘사해왔다. 그는 국교가 없는 상황에서도 모든 개인적 영달을 버리고 오로지 조국의 발전을 위해 온몸을 바칠 생각으로 한국에 돌아왔다는 것이다. 그가 한국이 매우 어려웠던 시기에 돌아와 결과적으로 농업발전을 위해 헌신했던 점은 분명한 사실이다. 그렇다면 우장춘이 한국에 돌아온 동기와 배경도 뜨거운 애국심의 발로로 설명하는 것이 타당한 것일까?

귀국운동의 전개와 성공

드디어 우장춘에게도 한국인으로 살 수 있는 기회가 찾아왔다. 바로 1945년 한국이 일본의 식민지에서 벗어나 독립한 것이다. 하지만 우장춘은 망설이지 않을 수 없었다. 일본에는 그가 부양해야 하는 가족이 여럿 있었고 정치적으로 혼란스러웠던 한국에서는 그에 어울리는 일을 찾기가 어려웠다. 복잡하고 혼란스러운 현실이 그의 마음을 어지럽혔다.

그렇다면 우장춘이 몇 년이 지나 귀국을 결정한 배경은 무엇일까? 한국의 적극적인 제의와 설득이 크게 작용했을 것이다. 우장춘 스스로 귀국을 먼저 적극적으로 추진할 만큼 애국심이 투철하지는 않았다. 귀국에 필요한 외적인 환경이 마련되고 내부 여건이 갖추어졌을 때 비로소 우장춘의 과학 휴머니즘도 작동될 수 있었다.

우장춘 환국추진운동은 1947년부터 시작되었다. 이 운동은 한국으로 돌아와 경상남도 농림국장으로 재직하고 있던 김종의 주도로 일어났다. 그는 우장춘의 존재를 각계에 널리 알렸고 급기야 우장춘을 한국으로 데려오자는 여론을 모으는 데 성공하였다. 김종은 이 같은 사실을 일본에 있던 우장춘에게 알렸고 그와 친분이 있던 윤태현이 일본에서 우장춘을 설득했다. 그는 생각 끝에 제의를 받아들이기로 결정하였다. 이때부터 '우장춘 박사 환국추진위원회'가 조직되어 본격적으로 활동을 개시했다. 그 결과 모금한 금액 1백만원을 일본에 있는 우장춘에게 보낼 수 있었고 1949년 4월에는 국가의 재정지원을 받는 한국농업과학연구소가 세워졌다.

우장춘은 귀국 제의를 받고 여생을 아버지의 나라 한국에 봉사하기로 마음먹었다. 그는 한국의 농업을 개선·발전시켜 한국인이 더욱 인간다운 생활을 할 수 있도록 자신의 모든 것을 바치기로 결심했다. 과학 휴머니즘에 기인한 헌신적인 과학자로서의 삶을 새롭게 선택하였던 것이다. 그의 과학연구는 당연히 이전보다 훨씬 더 실제적이고 유용한 주제로 방향이 잡혔다. 한국과 한국인에게 직접적이고 즉각적인 도움을 주기 위해서였다. 우장춘은 귀국을 새로운 조국의 선택이라기보다는 아버지 나라에서의 새로운 소명의 수행을 위해 단행하였다. 이 때문에 그는 수많은 어려움을 감내할 각오를 하고 가족은 모두 일본에 남겨둔 채 홀로 한국으로 건너온 것이다.

1950년 3월 귀국 환영회에서 김병규 위원장은 "우리는 일본의 대마도와도 우장춘을 바꾸지 않겠다"라며 그의 귀환을 반겼다. 이에 대해 우장춘은 "그동안 어머니의 나라 일본을 위해서 일본인 못지않게 노력했으니 이제부터는 아버지 나라 한국을 위해 최선을 다하겠으며 이 나라에 뼈를 묻겠다"고 약속하였다. 그는 마음의 결단을 하고 한국으로 건너왔고 수많은 한국인의 뜨거운 환영과 기대를 받으며 한국인으로 살리라 다짐했다.

그렇더라도 우장춘은 한국에서의 자신의 역할을 아주 제한하였다. 그는 "본연의 임무인 육종사업과 후진양성 이외에 다른 일은 하지 않겠다"고 마음먹었다. 즉 그는 자신의 재능을 통해 한국에 기여하는 역할에 충실하되 그 이상의 책임과 의무는 과분하다고 여겼다. 당시 한국에서는 연구소 명칭을 농업과학 전반을 담당하는 기관처럼 붙이고, 후에는 우장춘에게 농림부 장관직을 제시했던 데서 알 수 있듯이 그에 대한 기대가 엄청나게 컸다. 하지만 그는 오로지 자신이 세운 제한적인 과제, 실제로 그가 잘할 수 있을뿐더러 그를 절실히 필요로 하는 일만을 하려 했다.

한편 우장춘은 한국에서 여러 오해와 곤란을 겪기도 하였다. 가장 큰 문제는 언어였다. 그는 우리말을 할 줄 몰라서 대화나 강의를 언제나 일본어로 하였다. 그는 우리말을 잘 모르더라도 자기 일을 하는 데는 지장이 없다고 생각했던 것이다. 이 같은 사정 때문에 우장춘은 종종 비애국자 혹은 친일파로 의심받았고 대학에서는 학생들의 강연거부 사태가 일어나기도 하였다. 연구소에서는 연구원 사이의 의사소통이 어려웠고 각 구성원의 실정을 정확히 파악하고 이해하는 데 제약이 따랐다. 또한 일본에서 오래 생활하여 한국 사회의 현실과 문화를 이해하고 적응하는 데 곤란을 겪었다. 한국 음식을 잘 먹지 못했고 특히 김치는 너무 매워서 입에 맞지 않았다. 비록 김치의 재료인 배추의 육종에 높은 열정을 쏟았지만 김치까지 좋아하기는 힘들었던 것이다.

한국에 묻힌 국민적 우상

연구소는 한국전쟁이 끝난 1952년부터 실질적으로 가동되었다. 우장춘은 이때부터 연구활동을 본격적으로 추진하며 오로지 과학 외길의 인생을 살았다. 그는 다른 권위나 잡무에 눈길을 두지 않고 철저히 그리고 한결같이 과학도로 생활하였다. 연구소는 그에게 생활 공간이자 삶의 터전이었다. 매일같이 아침 일찍 실습장에 나와 채소와 꽃에 파묻혀 생활하다가 밤늦게 귀가하였다. 그는 사무능률, 근무태도, 직원의 신뢰, 책임의식 등 농림부 평가의 모든 면에서 최고 점수를 받았다. 당시 한국은 과학자들도 높은 직위와 권한에 관심이 많을 때였으나 그는 대우와 보수에 연연하지 않았다.

우장춘은 한국의 농업 실정과 요구에 맞는 '한국적 과학연구'를 아주 잘 수행하였다. 사실 한국과 일본 과학은 엄청난 수준 차이가 있었다. 그는 일본에서 수준 높은 연구활동을 추구해온 만큼 한국처럼 낙후된 지역에서 과학활동을 펼치는 데에는 익숙지 않은 인물이었다. 그뿐 아니라 자신의 수준을 낮추어 한국의 필요에 맞춘다는 것은 연구 욕심이 많은 그의 성에도 차지 않는 일이었을 것이다. 그럼에도 불구하고 우장춘은 자신이 하고 싶은 과학연구가 아닌 한국에 필요한 과학연구에 철저히 맞추어나갔다. 이것은 그가 과학연구를 개인의 명예를 높이는 수단으로 삼기보다는 과학 휴머니즘에 따라 국가에 봉사하는 활동으로 간주했기 때문일 것이다.

우장춘은 후학의 지도에도 깊은 애정과 열성을 쏟았다. 당시 연구소에는 비공식적으로 연구생 제도를 두어 운영하고 있었다. 우장춘은 한국의 과학 발전을 위해서는 유능한 젊은이들의 교육이 매우 중요하다고 생각했던 것이다. 그는 "눈빛이 식물의 잎을 뚫고 들어가 그 뒤쪽까지도 꿰뚫어볼 수 있어야 한다"고 강조하였다. 즉 과학자는 예리한 관찰력을 길러 사물을 직관적으로 간파하고 서로 대화를 나눌 수 있어야 한다는 것이었다. 이들은 교육을 받은 후 연구소, 대학, 종묘회사 등으로 진출하여 한국 원예과학의 초석을 놓는 데 중추적인 역할을 하였다. 연구소의 직원들도 우장춘의 직간접적인 지도를 받으며 그를 그대로 본받았음은 물론이다.

또한 우장춘은 소박하고 헌신적인 삶을 살았다. 그는 외양에는 무관심하여 늘 점퍼에 고무신 차림이었다. 연구소의 책임자라기보다는 당시에 흔히 볼 수 있는 농부와 같은 모습이었다. 그는 주변 사람들을 돌보고 아끼는 일에도 매우 적극적이었다. 어머니가 돌아가셨을 때 전국 각지에서 조의금이 들어왔는데 그는 이 돈으로 물이 귀한 연구소 근처에 자유천(慈乳泉)이라는 우물을 파서 이웃 주민들이 이용하도록 하였다. 또한 가끔씩 일본에 있는 가족의 생활비로 지원되는 돈은 일본에서 종자와 기자재, 도서 등을 구입하는 데 사용하였다. 게다가 연구소에서 발간한 사업보고서와 연구보고 어디에도 자신의 이름을 드러내지 않고 모든 연구성과를 오로지 다른 연구자들의 몫으로 돌렸다.

시간이 지남에 따라 우장춘이 있는 연구소는 많은 사람들이 찾아오는 명소가 되었다. 처음에는 호기심에 찾아오는 사람이 대부분이었지만 갈수록 우장춘을 존경하는 마음에서 찾아오는 사람이 많아졌고 나중에는 학생들의 수학여행 경유지가 될 정도였다. 당시 사람들은 고무신 할아버지, 고무신 박사라고 부르며 우장춘에게 친근감을 표시했고 그의 열정과 노력에 감사를 표했다. 비록 그의 말투와 행동은 여전히 한국 사람과 달랐지만 그를 한국인으로 받아들이는 데 걸림돌이 되지는 않았다. 사람들은 한국에 대한 그의 남다른 과학적 공헌과 헌신적 생활만으로도 그를 진정한 한국인으로 보기에 부족함이 없다고 생각하였다.

우장춘은 1959년 8월 10일 한국에 온 지 불과 9년여 만에 죽음을 맞았다. 신경통 약을 장기간 복용한 결과 위와 십이지장이 심하게 손상되고 급기야 합병증으로 사망한 것이다. 장례는 수많은 사람들이 애도하는 가운데 사회장으로 치러졌고 유해는 그의 뜻대로 농촌진흥청 구내에 있는 여기산 기슭에 안장되었다. 한국농학회 회장이었던 조백현은 추도사에서 우장춘에 대해 "참으로 하느님이 우리 민족을 살리기 위하여 특사를 파견한 것"이라고, "그대는 아버지의 나라를 위하여 남부럽지 않을 만큼 일을 한 것이다"라고 치하하였다. 시인 이은상은 "불우와 고난 속에 진리를 토파내어 종자합성〔종의 합성〕새 학설을 세계에 외칠 적에 (……) 그 정신 뿌리되어 싹트고 가지 뻗어 이 나라 과학의 동산에 백화만발하리라"는 추도시를 바쳤다. 한국정부는 병석에 있던 우장춘에게 '교육, 학술, 예술, 기타의 문화 발달 또는 민중의 계몽에 그 공적이 현저한 자'로 평가해 건국 이후 두번째로 문화포장을 수여하였다.

한국의 채소종자 독립

한국에서 우장춘의 연구활동은 학술적인 측면에서는 초보적인 수준에 머물렀다. 이 때문에 그의 과학연구는 오히려 크게 퇴보했다고 볼 수도 있다. 그럼에도 당시 한국으로서는 그의 과학연구가 매우 값진 것이었다. 그의 과학연구의 세계적 의미는 떨어졌지만 한국적 의미는 결과적으로 현저히 높아지게 되었다.

장춘학파의 형성

우장춘이 이끈 연구소에 모인 사람들은 그에게 직접 육종연구를 훈련받았을 뿐 아니라 그의 연구활동을 그대로 본받게 되었다. 우장춘의 직장 내 위치와 학문적 권위는 물론 인간적 매력, 헌신적 태도 등도 연구소 직원들이 그를 철저히 따른 요인이었다. 더구나 이들은 대부분 연구소 안에 위치한 관사나 합숙소에서 생활했기 때문에 아주 가까운 인간관계를 유지하였다. 우장춘이 제시했거나 그를 본보기로 삼아서 공통의 연구활동, 생활방식, 가치관 등을 장기간 공유한 연구소의 구성원을 우리는 장춘학파(長春學派)라 부를 수 있을 것이다.

장춘학파는 크게 세 그룹으로 나뉘는데, 농업학교를 나온 초기 연구직 직원들, 대학을 졸업한 연구생 출신들, 그리고 행정에 종사한 사람들이다. 분야별로는 우장춘의 전공분야이자 연구소에서 중점을 두었던 채소 분야의 연구인력이 가장 많았고 그에 비해 과수 분야는 적은 편이었다. 이들 대부분은 교육수준이 낮으며 연구 경력 또한 전혀 없는 사람들이었다. 이렇듯 원예연구 분야의 초보자들이 우장춘을 중심으로 모여들어 연구 그룹을 형성했던 것이다.

이 장춘학파는 크고 작은 사건으로 존속하기 어려운 상황에 놓인 적도 있었다. 가장 큰 위기는 1951년 초 무렵에 부소장으로 있던 김종이 우장춘과의 견해 차이로 다른 곳으로 자리를 옮겼을 때였다. 이때 5~6명의 직원들이 김종을 따라 연구소를 그만두기는 했지만 연구활동을 준비하던 초기라서 곧바로 인력을 충원해 문제를 해결할 수 있었다. 1955년 위법경리와 시험지 생산물의 무상처분 등이 정부 감사에서 발각되어 또 한 번 위기를 맞았다. 이 사건은 연구소 책임자 우장춘이 문책을 받고 대금 약 20만환을 직원에게 징수하는 것으로 마무리되었다.

장춘학파의 특징 중 하나는 연구소와 연구자들의 활동이 우장춘의 직할체제로 운영되었다는 점이다. 당시 연구소에는 원장을 보좌하는 직위로 부소장 혹은 부원장이 있었다. 그러나 우장춘은 모든 연구소 사람들을 직접 만나 과제를 설명하고 문제를 해결하는 방식을 택하였다. 부원장은 고등 학력과 풍부한 경력을 지닌 사람들이었음에도 두드러진 활동을 남기지 못한 채 얼마 못 가서 그만두었다. 대부분이 우장춘이라는 거물 밑에서 자신의 권위와 역할을 적절히 찾지 못했기 때문일 것이다.

다음으로는 연구자들이 우장춘이 총괄하는 연구과제를 서로 분담하는 방식으로 수행했다는 점을 들 수 있다. 모든 연구자들은 팀 단위로 나뉘어 우장춘이 주는 세부 연구과제를 수행하였다. 팀 연구조직은 2~4명 단위의 기사(기좌)–연구생(촉탁)으로 구성되었으며 1958년에는 총 14개의 연구팀이 운영되었다. 각 연구팀은 매년 두세 개의 연구주제를 맡고 그것을 이어서 수행함으로써 자신의 연구 분야를 특화시킬 수 있었다. 우장춘은 연구자별로 전문화된 연구활동을 한국 육종연구의 발전방안으로 생각했던 것으로 보인다.

끝으로 우장춘을 포함한 구성원의 내부 결속력이 매우 강하게 유지되었다는 점을 지적할 수 있다. 이들은 연구활동뿐만 아니라 다른 측면까지 공유하며 아주 긴밀한 관계를 유지하였다. 우장춘을 중심으로 해서는 연구공동체가 만들어졌고 연구소 공간을 통해서는 생활공동체가 형성되었다. 이들은 1963년에 원우회를 결성하여 친목 도모와 우장춘의 업적을 널리 알리는 일에 앞장서고 있다.

종자 자급과 일대잡종 연구

우장춘이 살아 있는 동안 장춘학파가 벌인 연구활동은 크게 세 시기로 나뉜다. 제1시기는 1950~53년으로, 재래품종과 특히 도입품종에서 우량한 고정품종을 찾아내어 채소 종자를 자급생산하는 데 중점을 두었다. 1951년 정부의 상당한 재정 지원을 받아 시험포장을 만들고 유리지붕이 망실된 48동을 신축하며 기존의 온실 3동을 수리하는 등 육종연구를 위한 시설을 갖추었다. 그 결과 1953년부터는 한국의 기후와 한국인의 식성에 맞는 우수한 고정품종을 얻어내고 그에 대한 생산력검정시험과 순도검정시험을 하게 되었다. 이 선발된 종자를 전남 진도의 채종지에서 대량생산함으로써 1955년 무렵에는 배추, 무, 고추 등의 채소 종자를 양적으로 자급하는 데 성공을 거두었다. 이로써 한국에서 채소 육종연구를 본격적으로 추진할 수 있는 기반이 마련되었다.

제2시기는 1954~57년으로, 확보된 품종에서 계통분리나 부분적으로 품종 내 교배를 통해 우량계통을 육성하는 데 힘썼다. 이 기간에 배추는 19품종 174계통, 무는 14품종 173계통에 대한 분리교잡시험이 실시되어 적어도 배추는 80계통, 무는 144계통이 생산력검정시험을 거쳐 선발되었다. 이 시험은 양배추, 오이, 호박, 수박, 토마토, 가지, 양파, 파 등으로까지 확대 실시되었다. 시험 결과 얻어진 주요 선발계통은 일반 농가에 보급되었을 뿐만 아니라 이후의 교잡육종을 위한 중요한 기초자료로 사용되었다.

제3시기는 1958년 이후로, 품종 간 교잡시험을 본격적으로 추진하여 우량 일대잡종 육성시대를 열게 되었다. 그동안 얻어진 우량품종에 기반하여 품종 간 교잡연구가 본격적으로 추진되고 채소의 육종에 자가불화합성과 웅성불임성(雄性不姙性)을 이용하기 위해 그 특성에 대한 연구가 활발히 이루어졌다. 이들 연구성과에 힘입어 잡종강세를 지니는 신품종을 1960년에 배추 원예1호와 원예2호, 1962년에 양파 원예1호와 원예2호, 양배추 동춘(東春)을 잇달아 개발하였다. 특히 일대잡종 배추는 자가불화합성을 이용해서 개발한 세계 최초의 연구 성과라는 가치를 지녔다. 이들 일대잡종은 주요 민간종묘회사에 분양 되어 종묘산업의 본격적인 태동에 중요한 기반이 되었다.

이처럼 장춘학파의 연구활동은 도입육종, 분리육종, 교잡육종으로 순차적인 발전과정을 거쳤다. 우장춘이 추구한 제1기에는 국가의 전 폭적인 지원과 연구자들의 열의를 이끌어내는 가운데 육종연구의 기 초가 빠르게 확립되고 특정부문에 대한 집중적인 연구가 이루어졌다. 제2기부터는 이같은 연구기반에 힘입어 우장춘이 일본에서 수행했던 수준 높은 유전육종학과 일대잡종기술을 접목할 수 있는 기회가 열렸 다. 제3기가 되면 장춘학파의 구성원은 우장춘의 일본에서의 연구활 동을 모방하여 그와 비슷한 수준에 도달하여 선진국에 근접한 육종성 과를 내기에 이르렀다. 특히 한국에서 중요성이 커 가장 주된 연구대 상으로 삼은 배추, 무, 고추 등에서는 오히려 이들이 국제적으로 첨단 연구성과를 주도하는 양상을 띠었다.

우장춘이 뿌린 과학연구의 씨앗은 여전히 한국 채소 육종연구의 소 중한 원천이다. 지난 2000년에 미국, 영국, 일본, 한국 등 10여 개 국 가가 모여 국제배추과게놈컨소시엄을 결성하였다. 이때 배추과 작물 의 유형 분류는 우장춘이 종의 합성 연구에서 밝힌 게놈분석에 근거 하여 이루어졌다. 그뿐 아니라 배추 품목에서는 한국 배추가 국제 게

씨 없는 수박의 내막

　　　　　　　　　　씨 없는 수박은 우장춘이 밝힌 '종의 합성' 이론과도
상당한 관련이 있다. 그는 유채 등의 배추과 작물에서 다배수체 발생과 기작을 실험하여
밝혔을 뿐만 아니라 품종개량을 할 수 있는 방법도 열어놓았던 것이다. 물론 씨 없는 수
박의 개발에 쓰인 콜히친과 같은 화학물질을 직접 사용한 적은 없으나 다양한 배수체 식
물의 개발이 식물 육종에 유용하게 활용될 수 있음을 보여주었다. 이처럼 우장춘의 종의
합성은 씨 없는 수박 개발의 기초적인 지식과 원리를 제공했던 것이다.

　그렇지만 '씨 없는 수박'은 일본의 교토 제국대학 기하라 히토시가 1943년경에 처음
개발했다. 그는 우장춘과도 돈독한 친분을 쌓으며 활발히 교유한 인물이었다. 이 때문에
우장춘은 씨 없는 수박 개발에 대해 잘 알고 있었을 것이다. 그럼에도 우장춘 하면 씨 없
는 수박을 떠올리고 이것이 그의 대표적 연구성과로 알려지게 된 이유는 무엇 때문일까?

　우장춘은 한국에 돌아온 직후 여러 대중강연회에서 씨 없는 수박 이야기를 자주 하였
다. 그 요지는 미량의 콜히친 수용액을 수박의 배아에 처리하면 4배체($2n=44$)를 얻을 수
있고 이것을 다시 보통 수박($2n=22$)과 교배하면 씨가 없는 3배체($2n=33$)가 만들어진다
는 것이다. 그는 이를 통해 유전학에 기반한 육종기술의 산업적, 실용적 위력을 생생히
보여주고자 하였다.

　또한 1953년에 연구소 내의 시험포장에 씨 없는 수박을 재배해 보이기도 하였다. 당시 종묘
회사들은 씨 없는 수박 종자를 일본에서 들여와 비싼 값에 팔고 있었다. 그런데 이 종자를 구
입하여 재배한 농가들은 대부분 실패했고 그리하여 씨 없는 수박에 대한 문의가 연구소에 많
이 들어왔다. 이때 우장춘은 씨 없는 수박을 직접 만들어 일반인에게 보여주었다.

　우장춘은 씨 없는 수박이 대중의 주목을 끌자 그것을 적극적으로 활용하였다. 특히 당
시는 국민의 농정 불신이 만연해 있던 때로 아무리 우수한 종자를 국내에서 생산하여도
그것을 믿고 사려 하지 않았다. 이 같은 문제를 타개하기 위하여 연구소 산하기관이던 한
국농업과학협회의 주도로 '우장춘 박사 환영회 겸 씨 없는 수박 시식회'가 열렸다. 이는
씨 없는 수박까지 만들 수 있는 우장춘의 능력과 명성을 이용하여 연구소에서 개발한 채
소 종자를 널리 보급하기 위한 것이었다. 그 덕분에 우량 채소 종자는 널리 보급될 수 있
었지만 한편으로는 씨 없는 수박을 우장춘과 더욱 일체화시키는 결과를 낳았다.

놈분석의 표준 연구품종으로 선정되고 한국이 이 연구를 주도할 수 있게 되었다. 이렇듯 한국의 채소 육종연구는 우장춘이라는 원예육종학의 대부에서 발원하여 현재도 그 물줄기가 이어지고 있다.

우장춘의 신화

명성 높은 인물일수록 잘 구성된 신화가 존재한다. 그동안 우장춘에 대해서는 두 가지 신화가 전해내려왔다. 하나는 신기한 재능을 발휘하여 씨 없는 수박을 세계에서 최초로 개발했다는 것이고, 다른 하나는 애초부터 한국인으로 자각하고 이후 조국에 헌신한 열렬한 애국자라는 것이다.

이 신화는 우장춘이 한국에 돌아올 즈음부터 만들어지기 시작하였다. 당시 한국에서는 일본에서 활동해온 그의 생애와 업적에 대해 잘 모르고 있을 때였다. 이 같은 상황에서 많은 사람들은 그의 위대성을 찾는 노력을 기울였고 이 과정에서 충분히 있을 법한 신화가 훌륭히 만들어졌다. 즉 베일에 싸여 있던 우장춘을 걸출한 한국인 과학자로 정당화하는 일화들이 엮여 신화로 등장하게 되었던 것이다.

그런데 그의 가치관에 비추어 민족의식은 일부의 단면에 불과하고 씨 없는 수박은 그의 과학연구에서 에피소드에 불과하다. 나는 이 글에서 우장춘을 씨 없는 수박을 개발하고 투철한 애국심을 지닌 인물이 아니라 '종의 합성' 이론과 한국의 '씨앗 독립', 첨단 육종기술의 개발을 이끈 '과학 휴머니즘'을 실천한 인물로 새롭게 평가하였다. 우장춘에 대한 이 같은 재평가가 그의 생애와 업적을 더욱 충실히 그리고 제대로 밝히는 일일 것이다.

과학자 우장춘의 생애는 크게 세 시기로 나뉜다. 제1시기는 농학실과를 졸업한 후 일본의 농업시험장에서 활동한 1919~36년이다. 그는 넓게는 인류를 위한 과학연구를 수행했고 그 결과 세계 과학계에서 인정받는 학술적 연구성과를 거두었다. 제2시기는 다키이 농장으로 근무지를 옮겨서 활동한 1937~49년이다. 이때 그는 일본을 위한 연구에 집중했고 한편으로는 한국의 과학에도 관심을 가지며 과학에 기반한 실용적 연구를 수행하였다. 제3시기는 한국으로 돌아와 완전히 새로운 환경에서 활동한 1950~59년이다. 그는 철저히 한국을 위한 연구를 했고 이전과는 달리 지역성이 강한 기술적 연구성과를 냈다.

그러므로 우리는 우장춘을 평가할 때 서로 다른 두 가지 기준으로 보는 것이 바람직하다. 세계적 시각과 한국적 시각이 그것이다. 우장춘이 일본과 한국에서 펼친 과학활동이 크게 달랐고, 그 가치 또한 아주 대조적이었기 때문이다. 그러지 않을 경우 우장춘의 생애와 업적을 절반만 보게 되는 문제를 드러내게 된다. 그동안 일부에서는 일본에서의 순수한 학문적 연구만을 부각시키고, 다른 일부에서는 한국에서의 애국적인 실용연구만을 지나치게 강조하는 경향이 있었다. 결국 우장춘을 제대로 바라보고 평가하기 위해서는 두 시각의 종합이 필요하다. 우장춘에게서는 과학의 세계성과 국지성이 모두 나타나기 때문이다.

우장춘의 가장 두드러진 연구업적은 종의 합성 규명과 한국의 씨앗 독립, 첨단 육종기술의 개발이라고 할 수 있다. 그는 종의 합성으로 세계 유전육종학의 학문적 기초를 다지고, 씨앗의 독립을 통해서는 한국 현대농학의 근간을 마련하는 데 지대한 공헌을 하였다. 우장춘이 이 같은 연구성과를 거둘 수 있었던 배경에는 과학 휴머니즘과 열정, 그리고 헌신이 있다. 우리가 우장춘을 한국의 대표적 과학자로 내세울 수 있는 것도 그가 '과학 휴머니즘'에 기반해서 '종의 합성'과 한국의 '씨앗 독립', 그리고 첨단 육종기술의 개발이라는 탁월한 연구성과를 거두었기 때문이다.

한국 화학계의 큰 별

이태규

| 송상용 |

이태규의 생애

역사가 백 년 남짓한 한국의 현대과학이 세계에 당당히 내놓을 수 있는 인물은 몇 안 된다. 이태규(1902~92)는 그 가운데서도 우뚝한 존재로 화학계의 큰 별이었다. 그는 한국에서 40년(1902~20, 1945~48, 1973~92), 일본에서 23년(1920~39, 1941~45), 미국에서 27년(1939~41, 1948~73)을 살았다.

초년

이태규는 1902년 10월 26일 충남 예산군 예산면 예산리 55번지에서 한학자 중농 이용균의 6남 3녀 가운데 둘째 아들로 태어났다. 이태규의 친가는 전주 이씨로서 고려 말에서 조선 중기까지 벼슬을 했으며 9대조 이후는 향리에서 한학에 힘썼다. 외가는 밀양 박씨이고 외할아버지는 중추원 의관을 지냈다. 그의 맏형 재규는 경성공업전습소 응용화학과를 나왔고 바로 아래 아우 홍규는 대검찰청 검사를 지낸 변호사였으며 막내아우 완규는 삽교고등학교와 서울 경문고등학교 교장을 지냈다.

이태규는 어려서 형과 함께 아버지에게 천자문을 배웠고 동몽선습, 소학, 통감을 읽었다. 나중에는 전등신화도 즐겨 읽었다. 아버지는 늘 정신일도 하사불성(精神一到 何事不成)을 강조해 이 구절은 일종의 가훈이 되었다. 그는 뒷날 이것을 everlasting effort로 옮겼고 앞에 keen observation을 붙여 학생들에게 강조하곤 했다.

이태규의 아버지는 개화한 양반이어서 신학문을 배워야 한다고 주장했다. 예산에 사립학교가 문을 열었을 때 이태규는 어렵사리 청강생으로 들어가 형과 함께 다녔다. 3년 만에 보통학교를 수석으로 마친 그는 도지사의 추천을 받아 1915년 경성고등보통학교(지금의 경기고등학교)에 무시험으로 입학했다. 고보 시절 그는 화학 교사 호리(堀正南)와 박물학 교사 모리(森島三)의 영향을 받아 과학자의 길을 가기로 마음을 굳혔다.

1919년 기미독립운동이 일어났을 때 이태규는 만세를 부르고 고향에 내려가 있었으나 학교의 부름을 받아 추궁을 받았다. 하지만 만세운동에 참여하지 않았다고 거짓말을 해 무사히 졸업할 수 있었다. 그리고 1년 과정의 사범과에 급비생으로 진학했다. 그는 호리의 조수가 되어 화학실험과 수업을 도왔다. 사범과를 졸업하고 전북 남원 소학교에 발령이 나 부임을 기다리고 있을 때 호리에게 히로시마(廣島) 고등사범학교에 총독부 관비 유학생으로 뽑혔다는 통지를 받았다.

1920년 3월 이태규는 현해탄을 건너 히로시마 고사에 입학했다. 그는 영어와 수학의 기초가 없어 벽에 부딪혔으나 밤샘을 일삼는 노력 끝에 2등으로 졸업하였다. 그러나 조선인이기 때문에 발령이 나지 않았다. 이 차별대우가 전화위복이 되어 대학에 진학할 수 있었다.

교토 시절

이태규는 1924년 교토 제국대학 화학과에 관비로 무시험 입학했다. 첫해는 독일어와 열역학, 통계역학을 수강하면서 여유 있게 보냈다. 2학년 때 조선인은 공부해봐야 장래가 없다는 친구의 말을 듣고 회의에 빠졌다. 자포자기해 술만 마시고 수업도 자주 빠지니 성적이 크게 떨어졌다. 토목과 선배 이희준이 찾아와 따끔히 충고하자 정신을 차리고 다시 학업에 매진했다.

당시 교토 제국대학은 자유주의적인 학풍을 자랑했고 학문에서는 먼저 출발한 도쿄 제국대학을 앞서가고 있었다. 화학 분야에는 공학부 공업화학과의 기다(喜多源逸, 1883~1952)와 이학부 화학과의 호리바(堀場信吉, 1886~1968)가 같은 물리화학 전공으로 쌍벽을 이루고 있었다. 이태규는 3학년이 되면서 호리바를 지도교수로 배정받았다. 8년 늦게 공업화학과에 들어온 리승기(1905~96)의 지도교수는 기다였다.

호리바는 다정다감한 인격자로 존경받았는데 이태규를 각별히 아꼈다. 이태규는 촉매 연구를 희망했고 '환원 니켈 존재하의 일산화탄소의 분해'라는 연구 주제를 받았다. 이 주제를 줄기차게 연구한 결과 대학을 졸업한 지 4년 만인 1931년에 이학박사 학위를 받았다. 조선 사람으로 짧은 시간에 학위를 마쳐 일본 사회에서도 큰 화제가 되었고 아사히 신문 등 언론에 보도되었다. 이태규의 이학박사 학위는 조선인으로 일본에서는 첫째이며 화학 분야에서는 세계에서 처음이었다. 그것은 실의에 빠져 있던 재일 유학생들에게 큰 격려가 되었고 고국에서도 엄청나게 기쁜 소식이었다. 동아일보는 사설로 이태규의 장거를 축하했다.

一

昨紙 第二面에는 一時에 朝鮮人 新博士 二名이 發表되었다. 學問에 貧乏한 朝鮮에 一時에 二人의 博士가 輩出하는 것은 眞實로 一大盛事

다. 더구나 理學博士는 今番이 첫 번으로 朝鮮人 全體를 爲하야 慶賀할 일이다.

博士란 學位가 한낱의 形式的 表彰임은 勿論이나 이것으로써 學界에 대한 貢獻의 증거를 표시하고 一般人의 向學心을 충동함에 잇서서는 사회적으로 또한 意義가 잇다 않을 수 없다.

二

무릇 人類는 학문으로써 進展한다. 우리는 學問의 힘으로써 曠漠한 황야를 沃土로 화할 수가 잇고, 東西幾萬里의 원거리를 수삼일에 翔破할 수도 잇다. 吾人의 衣食住 기타 온갖 물질적 생활이 학문의 힘에 의하야 발달됨은 물론이거니와 학문은 실로 吾人의 도덕, 吾人의 윤리 등 정신적 문화적 생활도 개선한다. 獨逸이 현대같이 政治的 고난에 처해 잇으면서도 능히 世界에 一等國임을 保持하고 잇는 것은 그의 학문 그의 문화가 他에 卓越한 바 잇는 때문이 아니랴.

도리켜 우리의 사회를 一瞥하면 新文明이 수입된 지 이미 수십 년에 달햇건만 十人의(서양서 받은 자들 제외) 醫博과 一人의 理博을 세일 밧게 없다. 어찌 애오라지 羞恥할 일이 아니랴. 환경이 如何히 불리하다 할지라도 좀더 民衆의 노력이 잇섯드면 현재수 이상의 學位를 받앗슬 것이다.

그러나 他面 다시 一考하면 당국의 朝鮮人에 대한 의식적 差別感 혹은 제한적 정책에도 그 원인이 잇지 안흘 수는 없다. 알기 쉽게 현재의 京城帝國大學에는 朝鮮人으로서 一人의 敎授는커녕 一人의 助敎授도 없지 안흔가. 아마 당분간도 역시 그러하리라 믿는다. 이것은 당국의 차별정책이오 조선인의 無能에만 잇는 것이 아님을 雄辯으로 설명하는 것이 아닌가. 곧 當局者들의 良心上의 답변을 구하는 바다.

1931년 7월 21일

이태규가 대학을 다닌 1920년대는 세계적인 공황의 파도가 일본을 휩쓸었고 마르크스주의가 젊은이들을 사로잡을 때였다. 이태규도 친구들의 영향을 받아 헤겔, 마르크스의 책을 읽었으나 모든 것을 물질로 따지는 유물론을 받아들일 수 없었다. 대신 그는 종교에 눈을 돌렸다. 그는 과학을 연구하면서 우주의 신비를 느꼈고 신의 존재를 믿었다. 이태규는 재학중 유학생 모임에서 만난 도시샤(同志社)대학 영문과 학생 정지용의 권유를 받아 가톨릭 영세를 받았다. 정지용이 대부였고 세례명은 알렉시스(Alexis)였다.

정지용은 귀국해 휘문고보 교사가 되었는데 이태규의 중매를 들었다. 정지용이 소개한 박인근은 논산 출신으로 대대로 가톨릭 집안이었다. 그녀는 진명여학교를 거쳐 제일여자고등보통학교(지금의 경기여고)를 졸업하고 원산의 수도원에서 가르치다가 교토에 유학, 헤이안(平安) 여학원을 마쳤다. 귀국한 후에는 명동성당에 있는 계성여학교에서 가르쳤고 평안도에 가 메리놀 수녀에게 조선말을 가르친 다음 익산 나바우 성당에서 가르치고 있었다. 두 사람은 나바우 성당에서 결혼식을 올리고 교토로 갔다.

이태규는 호리바의 부수(副手)가 되어 월급 48원을 받아 어려운 신혼살림을 꾸렸다. 무급강사가 된 다음에는 사립중학교에서 가르쳐 생활비를 벌어야 했다. 그는 꾸준히 연구업적을 쌓아 1926년 호리바가 창간한 『物理化學의 進步』지에 연속으로 논문을 발표했다. 또한 치열한 경쟁 끝에 1937년 교토 제국대학 조교수 발령을 받았다. 첫번째 조선인 제국대학 조교수는 박사학위보다 더 큰 뉴스거리였다. 조교수 발령은 교수회의의 엄격한 심사를 거쳐야 했고 문부성의 승인을 받아야 했다. 그의 발령은 강력한 반대에 부딪혔으나 호리바의 고집으로 성사되었다.

이태규는 교토에서 연구하면서 일본 화학계의 한계를 느꼈고 선진 외국으로 갈 생각을 하게 되었다. 호리바도 유학을 권했다. 더욱이 일본 대학에서는 조교수에서 교수로 승진하기 전 유학을 하는 것이 관례였다. 그는 20세기 초까지 화학의 최고 선진국이었던 독일로 가고 싶어했다. 그러나 당시 독일은 나치 집권 이후 많은 과학자들이 나라를 떠나는 실정이었다. 그래서 이태규가 선택한 곳은 미국이었다. 그러나 일본 당국은 조선 학자의 미국행을 의심스러운 눈으로 보았다. 이번에도 호리바의 도움이 필요했다. 정부 장학금을 받을 수 없었던 이태규는 일본에서 금강제약을 경영하고 있던 전용순과 가톨릭교회의 도움으로 여비를 마련했다. 생활비는 경성방직을 운영하던 교토 제국대학 선배 김연수가 1,000원을 주어 해결했다.

드디어 1938년 말 이태규는 배를 타고 미국으로 가 프린스턴 대학의 객원과학자가 되었다. 그때 프린스턴에는 촉매의 권위 테일러(Hugh S. Taylor)가 있었다. 그는 처음에는 테일러와 함께 연구했으나 실험화학자라 맞지 않아 같은 또래의 아이링(Henry Eyring, 1901~81)과 공동연구를 했다. 아이링은 원자가와 반응속도론 연구로 유명한 양자화학의 권위자였는데 이태규와 함께 쌍극자능률을 계산하는 연구를 했다. 프린스턴의 학문하는 분위기는 더할나위없이 좋았다. 물리학에는 아인슈타인과 위그너(Eugene Wigner, 1902~95)가 있었다.

314

이태규는 첨단연구에 한참 재미를 붙였으나 미일관계가 악화되자 일본으로 돌아갈 수밖에 없었다. 1941년 7월, 진주만 공격을 다섯 달 앞둔 때였다. 일본의 대학 분위기는 미국과는 너무나 대조적이었다. 그는 양자화학의 최신 이론을 강의해 인기를 끌었다. 호리바는 유럽에서 돌아와 통계역학을 강의하고 화학반응의 양자역학적 연구를 했지만 이태규는 반응성에 대한 유기치환기의 영향에 관한 연구와 화학결합의 양자역학적 계산을 했다. 김동원은 이태규가 양자화학을 일본에 처음 도입한 사람으로 알려져 있으나 양자화학이 일본에 들어온 것은 1930년대 중반이었다고 주장한다. 그것은 사실이다. 그러나 그의 일본 친구가 말한대로 이태규가 사쿠라이(櫻井錠二) — 오사카(大幸勇吉) — 호리바로 이어지는 일본 물리화학의 주류에 속한다는 것도 틀림없다. 이무렵 이공학부를 창설한 경성제국대학에서 화학 교수를 구하고 있었다. 이태규는 경성제대에 가기를 청했으나 받아들여지지 않았다. 조선인 교수가 서울에 부임하는 것이 탐탁지 않았을 것이다.

이태규는 바로 승진되지 않았고 조교수는 연구비도 받을 수 없어 김연수에게 1만원 지원을 부탁했다. 김연수는 기꺼이 이를 받아들여 1년에 3,500원이라는 거금을 주었다. 이태규는 이 돈으로 연구를 계속할 수 있었다. 2년이 지나 1943년에 이태규는 마침내 교토 제국대학 교수로 임명되었다. 정교수가 된다는 것은 당시 유럽 제도를 본뜬 일본에서 정상에 이르렀음을 뜻했다. 전쟁이 끝날 때까지 이태규는 37편의 논문을 발표했다. 당시 일본에서 활동했던 조선인 화학자들의 논문 수는 리승기 48편, 안동혁 27편, 전풍진 19편, 김양하 13편이었다.

8월 15일 히로히토 천황이 일본의 항복을 알리는 방송을 했을 때 이태규는 만세를 불렀다. 같은 시간 그의 스승 호리바는 나가노(長野)로 가려던 일정을 취소하고 강의실에서 학생들과 함께 방송을 들으면서 눈물을 흘리고 있었다. 이태규는 당장 귀국하고 싶었다. 그러나 부인이 만삭의 몸이었다. 결국 12월에야 배를 탈 수 있었는데 리승기, 박철재와 동행이었다.

첫번째 귀국

부산에 내려 고향에 들렀다가 서울에 올라가 군정청 문교부장 유억겸을 찾으니 그는 경성제국대학 이공학부장을 맡아달라고 부탁했다. 한국의 과학을 대표하는 이태규에게 이 자리를 맡기는 것은 너무나 당연한 일이었다. 이공학부장에 취임하면서 이태규의 고행이 시작되었다. 난생처음 맡은 행정직인데 눈코 뜰 새 없는 나날의 연속이었다. 제자와 후배들을 불러 화학과 교수진을 짰다. 김정수(교토 · 공업화학), 김용호(도호쿠), 김태봉(교토 · 농예화학), 김순경(오사카) 이종진(교토 · 농예화학), 최규원(도호쿠), 최상업 (교토), 김내수(나고야)가 모여들었다. 다른 분야에서는 볼 수 없는 강팀이었다. 물리학과 교수진이 주로 대학 중퇴인 데 비해 화학과는 모두 졸업생들이었다. 최상업은 직계 제자였고 김용호, 김순경은 그의 조수를 지냈다.

이태규가 한 또다른 일은 학회 조직이었다. 경성대학 이공학부 교수 중심의 화학회 설립운동과 중앙시험소 중심의 화학기술협회 결속운동이 하나로 묶였다. 1946년 6월 발기인회를 갖고 7월 7일 경성공업전문학교에서 조선화학회가 발족했다. 이태규는 회장에 추대되었다. 1948년 총회에서는 이태규가 연임되고 간사 안동혁, 리승기가 부회장으로 뽑혔다.

1946년 7월 국대안 추진계획이 발표되고 8월에 국립서울대학교 설립법령이 공포되자, 온 나라가 혼란의 소용돌이에 빠져들었다. 연일 반대집회와 시위가 이어졌고 이태규는 온갖 수모를 당해야 했다. 좌익 학생들은 이태규에게 자본주의의 주구, 친일파 등 온갖 폭언을 퍼부었다. 그는 줄담배를 피우며 그들을 상대해야 했다. 특히 화학과 교수 두 사람이 사표를 던졌을 때 충격은 컸다. 서울대학교가 출범하고 이태규는 문리과대학장이 되었지만 상처투성이였다.

이태규는 과학기술부, 과학심의회, 종합연구소를 설치하는 과학기술 진흥의 원대한 설계안을 제시하는 한편 지방으로 강연을 다니며 과학의 대중화에도 힘썼다.

유타 시절

이태규는 환멸을 느껴 모든 것을 버리고 1948년 9월 미국 유타 대학으로 갔다. 대학원장으로 있던 옛 친구 아이링이 초청한 것이다. 처음에는 2년 정도 있다 돌아올 예정이었는데 한국전쟁이 일어나 좌절되었다. 남은 가족은 생계가 어려워 김태봉, 최상업, 우장춘과 국무총리 백두진 등의 도움을 받았다. 6년 만인 1954년에야 외무장관 변영태, 주미대사 장면의 도움으로 가족이 합류할 수 있었다.

유타 대학에서 이태규는 연구교수로 아이링과 함께 연구에 전념했다. 이태규는 반응속도론, 액체이론, 분자점성학 등에 관심을 갖고 일

했는데 리-아이링이론(Ree-Eyring Theory)으로 알려진 비뉴턴유동이
론이 유명하다. 1958년에는 미국화학회 공업화학 분과의 우수논문 상
패를 받기도 했다. 1965년에는 노벨상 후보 추천위원이 되었다.

유타에서 이태규는 많은 한국 학생들을 데려다 지도했다. 양강, 한
상준, 장세헌, 김완규, 김각중, 전무식, 백운기, 이강표, 김성완, 채동
기, 장기준 등이 그들이며 물리학자 이용태, 권숙일도 지도를 받았다.
그의 귀국은 마냥 연기되었지만 한국의 형편이 나아짐에 따라 고국과
의 연락도 회복되기 시작했다. 4 · 19 후에 수립된 제2공화국의 문교부
장관 입각을 제의받았으나 사양했고 그해 빈에서 열린 국제원자력기구
회의에는 김태봉과 함께 한국대표로 참석했다.

1964년 9월 이태규는 대한화학회와 동아일보사 공동주최로 한 달
동안 전국을 돌며 귀국강연회(11회)와 시찰을 했고 대통령을 두 번 만
났다. 그의 일생에서 가장 화려한 기간이었다. 그는 회갑, 고희, 팔순
때 논문집을 받았고 서울대(1964년), 서강대(1977년), 고려대(1979
년)에서 명예이학박사 학위를 받았다. 대한민국 학술원상(1960년)을
비롯해 국민훈장 무궁화장(1971년), 수당과학상(1973년), 서울시 문
화상(1976년), 5 · 16민족상(1980년), 세종문화상(1982년) 등 주요 상
을 거의 휩쓸었다. 학술원 회원(1964년)이 되었고 한국 과학기술연구
소 고문(1966년), 과총 명예회장(1967년) 등을 지냈다.

영구 귀국

박정희는 최형섭, 전무식 등을 보내 이태규의 귀국을 종용했고 한
국과학기술원도 해외두뇌유치 계획의 대상자에 포함시켰다. 1973년

4월 이태규는 한국과학기술원 석학교수로 영구 귀국했다. 그는 고희를 넘겼지만 학생들을 지도하며 연구를 계속했다. 그는 끝까지 은퇴하지 않고 일한 셈이다. 1992년 10월 26일 그가 충남대 부속병원에서 영원히 눈을 감았을 때 한국과학기술원장으로 장례를 치렀고 과학자로는 처음으로 국립묘지에 묻혔다.

조심스러운 평가

1990년 이태규의 미수를 맞아 그의 제자들이 만들어 바친『어느 과학자의 이야기 · 이태규 박사의 생애와 학문』의 1부 '외길 한평생'은 한양대 국제문화대 국문학 전공 교수 김용덕이 쓴 것으로 문학적 향기가 높고 풍부한 자료를 담고 있으나 본격적인 전기는 아니다. 한국에서 이태규만큼 언론의 주목을 끈 과학자는 없다. 그러나 이태규에 관한 과학사 논문은 두 편밖에 나오지 않았다.

이제 이태규에 대한 평가를 조심스럽게 시도해보자. 우선 김동원의 주장대로 과학자로서의 이태규가 한국에서 최고봉이라는 데는 의심의 여지가 없다. 그는 일본과 미국에서 1급 과학자들과 함께 일했고 경쟁했다. 2백 편 가까운 그의 논문은 대부분 국제적인 수준이라고 해도 손색이 없다.

언론들은 그를 줄곧 노벨상 수상이 유력했던 과학자라고 언급해왔다. 이 점에서 이태규 자신은 겸손했고 단 한 번 김승원과의 인터뷰에서 "프린스턴에서 돌아오지 않았으면 노벨상을 받았을지도 모르지"라고 했을 뿐이다. 다만 이런 가정은 가능할 것 같다. 이태규의 교토 제국대학 1년 후배 도모나가(朝永振一朗)와 2년 후배 유카와(湯川秀樹)는 노벨물리학상을, 제자뻘 되는 후쿠이(福井謙一)는 노벨화학상을 받았다. 그가 전후 귀국하지 않고 교토에 남았다면 노벨상을 받았을 가능성이 있었다고 보아야 할 것이다. 그가 프린스턴에 남고 아이링이 유타로 옮겨가지 않았다면 아이링과 함께 공동수상할 수도 있었을 것이다.

이태규는 전형적이고 모범적인 과학자였다. 내가 학생 때 본 그의 방대한 노트는 그가 얼마나 열심히 공부했는가를 말해준다. 유타 대학과 한국과학기술원에서의 생활은 아침부터 밤까지 오로지 연구로만 채워졌다. 강의 준비, 논문 다듬기도 완벽에 가까웠다. 그는 거의 수석을 놓치지 않은 수재였고 그 자신이 늘 말했듯이 일생을 무서운 노력으로 일관했다.

이태규는 깊이 있는 철학의 소유자는 아니었다. 이 점에서 그가 존경한 아인슈타인이나 가까이 지낸 유카와, 안동혁과는 달랐다. 그는 지극히 평범한 과학자였다. 그와 인터뷰할 당시 반과학, 비판과학을 들추며 집요하게 물어보았지만 그의 답은 절대다수의 과학자들처럼 판에 박은 듯한 낙관론에 머물렀다.

또한 사상적으로는 보수주의자이기도 했다. 동향에 경성고보 동기였다는 박헌영과는 달리 반골 기질은 찾아볼 수 없고 언제나 체제에 안주했다. 그는 해방 후 좌익에게 시달린 탓인지 철저한 반공주의자가 되었다. 부산 미국문화원 방화범을 숨겨준 신부를 격렬히 비난한 것만 보아도 알 수 있다. 또한 친일파라고까진 할 수 없으나 일본에 대한 적개심이 없었던 것은 사실이다. 그는 일본에서 설움을 많이 받았으나 대학에서는 좋은 대접을 받았다. 그의 사고는 역시 미국보다는 일본에 가까웠다.

박성래는 이태규와 리승기가 사이가 좋지 않았던 것 같다고 한다. 국대안 파동을 겪으면서 둘 사이는 서먹해졌을지도 모른다. 그러나 내 생각은 그렇지 않다. 나이 차이는 세 살밖에 나지 않지만 교토에서 이태규가 교수일 때 리승기는 학생이었고, 그런 이태규를 리승기는 깍듯이 대했다고 한다. 김근배는 미발표 논문에서 이태규와 리승기를 세계과학과 주체과학의 대조라는 관점에서 설명하고 있다. 재미있는 접근이다. 어쨌든 결과를 놓고 보면 이태규가 리승기보다 과학자로서 훨씬 더 행복하고 보람된 삶을 살았다고 할 수 있다.

현신규

| 이문규 |

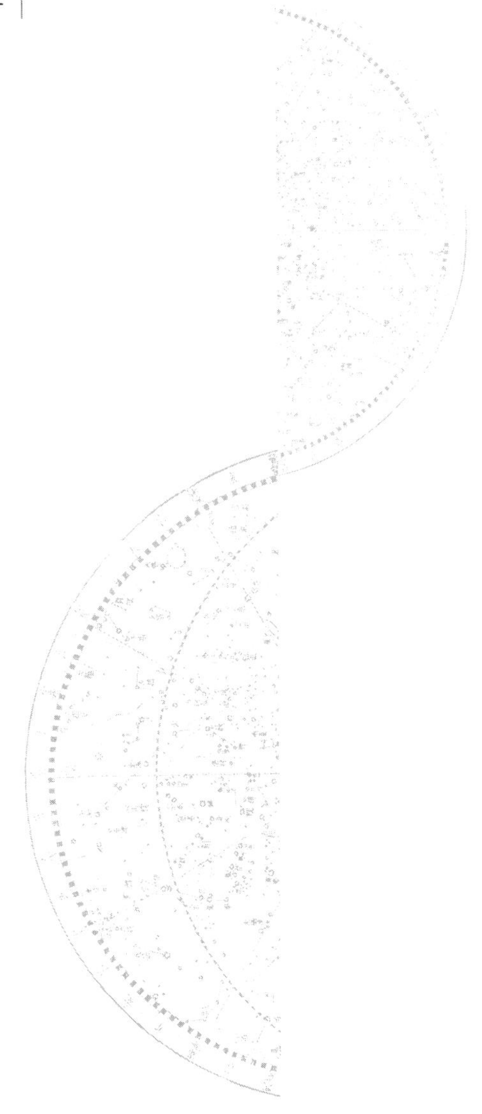

나무와 함께 살아간 현신규

현신규(玄信圭)는 1912년 1월 27일 평안남도 안주에서 태어났다. 아버지 현도철은 한문과 서예에 조예가 깊은 한학자였으며, 어머니 이동일은 독실한 기독교 신자였다. 어린 시절 현신규는 보통학교의 조선인 교사와 교회의 목사를 통해 항일의식의 중요성과 애국애족의 필요성을 자주 새겨들었다. 이들을 통해 일제 강점기라는 시대 상황을 느끼며 자랐다. 그의 이런 인식은 오산학교에 진학하면서 더욱 분명해졌다.

현신규가 중학교 과정의 오산학교로 진학하게 된 데는 맏형 인규의 권유가 결정적인 영향을 미쳤다. 현신규보다 여섯 살 많은 인규는 평양고보를 다니다 3·1운동에 가담했다는 이유로 퇴학당하고 오산학교로 전학했다. 현신규가 보통학교에 진학할 무렵에는 일본 릿쿄(立教) 대학 철학과에 다니고 있었다. 오산학교는 이승훈이 애국계몽운동의 일환으로 설립한 학교로 당시 교장은 조만식이었다. 조만식은 아침 조회 때마다 민족사상과 애국의식을 주제로 훈화를 했다. 이러한 오산학교의 분위기가 현신규에게도 많은 영향을 주었다.

그러나 당시 오산학교 학생에게는 상급학교로 진학할 수 있는 자격이 주어지지 않았다. 이에 따라 현신규는 3학년 1학기를 마친 다음 오산학교를 자퇴하고 경성에 있는 사립 휘문고등보통학교(이하 휘문고보)로 편입했다. 경성에서 공부하면서 현신규의 시야는 더 넓어졌다. 특히 5학년 때 만주 일대로 갔던 졸업여행은 현신규에게 더 큰 세상을 경험할 수 있는 계기가 되었다.

한편 현신규는 집안 형편이 넉넉하다고 생각했기 때문에 졸업 후 일본으로 건너가 문학이나 철학을 깊이 있게 공부하고자 했다. 그러나 이런 바람은 아버지에 의해 꺾이고 만다. 서신을 통해 현신규의 계획을 전해들은 아버지가 가세가 기울었으므로 유학을 보낼 수 없다고 했기 때문이다. 대신 아버지는 현신규에게 수원고등농림학교(이하 수원고농)로 진학하도록 했다. 아버지의 이런 결정은 현신규에게 커다란 실망을 안겨주었다. 하지만 부모의 뜻에 순종했던 현신규는 결국 수원고농으로 진학할 수밖에 없었다.

나무와 맺은 인연

성장기의 현신규에게 장래의 꿈을 포기하게 만들었던 아버지의 결정은 사실 우연히 이루어졌다. 현신규가 휘문고보를 졸업할 무렵 아버지는 평소 친분이 있었던 안주농업학교의 일본인 가와니시 교장에게 조언을 구했다. 가고시마 농고 임과(林科) 출신이었던 가와니시 교장은 수원고농의 임과를 추천했다. 졸업 후에 조선총독부 관리가 되기 용이하다는 이유에서였다. 현신규의 아버지 역시 어려워진 가정 형편을 고려하여, 현신규가 빨리 관리로 취직해서 생계를 도울 수 있기를 기대했다.

원치 않는 학교에 입학한 현신규는 방황의 시간을 보낸다. 그의 표현대로 "가고 싶은 학교에 가지 못하고, 하고 싶은 학문을 하지 못하게 된 마음의 상처로 비관과 회의의 늪에 깊이 빠져" 있을 수밖에 없었다. 더욱이 수원고농은 그동안 현신규가 다니던 학교와는 전혀 분위기가 달랐다. 예를 들어 당시 수원고농 교수는 조선인 한 명을 제외하고 모두 일본인이었으며, 학생도 절대 다수가 일본인이었다. 또한 수업은 획일적이고 일방적으로 진행되었다. 조선인 학생에 대한 차별도 심하여 조선인 학생은 일본인 학생과 별도의 기숙사에서 생활하고 식당도 따로 사용해야 했을 정도였다. 그동안 민족정서가 강하고 자유로운 분위기의 학교를 다니던 현신규가 수원고농에 쉽게 적응하지 못한 것은 당연한 일이었다. 그의 방황은 학교생활뿐만 아니라 신앙에서도 나타났다. 물론 현신규는 경성에 온 이후에도 계속 교회를 다니기는 했지만 신앙심이 확고한 편은 아니었다. 심지어 성경의 창조론과 학교에서 배우는 진화론 사이의 불일치 때문에 혼란에 빠져 있었다. 한마디로 수원고농의 처음 1년간은 방황의 시간이었다.

현신규가 수원고농으로 진학한 것이 우연이었듯이, 방황을 끝내게 된 계기도 다소 우연히 찾아왔다. 어느 날 그는 기숙사 매점에서 무교회주의 신학자인 우치무라 간조(內村鑑三)의 전집을 소개하는 광고를 보았다. 이 책을 통해 현신규는 성서가 눈에 보이는 세계를 설명하거나, 과학이나 철학처럼 학문을 가르쳐주는 책이 아님을 깨닫고 새로운 신앙에 눈뜨게 되었다. 결정적으로 우치무라 강연문에서 "누구든지 자기 사명을 알려 하고 또 그 사명대로 살려 하거든, 지금 주어진 자리에서 최선을 다하는 일이 곧 자기의 사명을 발견하는 길이요, 그 사명대로 사는 것이 천직이다"와 같은 문구를 읽고 방황을 끝내게 되었다. 이때부터 현신규는 자신에게 주어진 자리, 즉 수원고농 임과 학생으로서 최선을 다하는 삶을 살겠다고 작정했다. 이에 따라 비록 자신이 선택했던 분야가 아닐지라도, 임학에 흥미를 붙이려 애쓰면서 학업에 열중하게 되었다. 본격적으로 나무와 인연을 맺기 시작한 것이다.

당시 수원고농의 교과과정은 1학년 때 수학, 물리와 기상학, 화학,

동물과 곤충학, 산림식물학과 수병학(樹病學), 지질학 및 토양학 등의 기초과목을 배우고, 2학년 때부터 삼림측량, 조림학, 삼림보호학, 수렵학, 삼림이용, 삼림경리학, 임산제조학, 삼림수학, 경제학, 법학통론, 임정학(林政學) 등의 전공과목을 배우게 되어 있었다. 그리고 수업은 오전에 이론교육을, 오후에 실습을 하는 형태로 진행되었다. 또한 매년 여름방학을 이용하여 일제 치하(治下)의 여러 조림지를 둘러보는 기회를 제공함으로써 현장교육도 병행하였다. 현신규는 이런 과정을 이수하면서 임학의 기초를 착실히 다져나가고 있었다.

한편 현신규는 아버지의 기대에 부응하여 졸업 후 관리가 되기로 마음을 정했다. 성적이 좋았던 그는 학교의 추천을 받아 당시 홍릉에 있던 총독부 임업시험장에 취업이 예정되어 있었지만 친구의 도움으로 큐슈 제국대학 농학부 임학과에 진학할 수 있었다.

임학의 길에 들어서서

당시 큐슈 제국대학 임학과에는 조림학, 삼림경리학, 임정학, 삼림화학, 삼림이용학 등 다섯 강좌가 있었다. 현신규는 조림학을 전공하고자 했다. 수원고농의 경험을 통해 조림학이 임학의 기본이라고 여겼기 때문이다. 현신규는 한 학기 동안 조림학 주임교수의 지도를 받은 후, 고게쓰 리이치로(顯繊理一郎) 교수의 식물생리학 교실에 들어갔다. 고게쓰를 지도교수로 선택한 것은 그가 학문적으로 뛰어날 뿐만 아니라, 인품도 훌륭하며 열성을 가지고 학생들을 교육하는 모습에 끌렸기 때문이다.

그곳에서 현신규는 전공에 대한 지식뿐만 아니라 학문연구자로서 기본적인 태도를 보고 배우게 되었다. 특히 고게쓰 교수의 철저한 지도는 학문의 길에 갓 들어선 현신규에게 커다란 영향을 주었다. 실제로 현신규가 졸업논문을 위한 실험계획서를 제출하자, 고게쓰 교수는 원래 글씨가 보이지 않을 정도로 새까맣게 고친 다음 그 까닭을 일일이 설명해주었다. 실험을 마치고 논문을 작성하여 초고를 제출했을 때도 같은 모습을 보여주었다. 현신규는 이와 같은 엄격한 지도를 거쳐 학사학위 논문 「일광(日光)의 조사도(照射度) 및 토양의 함수도(含水度)를 달리했을 때의 소나무 및 편백의 종자발아도와 유시(幼時)의 발육도 비교」를 완성할 수 있었다. 고게쓰 교수는 이것을 대학 학술지에 실어주었으며, 이것이 현신규가 발표한 첫번째 학술논문이다.

1936년 대학을 졸업한 현신규는 곧바로 국내 유일의 임업시험 연구기관이었던 조선총독부 임업시험장에 촉탁으로 취직했다. 이에 따라 1935년 가을 결혼한 이후 떨어져 지내고 있었던 아내와 청량리에서 신혼살림을 시작할 수 있었다. 독립된 가정을 이루게 되었으며, 동시에 독립된 연구자로서 임학 연구를 시작할 수 있게 된 것이다.

임업시험장에 근무하면서 현신규는 '소나무 천연갱신(天然更新)의 기초요건으로서의 양광 및 토양에 관한 시험' '주요 수종의 양분섭취와 수분흡수의 계절적 변화에 관한 시험' 등과 같은 연구과제를 수행했다. 그리고 1939년부터 시작된 백두산록 자원조사대에 산림자원 조사책임자로 참여하여, 화산 폭발 전후의 백두산의 임상(林相)을 파악하고 백두산의 마지막 폭발연대를 추정하는 연구도 진행했다. 또한 임업시험장 창립 15주년을 기념하고 조선과 만주 지역의 임업활동에 도움을 줄 목적으로 시작된 『선만임업편람(鮮滿林業便覽)』 편찬사업에 참여하기도 했으며, 1940년 임험시험장 직원들이 주축이 되어 만

현신규와 정희섭의 아름다운 우정

1933년 수원고농을 졸업할 무렵, 현신규는 가정 형편이 넉넉하지 않아 대학 진학을 포기하고 취직을 해야만 했다. 이때 현신규보다 나이가 두 살 많았던 친구 정희섭이 찾아와 현신규에게 자신이 학비를 지원해줄 터이니 대학에 진학하라고 권유했다. 현신규는 친구의 권유를 받아들여 1933년 큐슈제국대학 농학부 임학과에 진학했다.

친구의 학비를 지원해준 아름다운 이야기의 시작은 정희섭이 수원고농에 입학할 무렵으로 거슬러올라간다. 정희섭은 함흥 영생고보 출신으로 현신규와 같은 해 수원고농 농과에 입학했는데, 그가 수원고농을 다닐 수 있었던 것은 한 미국인 선교사가 학비를 지원했기 때문이다. 이때 정희섭은 미국인 선교사와 한 가지 약속을 한다. 공부를 마치면 자신 또한 다른 사람의 학비를 돕겠다고 한 것이다. 수원고농을 졸업한 정희섭은 모교인 영생고보에 취직을 했고, 자신이 받았던 도움을 현신규에게 돌려주기로 결정한 것이다. 현신규 역시 같은 약속을 했고, 대학을 마치고 조선총독부 임업시험장에 취직한 후 정희섭이 추천한 김약이에게 3년간 학비를 지원했다.

한편, 정희섭은 영생고보에서 교편을 잡다가 황해도에 정착하여 농촌 젊은이들을 계몽하는 일을 하고 있었다. 현신규가 수원농전의 교수가 되어 해방을 맞았을 때, 새로운 교수진을 구성하면서 정희섭을 수원농전의 교수로 초빙하고자 했다. 그러나 정희섭은 자신의 일을 계속하기 위해 현신규의 제안을 받아들이지 않았다. 이후 남과 북이 완전히 갈라지면서 현신규와 정희섭의 연락도 끊겼으나, 현신규는 평생 정희섭을 위해 기도하면서 살았다.

든 '조선임학회(朝鮮林學會)'에서도 활동했다. 이처럼 현신규는 임업시험장을 무대로 성공적인 임학자의 길을 걷고 있었다.

그러나 임업시험장 근무가 항상 만족스러웠던 것은 아니었다. 일례로 현신규가 소속되어 있었던 조림과에 새로 부임한 도마나 고타로 과장과의 문제가 있었다. 그는 현신규의 연구결과를 가로채 단독으로

『일본임학회지』에 발표했다. 또한 조림과의 업무도 아니며 현신규의 전공과는 무관한 실험을 시키기도 했다. 현신규는 오로지 연구와 실험에 매진하여 일본인보다 뛰어난 연구성과를 내고자 했지만, 도마나 과장의 불합리하고 파렴치한 태도를 더는 견딜 수 없었다. 그리고 이런 상황을 단순히 직속상관과의 불편한 관계로만 바라보지 않았다. 근본적으로 임업시험장이 관료조직이기 때문에 이런 문제가 발생할 수밖에 없다고 인식한 현신규는 자유롭게 연구에만 전념할 수 있는 대학으로 다시 돌아가고자 마음먹었다.

1943년 8월 다시 큐슈 제국대학으로 건너간 현신규는 조림학 주임이었던 사토 게이지(佐藤敬二) 교수의 세심한 배려 덕분에 산림토양학 강의도 맡으면서 임학 연구에 전념할 수 있게 되었다. 이때 현신규는 학부 때의 지도교수였던 고게쓰 교수와 상의하여 연구주제를 '수목의 혈청학적 유연관계'로 정했다. 현신규는 이 실험에 매진하여 거의 마무리 단계에 접어들었으나 결국 끝내지는 못했다. 태평양 전쟁이 막바지로 치닫던 상황이 일본에 머물고 있던 조선인 현신규에게 매우 위협적이었기 때문이다. 전세가 불리해진 일본은 조선인에 대한 감시를 강화했고, 현신규 또한 일본 경찰에 연행되기도 했다. 비록 사토 교수가 안전을 책임지겠다고 현신규를 안심시켰으나, 상황이 더욱 악화되자 그는 1945년 3월 가족들을 먼저 귀국시키고 5월에는 자신도 귀국길에 올랐다.

귀국하자마자 수원고농을 찾아간 현신규는 은사 우에키 호미기(植木秀幹)의 주선으로 수원농림전문학교(이하 수원농전, 수원고농이 1944년 4월부터 수원농전이 됨)의 조교수로 발령받고 산림보호학을 가르치게 되었다. 그러나 전쟁 말기 상황에서 학생들이 비행장의 활주로 공사에 동원되는 등 학교는 정상적으로 운영되지 않았다. 이런 상황에서 해방을 맞았고, 그것은 현신규의 삶에 또다른 변화를 가져왔다.

한국 임학계의 재건

해방 당시 수원농전의 조선인 교수는 현신규를 포함하여 조백현, 지영린 세 명뿐이었다. 해방으로 일본인이 물러가 이들은 교수진을 다시 구성하고 학교를 추스르기 위해 동분서주했다. 특히 현신규는 연습림장이란 직책을 맡아 일본인 회사가 소유하고 있던 관악산 산림 2500여 정보와 도쿄 제국대학의 연습림이었던 지리산, 백운산 일대의 산림 1만 5천여 정보를 수원농전의 연습림으로 인수했다. 또한 미군정 아래 조선임업시험장의 장장(場長)으로서 임업시험장을 인수하고 재건하는 일도 맡았다.

해방 후 한국전쟁이 일어난 1950년까지 혼란스러운 상황에서 현신규는 북에 머물던 가족을 수원으로 데려왔고, 수원장로교회를 세우는 데 큰 힘을 보탰다. 이처럼 일상생활에서 안정을 찾는 동안, 교육과 연구를 병행할 수 있는 기반도 마련되었다. 1946년 10월 수원농전이 서울대학교 농과대학으로 개편되면서 현신규는 부교수로 발령받았다. 농과대학이 점차 대학으로서의 면모를 갖춰나가기 시작하면서, 현신규가 해방된 조국에서 임학 연구와 교육에 몰두할 수 있는 기본적인 여건이 마련되었던 것이다. 이를 바탕으로 현신규는 1949년 여름 큐슈 대학에서 참나무 및 밤나무 속(屬)에 속하는 나무들 사이의 유연관계를 밝히는 논문으로 농학박사 학위를 취득했다.

한편 해방 후 서울대학교는 국립서울종합대학안 반대운동에 부딪혀 매우 혼란스러운 상황에 처해 있었다. 특히 농과대학은 농사개량원 산하로 이관되었다가 다시 문교부 산하로 돌아오는 등 우여곡절을 겪었다. 현신규를 비롯한 교수들과 학생들은 수원 서둔동 연습림의 도벌을 막기 위해 밤을 새워가며 연습림을 순찰하는 일도 해야 했다. 현신규는 이러한 혼란 속에서 박사학위를 취득했다.

어려움 속에서도 자신의 일을 잘 헤쳐나가는 현신규의 모습은 한국전쟁이라는 극도로 불안정한 기간 중에도 변함없었다. 그 역시 두 번씩이나 피난길에 오르는 등 어려움을 겪었지만, 그즈음에 전쟁도 피하고 임목육종학이라는 새로운 분야를 연구할 수 있는 기회를 얻었다. 당시 한국의 각 분야에서 활동하는 대표적인 학자를 초청하는 미국 국무성 프로그램에 선발된 것이다. 1951년 1월 6일 미국으로 출발한 현신규는 2년 동안 캘리포니아 대학과 그곳에서 멀지 않은 플라서빌(Placerville)에 위치한 미국 산림국 산하기관인 산림유전학연구소(Institute of Forest Genetics)에서 임목육종에 대한 체계적인 학습과 연구를 수행했다. 이것이 향후 현신규의 임목육종 연구에 큰 자산이 되었다.

임목육종의 학문적 성과

리기테다소나무

현신규가 이룬 임목육종의 성과 가운데 가장 대표적인 것은 리기테다소나무의 교잡육종이다. 리기테다는 리기다소나무를 교배모수로

하고 테다소나무를 화분수로 삼아 인공으로 교잡하여 만들어진 잡종 소나무이다. 리기다소나무의 원산지는 미국 동북부 지역으로, 수원고 농 시절 현신규를 가르쳤던 우에키가 미국 유학을 마치고 돌아오면서 가져와 국내에 널리 보급한 품종이다. 재래종 소나무에 비해 척박한 땅에서도 잘 자라며 추위와 병충해에 강한 반면, 곧게 성장하지 못하 고 재질도 연약하여 용재(用材)로서 가치가 떨어지는 단점이 있다. 역 시 미국산인 테다소나무는 재질이 우수하고 생장이 빠르지만, 내한력 이 떨어져 따뜻한 지역에서만 자란다. 이 두 소나무는 서로 분포지역 이 다르고 개화시기가 일치하지 않아 자연교잡이 일어나지 않는다. 현신규는 이것을 인공적으로 교잡하여 두 소나무의 장점을 고루 갖춘 리기테다를 개발한 것이다.

물론 현신규가 처음으로 리기다와 테다의 교잡에 성공한 것은 아니 다. 리기다와 테다의 인공교배 가능성은 소나무의 교잡육종으로 유명 한 미국의 산림유전학연구소에서 이미 1930년대부터 시험된 바 있으 며, 일대잡종인 리기테다의 표본이 산림유전학연구소의 에디 수목원 에서 자라고 있었다. 1951년 에디 수목원을 방문한 현신규는 이 소나 무를 보았고, 에디 수목원에 있는 리기다와 테다를 이용하여 스스로 시험교배를 실시했다. 리기다의 암꽃에 미리 교배대(袋)를 씌워놓아 자연교배의 가능성을 제거하고, 꽃이 피었을 때 주사기를 이용하여 교배대 안쪽에 테다의 화분(花粉)을 주사하여 수분(授粉)시켰다. 이 듬해 가을 현신규는 솔방울에서 리기테다 일대잡종의 종자를 채취하 여 귀국할 때 가지고 왔다.

이후 현신규는 1954년부터 리기테다에 대한 연구를 본격적으로 시 작했다. 먼저 미국에서 가져온 리기테다 종자를 파종하였으며, 그밖에 에디 수목원에서 가져온 여러 품종의 소나무 종자를 뿌려 우리나라에서의 조림 가능성을 검토했다. 또한 국내에서 자라고 있는 리기다소나무를 대상으로 한 교잡도 실시했다. 서울대 농대 연습림에 있는 35년생 리기다소나무와 테다소나무의 교잡을 실시한 결과 리기테다의 생장 속도와 각종 형질이 리기다에 비해 우수하다는 사실을 확인할 수 있었다. 이로써 새로운 교잡종 리기테다가 국내에 널리 분포되어 있던 리기다를 대체할 수 있는 우수한 형질의 소나무라고 판단할 수 있게 되었다.

한편 현신규는 처음부터 리기테다의 종자를 대량생산하여 국내에 널리 보급하고자 준비작업을 시작했다. 이에 따라 1954년의 교잡시험에서 교배대수가 천여 개에 불과했던 것을 1955년부터 만여 개로 늘렸으며, 이후 2만여 개까지 확대했다. 그리고 리기테다 대량생산의 최적 조건을 찾기 위해 화분도 여러 지역에서 공급받아 사용했으며, 화분 사용량도 교배대 한 개당 0.06그램에서 11.09그램까지 변화를 주기도 했다. 또한 리기테다의 경제성을 확인하기 위해 교잡으로 얻어진 충실종자의 생산단가와 얻어진 종자를 실제 파종하여 생산된 묘목의 생산단가를 계산해보기도 했다. 이를 통해 리기테다의 묘목 생산 비용이 일반 소나무에 비해 결코 비싸지 않다는 증거를 제시했다.

이와 같이 현신규의 리기테다 연구는 처음부터 종자를 대량으로 생산 보급함으로써 국내에 널리 퍼져 있던 리기다소나무를 점차 대체하려는 의도로 시작되었다. 그리고 이런 계획은 1955년의 교배를 통해 이미 20만 본이 넘는 리기테다 묘목을 생산할 정도로 신속히 진행되었다. 이를 위해 현신규는 임목육종 시험에서 행해지는 일반적인 단계를 생략하기도 했다. 즉 교배할 때에는 형질이 우수한 수형목(秀型

木)을 선발하여 모수림을 조성하고 화분수 역시 수형목을 선발하여 사용해야 한다. 그러나 상당한 시일이 걸린다는 이유로 이 단계를 건너뛰어 비교적 양호한 나무에서 화분을 채취하고, 기존에 조성되어 있던 리기다 식재림에서 인공교배를 실시하는 편법을 썼던 것이다.

현신규는 인공교배에 의한 리기테다의 보급이 근본적으로 한계가 있다는 점도 분명히 인식하고 있었다. 1959년 무렵 이를 해결하기 위해 특정한 장소에 리기다와 테다를 적당한 방법으로 혼합 식재하여 자연교배가 이루어지도록 하는 방법에 대한 연구를 진행하고 있었다. 그러나 기대했던 결과는 나오지 않았다. 이처럼 자연교배에 실패한 상황에서 현신규는 인공교배를 통한 리기테다의 조림지역을 계속 확대해나가는 한편, 향후 자연교배의 가능성이 상당히 높다고 전망하여 이를 실현할 수 있는 다양한 방법을 모색해나갔다.

그러나 현신규가 기대했던 리기테다의 자연교배 방법은 그의 생존 당시에는 물론 아직까지도 성공하지 못하고 있다. 바로 이 점이 리기다보다 형질이 우수한 리기테다가 널리 보급되지 못한 가장 중요한 이유이다. 또한 다음과 같은 사례도 리기테다의 새로운 문제점으로 부각되었다. 첫째, 1958년부터 1967년까지 전국 35개 조림지에 2백만 본의 리기테다 묘목을 시험 식재하여 관찰한 결과, 리기테다의 내한력이 기대에 미치지 못하여 충남 이남 지역에서만 잘 성장하는 것으로 확인되었다. 둘째, 1960년대 전후 솔나방의 피해가 극심했을 때 리기테다도 상당한 피해를 입었다. 셋째, 육묘(育苗) 시 포지(圃地)에서 나타나는 입고병의 피해 정도가 일반 소나무와 크게 다르지 않다는 사실도 확인되었다. 바로 이런 점 때문에 리기테다는 현신규가 애초 기대했던 것만큼 널리 보급되지 못했다. 그렇지만 리기테다를 중

336

심으로 한 소나무류의 교잡육종에 관한 시험연구는 현신규와 그의 후학들에 의해 계속되었다.

이와 같이 현신규의 생애와 함께한 리기테다소나무는 임목육종의 역사에서도 중요한 위치를 차지하고 있다. 먼저 리기테다를 통해 한국의 임목육종 연구가 시작되고 기반을 다지게 되었다는 점이다. 물론 형질이 우수한 좋은 나무를 만들려는 임목육종의 개념은 조림사업을 시작했던 아주 오래전부터 싹텄을 것이다. 그러나 우리나라에서 하나의 학문 분야로서 과학적 방법을 사용하여 우량한 형질의 나무를 얻고자 하는 임목육종학은 현신규가 리기테다소나무를 연구한 1950년대부터 시작되었다. 그리고 리기테다에서 시작한 현신규의 임목육종 연구는 포플러 육종, 은수원사시 개발 등으로 확대되었으며, 이 과정에서 많은 우수한 연구자들이 참여하여 상당한 성과를 거두었다. 이에 따라 한국의 임목육종 연구는 세계에서도 인정받을 정도로 성장할 수 있었다. 리기테다가 임목육종의 성공사례로 세계적으로도 높은 평가를 받았다는 사실 또한 주목할 만하다. 일반적으로 소나무의 교잡육종은 시간이 오래 걸리기 때문에 실용 단계까지 도달한 경우가 매우 드물다. 현신규가 교잡육종에 의해 리기테다의 종자를 대량으로 생산하고 조림에 성공한 것은 세계에서 세번째 성공사례로 꼽힌다. 현신규는 1956년 영국에서 개최된 제12차 IUFRO(국제임업연구기관연맹) 회의와 1959년 캐나다에서 개최된 제10차 국제유전학회 그리고 1960년 미국 시애틀에서 열린 FAO(국제식량농업기구) 제5차 세계임업대회 등 국제학회에 잇달아 참가하여 리기테다의 연구성과를 발표했다. 특히 리기테다 종자의 대량생산 결과를 보고한 1960년의 논문은 FAO 보고서의 표지사진으로 게재되는 등 높은 평가를 받았다.

또한 리기테다의 성공은 미국 상원에서도 '한국의 놀라운 소나무'로 보고되었으며, 현신규가 생산한 리기테다 종자는 세계 각 지역으로 보급되었다.

포플러

1953년 미국에서 귀국한 현신규는 정부의 지원을 받아서 당시 수원시 서둔동에 있었던 서울대학교 농과대학 구내에 교배온실을 갖춘 2층짜리 실험실을 짓고, 실험기구와 약품을 구입하여 본격적인 임목육종 연구를 시작했다. 이때 처음으로 연구하기 시작한 주제가 포플러 교배실험이다.

현신규가 포플러의 육종에 관심을 쏟은 이유는 지속적으로 목재의 수요량이 늘어나는 데 비해, 국내에서 생산되는 목재 자원이 절대적으로 부족한 당시 현실에 대한 정확한 인식에 따른 것이었다. 그에 따라 현신규는 생장속도가 빠른 포플러의 교잡육종을 시작했다. 당시 그가 첫 번째 육종대상으로 포플러를 선택했을 때, 두 가지를 중요하게 고려했다. 하나는 포플러가 우리나라에 이미 널리 퍼져 있었다는 사실이다. 사시나무, 황철나무, 물황철나무 등의 자생종과 은백양, 미루나무, 양버들 등의 토착종 포플러들이 하천변 등에 널리 퍼져 있는 것을 보고 현신규는 육종 연구를 통해 이와 같은 포플러를 더 우수한 품종으로 대체하고 싶어했다. 또하나는 당시 포플러에 대한 연구가 국제적으로 널리 행해지고 있었다는 것이다. 1904년 영국에서 처음 시작된 포플러의 교잡육종은 여러 나라로 퍼져갔으며, 제2차 세계대전 이후 더욱 활발해졌다. 그 결과 1947년에는 FAO 산하에 국제포플러위원회가 설치될 정도로 포플러 연구는 크게 유행했다. 이런 점으로 보아 국내의 조림 상황과 세계 임학계의 동향에 밝았던 현신규가 포플러를 첫번째 육종대상으로 삼은 것은 매우 자연스러운 결정이었다.

현신규의 포플러 육종은 크게 보아 교잡육종과 도입육종으로 나눌 수 있는데, 그가 처음 시도한 것은 교잡육종이었다. 1953년부터 1960년까지 진행된 현신규의 포플러 교잡육종은 대략 다음과 같은 방식으로 진행되었다. 먼저 온실 속에서 주로 절지법(切枝法)을 사용하여 교잡을 실시한다. 이때 교배수(交配樹)로는 국내산 포플러가 총망라되어 사용되었으며, 화분 및 교배지(交配枝)에는 외국에서 도입한 것도 다수 포함하였다. 교잡 결과 현신규는 절간(節間)잡종 81조합, 종간(種間)잡종 90조합, 종내(種內)잡종 20조합 등 총 221조합의 잡종 포플러를 얻었다. 다음으로 교잡 결과 얻어진 잡종 포플러 묘목을 균일한 포지에 식재하여 그 생장 상태 및 내병충성 등을 비교 관찰한 다음, 잡종강세가 현저하여 조림할 만한 가치가 있는 조합을 찾아낸다. 이어서 잡종강세를 보이는 품종 중에서도 특히 우수한 형질을 보이는 개체를 선발하여 동일한 유전자를 갖고 있는 집단인 클론(clone)을 조성한다. 마지막으로 조성된 클론으로 지역별, 입지별로 시험식재를 한다. 이런 과정이 끝나면 마침내 향후 대규모 조림사업에 이용할 수 있는 장려품종을 결정한다.

1960년까지 221조합에 대해 약 20만 본의 잡종묘를 생산할 정도로 활발히 진행된 현신규의 포플러 교잡연구는 어느 정도 성공을 거두어 형질이 우수한 품종을 선택하여 대량으로 보급하는 일만 남아 있었다. 그러나 결국 1960년대 중반까지 현신규는 장려품종으로 지정하여 보급할 만한 잡종 포플러를 찾지 못했다. 교잡으로 얻어진 포플러 일대잡종의 생장력을 조사한 결과, 포플러가 많이 심기어 있던 하천부지 같은 평지에서 이태리포플러보다 잘 자라는 잡종 포플러가 없다는 사실을 확인했기 때문이다.

그러나 현신규가 시도한 또 하나의 방법, 즉 1955년부터 시작된 포플러의 도입육종은 상당한 성과를 거두었다. 도입육종이란 우리나라에 자생하지 않는 새로운 품종을 들여와 조림하는 것을 말하는데, 현신규의 도입육종은 교잡육종과 긴밀히 관련되어 있었다. 국내산 포플러를 대상으로 처음 시작되었던 교잡육종은 점차 그 대상을 넓혀 외국산 품종을 들여와 화분 및 교배지로 사용하게 되었는데, 이때 도입된 품종에 대한 국내 적응성 시험도 함께 실시했다. 이것이 바로 포플러 도입육종 연구의 시작이었다.

현신규는 포플러 도입육종 연구 결과 이태리 개량 포플러 I-214, I-476이 가장 우수한 품종이라는 사실을 확인하고, 장려품종으로 선정하여 널리 보급했다. 한편, 포플러의 도입육종 과정에서도 속성수를 빨리 육종하여 널리 보급하고자 했던 현신규의 의도가 분명히 나타난다. 그는 도입한 포플러의 모든 품종에 대한 확실하고 최종적인 시험을 완료하기 전이라도, 일단 그 우수성이 어느 정도 확인된 이태리포플러 I-214와 I-476을 널리 보급하고자 했다. 이런 선택에는 이태리포플러의 우수성이 이미 세계적으로 널리 검증되어 있었다는 점이 도움을 주었다. 무엇보다 그동안 실시했던 도입 포플러의 국내 적응시험에서 이태리포플러 I-214와 I-476의 성장력이 매우 우수하다는 것을 보여주는 시험 결과가 이것들을 선택한 결정적인 근거가 되었다.

이태리포플러 I-214와 I-476, 특히 I-476은 1960년 2월 14일에 결성된 '한국포플러협회'와 1962년 3월 29일 설립된 '한국포플러 주식

회사'의 활발한 활동과 정부의 적극적 지원에 힘입어 전국으로 퍼져
나갔다. 그 결과 이태리포플러는 소나무의 열 배, 낙엽송의 여덟 배 정
도 빨리 자라는 속성수의 특징을 한껏 드러내며 국토를 푸르게 했고,
귀중한 목재자원을 공급해주었다. 속성수를 널리 보급하고자 했던 현
신규의 임목육종 연구가 마침내 어느 정도 결실을 맺은 것이다.

현사시

1960년경, 현신규의 포플러 육종연구는 어느 정도 일단락되었다.
당시 도입육종에서는 개량된 이태리포플러 I-214와 I-476의 우수성을
확인하여 상당한 성공을 기대할 수 있는 상황이었다. 이에 비해 교잡
육종에서는 아직 뚜렷한 성과가 나오지 않고 있었다. 그러나 얼마후
교잡육종에서도 중요한 성과를 거두게 되는데, 그것이 바로 은수원사
시의 개발이다.

은수원사시는 은백양과 수원사시나무의 교잡종이다. 교배에 사용
된 교배모수 은백양은 생장이 왕성하고 잎 표면에 솜털이 조밀하게
나 있어 병충해에 강하고 다른 포플러보다 건조한 땅에서도 잘 자라
는 편이다. 또한 꺾꽂이가 잘 되어 증식이 용이하다. 그러나 수관(樹
冠)이 넓고 줄기가 굽어서 조림경제수종으로는 가치가 적다. 화분모
수(花粉母樹)로 선택된 수원사시나무는 수원 근방에서 자생하는 재래
종으로, 줄기가 곧고 건조한 땅에서도 잘 자라 산지(山地)의 조림수종
으로 이용도가 높다. 하지만 꺾꽂이가 되지 않아 번식이 곤란하고 생
장 또한 느리다. 그러나 이들의 교잡종 은수원사시는 잡종강세가 현
저하여 생장이 왕성하며, 꺾꽂이가 용이하고 맹아력(萌芽力)도 강하

여 증식이 쉽다.

은백양과 수원사시나무의 교잡은 1954년부터 시작되었지만, 은수원사시가 본격적으로 주목받기 시작한 것은 1960년 무렵이었다. 이것은 현신규의 포플러 육종연구의 목적이 처음부터 우수한 형질을 갖춘 속성수를 널리 조림하는 데 있었기 때문이다. 그는 우리나라의 포플러가 대부분 하천변 등의 평지에서 자란다는 사실에 주목하여 처음에는 평지를 염두에 두고 그에 적합한 포플러를 찾아내고자 했다. 이때 평지에서 이태리포플러보다 생장력이 떨어지는 교잡종은 크게 주목하지 않았다. 그러나 일단 평지에 가장 적합한 품종을 찾아내자, 대상을 넓혀 평지가 아닌 경사지에서도 잘 자라는 품종을 찾고자 했다. 이에 따라 1965년부터 은수원사시를 포함하여 그동안 포플러 교잡육종으로 얻어진 잡종 포플러 중에서 우수하다고 판단되는 10여 종을 골라서, 그것들의 1~4년생 묘에 대해 산성 점토질인 경사지에서의 생장을 비교했다. 그 결과 은수원사시가 경사지에서 생장이 현저히 뛰어나다는 사실을 확인할 수 있었고, 마침내 1968년 은수원사시는 장려품종으로 선정되었다.

은수원사시는 1979년 '현사시'라는 새로운 이름을 얻었다. 당시 대통령이었던 박정희가 은수원사시를 현신규의 이름을 따서 현사시로 부르도록 했기 때문이다. 현사시에 대한 박정희의 관심은 남달랐다. 박정희는 1965년 임목육종연구소를 방문하면서부터 은수원사시에 관심을 보이기 시작했고, 1972년부터 매년 식목일마다 은수원사시를 많이 심도록 공개적으로 권장했다. 그 결과 은수원사시는 대규모로 조림되었으며, 현신규의 임목육종연구의 대표적인 성과로 꼽히게 되었다.

현사시는 국내뿐 아니라 해외에도 널리 알려졌다. 현신규는 1974년

스웨덴 스톡홀름에서 열린 IUFRO의 분과회의에 참석하여 은수원사시의 성과를 보고했다. 이에 대해 당시 국제학계가 어떤 반응을 보였는지 정확히 알 수는 없다. 하지만 이때의 발표가 이듬해 로마에서 열린 제15차 국제포플러위원회에서, 현신규가 불참했음에도 불구하고, 그가 집행위원으로 피선되는 과정에 긍정적으로 작용했을 것이라고 짐작해볼 수 있다. 1980년 집행위원으로 선출된 현신규는 이런 결과에 대해 "어찌 내 개인의 성가(聲價) 때문이겠는가. 우리나라의 포플러 교잡육종과 조림 업적이 그만한 수준에 올라 있고 세계가 그것을 인정하고 있음에서이다"라고 회고했다. 그렇지만 포플러의 교잡육종과 조림에서 우리나라가 상당한 성공을 거두게 된 데에는 현신규의 역할이 절대적이었다. 그리고 현사시의 개발은 그 대표적인 성과라고 할 수 있다.

임목육종의 연구기반 확립

임목육종연구소

1953년 현신규가 정부의 지원을 받아 우리나라에서 처음으로 임목육종 연구를 시작했다는 사실은 앞에서 언급한 바와 같다. 당시 교배온실이 딸린 실험실을 '임목육종학 연구소'라고 불렀는데, 현신규는 당시 상황을 "연구소라 하기에는 아직 초라한 실험실에 불과했다. 온실이라 하나 제대로 시설이 갖춰진 것도 아니고 연구진이 짜여진 것도 아니었다. 그저 연구소를 닮은 작은 오두막이었을 뿐이다"라고 회고했다. 그러나 '작은 오두막'에서 시작된 한국의 임목육종연구는 얼마 지나지 않아 제대로 된 연구소의 면모를 갖추게 된다. 1956년 4월 6일 현신규의 실험실에서 멀지 않은 경기도 화성군 매송면 호매실리에 중앙임업시험장 수원육종지장(水原育種支場)이 문을 열었던 것이다. 물론 현신규가 기대했던 것은 지장 정도가 아니라 독립된 연구소였는데, 이는 임목육종연구소로 독립하는 1963년에야 이루어졌다(이하 모두 연구소라 칭함). 하지만 1956년 연구소의 설립은 우리나라의 임목육종 연구가 국가의 공식적인 지원을 받아 추진되는 계기가 된 매우 의미 있는 일이었다.

임목육종 연구를 시작하면서부터 현신규는 국회의원 및 정부관료 등을 찾아다니며 임목육종의 필요성을 강조하고 그것을 전담할 독립적인 기구를 만들기 위해 상당한 노력을 기울였다. 연구소의 발족은 그러한 노력의 결실이었다. 그리고 이것은 임목육종에 대한 현신규의 생각, 즉 "임목육종이란 학술에서 그치는 것이 아니라 종자개량의 실제적인 사업이어야 하므로 대학연구실에서는 불가능하니 국가기관에 의해 실시되어야 한다"는 신념에서 비롯된 것이다. 이에 따라 1956년부터 현신규는 대학의 실험실에서는 기초적인 연구만을 수행하게 하고, 본격적인 임목육종 연구 및 사업은 연구소에서 담당하도록 했다.

그러나 여기에서 간과해서는 안 될 점은, 현신규가 비록 대학에 소속되어 있었다고 할지라도 그의 육종 연구는 항상 연구소와 함께 진행되었다는 사실이다. 오히려 연구소가 만들어지면서 실용성이 강한 현신규의 임목육종 연구는 더욱 활기를 띠었다. 역으로 연구소는, 특히 연구의 측면에서 임목육종학의 권위자인 현신규에게 크게 의존하면서 연구 및 사업을 진행할 수 있었다. 현신규와 연구소의 이런 관계는 그가 1977년 대학에서 정년퇴임한 후에도 계속 이어져, 1986년 작고할 때까지 현신규는 연구고문이라는 직책을 맡아 연구소에 상근하면서 임목육종 연구 및 자문활동을 수행했다. 이런 점에서 현신규에게 연구소는 한편으로 스스로 낳아서 기른 자식과도 같은 존재였으며, 또다른 한편으로 마음껏 연구활동을 펼칠 수 있는 무대와도 같은 공간이었다.

한편, 연구소는 1959년부터 임목육종의 연구성과를 모아 『임목육종연구보고』라는 논문집을 발행하고 있다. 현신규 역시 우리나라에서 본격적으로 임목육종 연구를 시작하면서 얻은 성과를 대부분 이 논문집에 게재했다. 『임목육종연구보고』에 실린 현신규의 논문 총 25편 가운데 현신규가 박사학위를 받을 때 전공했던 분야인 수목생리학에 관한 1962년의 논문 1편을 제외하면, 모두 공동연구를 통해 얻은 결과였다. 총 25명인 현신규의 공동연구자들은 대부분 서울대 임학과에서 현신규의 지도 아래 교육을 받고 연구소에서 활동했던, 이른바 '현신규 학파'로 불릴 수 있는 연구자들이다. 현신규 학파의 가장 중요한 활동 무대는 바로 연구소였다.

또한 발표된 논문에서 현신규의 제1저자 여부와 공동연구원의 숫자 및 구성을 살펴보면, 현신규 학파의 연구형태를 짐작할 수 있다. 즉 1960년대까지 현신규는 각 세부 주제별로 한두 명의 도움을 받아가며 주도적으로 연구를 진행했다. 이때 리기테다 연구는 안건용과 구군회, 포플러의 교잡 및 도입 연구는 홍순철과 조리명, 은수원사시 연구는 손두식이 주로 도왔다. 1970년대부터 점차 공동연구원의 수가 늘어나고, 후학들의 역할이 커지게 된다. 현신규의 나이를 고려하면 자연스러운 일이다. 하지만 시각을 달리해 바라보면, 현신규 학파의 성공적인 활동과 동시에 연구소의 지속적인 성장을 보여주는 증거이기도 하다.

임학회와 육종학회

임목육종연구소를 통해 임목육종 연구의 기초를 마련한 현신규는 관심 범위를 넓혀 학계 전체의 연구 분위기를 고취시킬 방안을 찾았다. 1960년 한국임학회의 창립과 1969년 한국육종학회의 창립이 바로 그 결실이다. 물론 학회라는 것이 한 개인의 힘으로 만들어지는 것은 아니다. 하지만 이 두 학회 모두 현신규가 초대회장을 맡았고, 또 12년 동안 회장직을 유지했다는 사실을 감안하면, 학회의 창립 및 초기 운영과정에서 그가 매우 중요한 역할을 담당했다고 보아야 할 것이다.

평생 나무와 함께 살면서 더 좋은 나무를 가꾸기 위해 애썼던 현신규에게 한국임학회는 특별한 의미를 지녔다. 더구나 1940년대 초 조선임학회에서 활동한 경험도 있었던 현신규는 해방과 한국전쟁으로 이어지는 혼란이 어느 정도 수습되자 임학회가 하루 빨리 조직되기를 바랐다. 그러나 임학계는 독립된 학회를 결성하지 못하고 1960년까지 한국농학회의 한 분과로 참여하였을 뿐이다. 이런 상황을 안타까워하던 현신규는 1960년 11월 4일, 전국의 임학자 및 산림 관계자들과 함께 경기도청에 모여 한국임학회 창립총회를 개최했고, 그 자리에서 초대 회장으로 선출되었다.

현신규는 당시 임학회가 창립될 수 있었던 가장 중요한 배경으로 한국전쟁 후 임학과가 전국적으로 여럿 개설되어 임학 전공자들이 늘어난 것을 꼽았다. 하지만 현신규가 임학회에 대해 다음과 같은 기대를 걸고 있었고, 그것이 임학회의 창립과 어느 정도 연결되었으리라는 추측도 가능하다. 첫째, 임목육종연구소를 통해 임목육종 연구가 자리를 잡아가자, 임학회를 통해 임학의 전체적인 발전을 도모하고자 했다는 것이다. 실제 한국임학회는 현신규가 회장을 맡았던 12년 동안 심포지엄, 특별 강연, 연구발표회 등을 통해 현신규의 기대에 부응했다. 둘째, 임학회를 통해 행정당국에 공식적으로 요청하여 당시 수원육종지장이었던 임목육종연구소의 독립을 꾀하고, 나아가 산림부의 신설을 도모했다는 것이다. 실제 임학회가 임목육종연구소의 독립 과정에서 담당했던 역할은 확인되지 않지만, 적어도 농림부 소속의 산림국이 산림청으로 승격(1967년)되는 과정에는 기여했던 것이 분명하다. 또한 현신규가 국회나 정부를 상대로 지원을 요청할 때, 교수라는 신분보다 한국임학회 회장이라는 신분이 더 유리하게 작용했을 수도 있었을 것이다.

육종학회의 발족은 임학회의 경우와 조금 다르다. 그것은 임학회가 나무라는 단일한 대상에 관심을 가진 사람들의 모임인 데 비해, 육종학회는 농업 · 임업 · 축산 · 양잠 등 다양한 대상을 연구하며 그에 따라 활동영역도 훨씬 더 분산되어 있을 수밖에 없는 연구자들의 모임이기 때문이다. 또한 육종학은 그 성격상 유전학과도 밀접하게 연결되어 있었기 때문에, 현신규는 본래 유전학과 육종학을 한데 묶어 유전육종학회를 만들려고 생각했으며 유전학계의 지도자들과 직접 만나 그에 관한 논의를 진행시키기도 했다.

그러나 결국 이런 시도는 무산되었고, 1969년 11월 육종학 연구자들만이 모여 한국육종학회 창립총회를 개최하게 되었다. 앞에서 언급했던 것처럼 이때 현신규가 초대회장으로 선출되어 12년 동안 회장직을 맡았지만, 다양한 이력과 관심을 가진 회원들로 구성된 육종학회에 대한 현신규의 관심이나 영향력은 임학회에 비해 떨어질 수밖에 없었다. 그것은 현신규가 기본적으로 육종 전반에 관심을 가진 육종학자가 아니라 나무에 관심을 가진 임학자였기 때문이다.

국제활동

현신규의 학회활동은 국내에 한정되지 않았다. 현신규는 오히려 임학회와 육종학회 등의 국내학회보다 국제학회의 활동에 더 활발히 참여하였고, 그에 많은 시간과 노력을 쏟았다. 현신규가 처음으로 국제학회에 참가한 것은 1954년 프랑스 파리에서 열린 제8회 국제식물학회였다. 이를 위해 현신규는 미국에 있을 때 연구한 내용을 토대로 당시로는 첨단기법이라고 할 수 있는 염색체배가(倍加)를 이용하여 나무의 품종을 개량하는 방법에 대한 논문을 준비했다. 비록 현지에 늦게 도착하여 직접 논문을 발표할 기회는 없었으나, 현신규가 국제학계에 공식적으로 데뷔하는 계기가 되었다. 이후 1960년대 말까지 열차례 정도 더 국제학회에 참가했으며, 1970년대 이후에는 거의 매년 외국을 방문하면서 국제교류에 힘썼다.

현신규가 국제학회에 활발하게 참여했던 일차적인 이유는 물론 자신이 연구한 임목육종의 성과를 발표하고, 한국의 임목육종 현황을 소개하기 위한 것이었다. 또한 국제학회를 통해 학계의 최근 연구동향과 성과를 파악함으로써 세계 수준에 뒤처지지 않는 연구 수준을 유지하고자 했다. 그러나 현신규가 주목할 만한 연구성과를 잇달아 발표하게 되면서, 역으로 국제학계에서 그를 필요로 하는 경우도 생겼다. 점차 현신규라는 이름은 국제학계에 널리 알려졌고, 그 결과 현신규는 SABRAO(아세아 및 대양주 육종학회) 임목육종분과위원장, 세계임목육종회의 부의장, 국제포플러위원회 집행위원 등 국제학회의 임원으로 선출되어 학회를 이끌어가는 데 중요한 역할을 담당하기도 했다.

이와 같이 현신규는 국제학회에 적극 참여하여 자신과 한국 임목육종학계가 얻어낸 성과를 전 세계에 알리고 인정받을 수 있는 기회를 마련했다. 이는 국내 연구자들에게 다음과 같은 효과를 가져왔다. 현신규의 업적이 세계적으로 널리 알려지자, 한국의 임목육종 연구자들은 자신들의 연구 분야에 상당한 자부심과 자신감을 갖게 되었다. 동시에 이것은 기존 연구자들의 연구활동을 촉진시키는 자극제가 되었으며, 젊고 유능한 인재들이 임목육종학을 선택하는 계기가 되었다.

삼림부국의 꿈을 실천하며

현신규는 임목육종연구소가 문을 열고 얼마 지나지 않았을 무렵 '육종의 노래'를 만들었다. 그는 임목육종 연구과정에서 어려움을 겪을 때마다 이 가사를 되새기며 마음을 가다듬었다고 한다. 이 노랫말처럼, 실제로 현신규는 평생을 나무와 함께 지내면서 임목육종을 하늘이 준 사명으로 받아들이고 살았다. 그리고 이를 통해 삼림부국의 꿈을 실현시키고자 했다.

현신규가 임목육종 연구를 시작하게 된 직접적인 계기는 1951~53

년의 미국연수 경험이었다. 그러나 그가 임목육종을 '하늘이 준 사명'으로까지 생각했던 바탕에는 우리나라의 현실에 대한 그 나름의 분명한 인식이 자리 잡고 있었다. 국토의 70퍼센트 정도가 산이며, 나무가 자라기 좋은 천혜의 기후조건을 가지고 있는 나라. 그러나 일제의 식민지배와 한국전쟁을 거치면서 산은 점점 더 황폐해져갔고, 도벌에만 열중할 뿐 조림에는 관심을 보이지 않는 상황에서 현신규는 재질이 좋고 빨리 자라는 나무를 개발하여 널리 보급하는 것이 자신에게 주어진 사명이라고 생각했던 것이다.

현신규의 사명의식은 임목육종 연구 과정에서도 잘 나타난다. 미국에서 임목육종학의 최신 성과와 그것의 기초가 되는 유전학까지 공부했던 임목육종학자 현신규가 귀국한 후 주로 연구했던 주제는 임목육종의 이론적인 내용이 아니었다. 그는 형질이 우수한 나무를 개발하는 연구, 다시 말해 임목육종학의 다양한 방법과 기술을 실제 임목육종에 적용하는 이른바 실용연구에 매진하였다. 그의 이러한 태도는 나무와 처음 인연을 맺을 때부터 일관되게 유지되었다. 이미 수원고농 시절부터 조림학을 임학의 기본 분야라고 생각했고, 대학에서도 조림학을 선택하여 실제 나무와 숲을 잘 가꿀 수 있는 방법을 배우고자 했다. 이런 점에서 그가 평생에 걸쳐 수행했던 임목육종 연구의 성격은 새로운 품종을 개발하기 위한 이론적이고 기초적인 연구가 아니라, 우리나라 토양에 잘 맞는 '쓸모 있는 더 좋은 나무'를 찾아내고 개발하기 위한 실천적이고 실용성이 강한 연구라고 규정할 수 있다.

현신규가 임목육종 연구를 시작해 활발하게 진행했던 1950년대 이후 1970년대까지의 우리나라 현실을 고려해보면, 실용연구를 선택했기 때문에 현신규는 오히려 성공적인 결과를 얻게 되었다고 할 수 있

다. 당시 한국의 기초과학 수준은 아주 보잘것없었으며, 정부와 대학
모두 기초연구를 지원할 만한 여력이 없었다. 그러나 임목육종 연구
를 통해 좋은 품종의 나무를 널리 심는 일이 경제적으로도 상당한 가
치를 지닌다는 현신규의 논리는 정부관료와 국회의원에게 매력적으
로 비쳤고, 따라서 정부의 적극적인 지원을 끌어낼 수 있었다. 이처럼
현신규는 '주어진 위치에서 최선을 다한다' 는 좌우명대로, 자신이 처
한 20세기 중반 한국의 현실에 대한 정확한 인식 위에서 최선의 방법
을 찾아내고 그것을 적극적으로 실천했던 임목육종학자였다.

육종의 노래

1절 칠보산(七寶山) 넘어드는 정기의 바람에 붉은 흙 무르익는 내음새 풍기며
　　　푸른 솔밭 넘어드는 조화의 바람에 가지각색 나무꽃이 향기를 풍긴다.

(후렴) 정열과 의지의 연장을 들메고 동지여 오늘도 일하러 갑시다.
　　　　육종! 육종! 임목의 육종은 하늘이 우리[에]게 준 사명이라네.

2절 하늘서 뻗어오는 햇볕을 맞받아 눈부신 온실 속엔 미류꽃 만발코
　　　밤하늘 꿰밝히는 형광등 불 밑엔 고요히 묘목들의 생명이 자란다

3절 아지랑이 끼어드는 검푸른 솔밭엔 교배대(交配袋) 씌워묶는 소리도 요란코
　　　가을볕에 말라트는 솔방울 틈에선 창성의 새 씨앗이 둥기어 나온다.

4절 창공에 솟아오른 수형목(秀型木) 위에선 접(接)가지 따는 소리 찬 공기 흔들며
　　　채종림(採種林)에 이루어진 조화를 찾아서 씨 따는 처녀들의 모습도 예쁘다

5절 적막한 깊은 밤 무균실(無菌室) 등 밑엔 배아 따는 해부칼 분주히 움직이며
　　　하얗게 단장한 비음실(庇蔭室) 그늘엔 조화의 배수체(倍數體)가 가득히 차 있네

6절 생명의 그윽한 비밀을 밝히고 조화의 기묘한 방법을 배워서
　　　내일의 산림을 우리의 힘으로 보다 더 더 낫게 만들어봅시다

7절 말하라 거친 산 가꿀 자 누군가 희망의 불꽃을 가슴에 안고서
　　　사명에 살려는 육종의 용사들 높고도 귀하다 우리의 사명!

주

:: 세종이 총애한 최고의 테크노크라트 ＿ 이천

1) 全相運,『韓國科學技術史』, 正音社, 1976 ; 千惠鳳,「이천과 世宗代의 鑄字印刷」,
  『東方學志』제46·47·48합집, 1985 ; 全相運,「朝鮮前期의 科學과 技術:15세기 科
  學技術史研究 再論」『국사관논총』22, 1991 ; 채연석,「세종 시대의 화약 제조와 화기
  의 발달」『세종문화사대계』3, 2001.

2) 한국과학기술재단 편,『이천기념학술세미나논문집』, 1993 .

3) 李固善 編,『心堂全書』권14「觀慕錄」, 冠文社, 1981.

4) 이하 이천의 출생과 이력은 다음의 자료를 참조하였다. 趙秉輯 撰,「翼襄公-諱蕆-實
  記碑銘」『栢谷實記』(국립중앙도서관 소장본), 1792 ; 李固善 編, 같은 책 ; 한국족보
  학연구소 편,『예안이씨 上代史 연구』, 화동21출판사, 2001.

5) 고려 말 우왕 대의 정치 상황과 염흥방 등의 활동에 대해서는 다음의 논문들이 큰 참고
  가 된다.
  高惠玲,「李仁任 政權에 대한 一考察」『歷史學報』제91집, 1982 ; 盧明鎬,「高麗後
  期의 族黨勢力」『이재룡박사환력기념한국사학논총』(이재룡박사환력기념한국사학논총
  간행위원회), 1990 ; 강지언,「고려 禑王代(1374年-88年) 政治勢力의 研究」(이화여
  대 대학원 사학과 박사학위논문), 1996.

6)『고려사』권111, 열전 24 廉悌臣 등 참조. 廉悌臣(1304~1382)의 아명은 佛奴. 자는
  愷叔이다. 어려서 아버지를 여의고 고모부인 원나라 평장사 末吉의 집에서 자라다가,
  원나라 泰定皇帝의 눈에 들어 궁중 숙위직에 임명되었다. 수년간 황제를 시종하여 尙
  衣使가 되었다가 어머니의 봉양을 위해 고려로 귀국 征東省郎中이 되었다. 충목왕 때
  都僉議評理를 거쳐 1349년(충정왕1년) 贊成事로 승진했다. 1354년(공민왕 3년) 좌정

승이 되었다. 이때 원나라에서 내란이 일어나자 曲城府院君에 봉해진 뒤 柳濯 등과 함께 2,000명의 군사를 이끌고 전쟁에 나갔다 돌아왔다. 1361년 우정승이 되었으나 홍건적의 난 때 어머니를 버리고 피난갔다는 이유로 파면되었다. 다음해에 都僉議司事로 임명되었으며 1371년 오로산성〔兀剌山城〕을 정벌하였으며 1374년에 우왕이 즉위한 뒤 領門下府事가 되었으며, (愼妃)(공민왕의 비)가 그의 딸이다. 시호는 忠敬이다.

7) 『고려사』 권126, 열전 39 (간신) '廉興邦'.

8) 『태종실록』 권2, 태종1년 10월 27일(임오); 復興君 趙胖의 졸기 참조. 조반은 豊海道 白州 출신으로 贈參贊 趙世卿의 아들이다. 12세에 아버지를 따라 燕都에 들어가 한문과 몽고말을 배우고 中書省의 통역관으로 활동했다. 老父를 모시고 환국하였다가 敬孝王의 諡號와 承襲을 청하기 위해 중국에 다녀온 공로로 密直副使에 보임되었다. 당시 林堅味, 廉興邦 등이 오래 政柄을 잡고 탐하는 바가 끝이 없어, 白州 사람의 밭 數百頃을 빼앗아, 그의 종 李光을 庄主로 삼고, 또 여러 사람의 밭을 빼앗아 1년에 收租하기를 두세 번에 이르니 백성들이 괴롭게 여겼다. 조반이 이를 분히 여겨 侍中 崔瑩 등과 함께 林·廉의 당여를 제거하는 계획을 의논하였다. 조선 건국후 狀文을 받들고 중국에 왕조 개창을 알린 후 돌아오니 태조가 융숭하게 맞았다. 후일 知中樞院事, 判中樞院事에 승진하였고 參贊門下府事에 이르렀다가 61세로 사망하였다. 그는 젊어서부터 禪法에 마음을 두어, 施主를 좋아하였다고 한다.

9) 『고려사』 권126, 열전 39 (간신) '林堅味'.

10) 『고려사』 권126, 열전 39 (간신) '林堅味'.

11) 『고려사』 권126, 열전 39 (간신) '林堅味'.

12) 이야기는 16세기 문인 홍성민의 문집에도 전한다. 그의 선조 洪徵 역시 염흥방의 매부였다.(『拙翁集』 卷10 「慕遠錄」 '七代祖唐城君事蹟敍'; 按東國史 高麗禑朝洪武戊辰正月 誅廉興邦 以貪縱也 我祖諱徵 配興邦妹 目以族黨而坐之 聖民每爲我祖傷 歲丁亥冬 與善谷李雍語及之 雍愀然變色曰 嘻吾祖先亦玆禍之嘗矣 雍之六代祖曰悚 官左尹 以興邦妹配之 及其敗也 坐焉 當時稍涉興邦族 不問老弱盡殲之 悚之子年幼 將被捕 有一山僧哀之 穴于巖而僅得免云)

13) 『세종실록』 권83, 세종20년 12월25일(을해)조.

14)『세종실록』권125, 세종31년 7월26일(갑진)조.

15)『목은집』「高麗國　忠誠守義同德論道輔理功臣壁上三韓三重大匡　曲成府院君　贈　謚忠敬公廉公神道碑　幷序」참조.

16)『태조실록』권8, 태조4년 12월 11일(경자)조.

17)『태종실록』권1, 태종 1년 2월 9일(무술)조.

18) 이천은 경상도 예안에서 출생한 듯하지만 아버지 이송이 개성에서 근무하였고 이천 역시 오랫동안 관직생활을 서울에서 했으며 사후 그의 묘가 경기도 양주에 있는 것으로 알려져 있는 데다가 그의 아들 이효로의 무덤 역시 경기도 고양군 고령산에 위치하고, 손자 이중석의 묘도 경기도 양주에 있는 것으로 보아 적어도 이천 이후 손자 대에 이르기까지 예안 이씨들의 거주지는 경기도 일대에 국한되었을 것으로 보인다〔『禮安李氏世譜』권1 (예안이씨대종회 소장본)〕. 이천의 증손자인 이수돈 이후 충청도 보은으로 落南한 것으로 여겨진다(『司馬榜目』을 통해 시험 당시 이수돈이 보은에 거주하였음을 확인할 수 있다).

19) 이유장,「禮安李氏族譜舊序」『禮安李氏世譜』권1 (예안이씨대종회 소장본).

20)『세종실록』권3, 세종1년 3월 21(을축)조.

21)『세종실록』권4, 세종1년 6월 25일(무술)조.

22)『세종실록』권11, 세종3년 3월 24일(병술)조.

23)『세종실록』권16, 세종4년 6월 20일(을사)조.

24)『세종실록』권17, 세종4년 9월 6일(경신)조. 조선 후기의 재궁을 능위로 이동시키는 윤로와는 어떤 차이가 있는지 궁금하다.

25)『세종실록』권18, 세종4년 10월 29일(계축)조.

26)『세종실록』권25, 세종6년 8월 25일(정묘)조.

27)『세종실록』권25, 세종6년 9월 25일(정유)조.

28)『세종실록』권27, 세종7년 3월 8일(무인)『세종실록』권116, 세종29년 5월 1일(신묘)조.

29)『세종실록』권30, 세종7년 10월 25일(경인)조.

30)『세종실록』권46, 세종11년 12월 23일(을미)조.

31) 『세종실록』 권50, 세종12년 10월 15일(임오)조.

32) 『세종실록』 권51, 세종13년 1월 2일(정묘)조.

33) 『세종실록』 권52, 세종13년 5월 14일(정축)조.

34) 『세종실록』 권52, 세종13년 5월 17일(경진)조.

35) 『세종실록』 권61, 세종15년 8월 17일(정유)조.

36) 『세종실록』 권61, 세종15년 윤8월 26일(병자)조.

37) 『세종실록』 권65, 세종16년 7월 2일(정축)조.

38) 『세종실록』 권78, 세종19년 7월 27(을묘)조.

39) 『세종실록』 권106, 세종26년 11월 1일(병자)조.

40) 『세종실록』 권107, 세종27년 3월 2일(을해)조.

41) 『세종실록』 권116, 세종29년 5월 1일(신묘)조.

42) 『세종실록』 권125, 세종31년 7월 26일(갑진)조.

43) 『문종실록』 권2, 즉위년 7월 6일(무신) 이천은 무예로 일어나 성품이 매우 정밀 교묘하
여, 오래 상의원 제조를 지냈는데, 뇌물을 많이 받으므로 세종께서 듣고 드디어 제조를
갈았으나 무릇 교묘한 일에 관계되는 것은 이천에게 명하여 감독 주장하게 하였다. 이로
말미암아 대우가 높았으며, 세종과 소헌왕후의 산릉(山陵)을 쓸 때에 모두 제조가 되었
고, 이때에 이르러 승진하여 1품에 제수되었다.

44) 『세종실록』 권16, 세종4년 5월 10일(병인)조. 이외에도 다수 책임자로서 산릉역을 담
당하였다.

45) 『세종실록』 권116, 세종29년 5월 1일(신묘)조.

46) 『세종실록』 권106, 세종26년 11월 1일(병자)조.

47) 『세종실록』 권65, 세종16년 7월 2일(정축), 세종대 활자 개발에 관해서는 천혜봉의 앞
의 논문이 가장 자세하다.

48) 『세종실록』 권61, 세종15년 8월 11일(신묘)조. 세종대 천문의기 제작에 관해서는 전상
운의 앞의 논문이 자세하다.

49) 『세종실록』 권 54, 세종13년 10월 13일(갑진)조.

50) 『문종실록』 권6, 문종1년 2월 25일(갑오) 조.

51) 『문종실록』 권8, 문종1년 6월 14(신사)조. 창검의 표준화 안을 제창함.

52) 『세종실록』 권52, 세종13년 5월17일(경진)조.

53) 『문종실록』 권2, 문종 즉위년 7월 22일(갑자)조.

54) 『세종실록』 권78, 세종19년 7월 27일(을묘) 조.

55) 『세종실록』 권107, 세종27년 3월 30일(계묘)조. 당시 화포 제작을 담당한 崔海山과 아들 崔功孫이 별다른 발전이 없자 세종은 늙은 제조들이 근력이 쇠잔하고 부지런히 일을 처리하지 않음을 비판하고, 정3품이나 종3품 중에서 나이 40세 미만인 자로 한 사람을 구해서 당상관을 삼아 軍器監提調로 임명하고 외직으로 내보내지 말고, 그 사람으로 하여금 한 자리에서 종신하도록 했다. 大護軍 朴薑이 천거되었다.

56) 『세종실록』 권42, 세종10년 10월 20일(무술)조.

57) 『세종실록』 권52, 세종13년 5월 14일(정축)조.

58) 『세종실록』 권77, 세종19년 4월 15일(갑술)조.

59) 『성호사설』 제19권 「經史門」 '征對馬島'.

60) 『西征錄』 「奎4371」(서울대 규장각 소장)은 이천의 야인 격퇴 기록을 포함하여 조선초기 북방개척사의 일면을 알 수 있는 귀중한 자료이다. 이천의 증손녀는 덕산 이씨 문중의 李亨門에게 출가하였으며, 이형문의 아들이자 이천의 외현손인 李純이 함경도의 都事奉 訓郎으로 재직하던 중 외증조부인 이천의 야인 정벌 기록 家藏本을 함경도 觀察使 尹金孫에게 청탁하여 1516년(중종11년) 간행한 것이다.

61) 국방부전사편찬위원회, 『(國譯)西征錄』(1989)의 해설 참조.
이만주는 이때도 체포되지 않고 도주하였다가 후일 세조 년간에 다시 한번 조선을 침공하였는데 이때 남이 장군 등이 이끄는 토벌군에 의해 참살되었다.

62) 같은 책 319~320쪽 참조.

63) 『세종실록』 권125 세종31년 7월 26일(갑진)조.

64) 『세종실록』 권95 세종24년 2월 8일(기해)조.

1) 『세종실록』, 세종15년(1433) 9월 16일(을미)조.

2) 김담은 1435년에 과거에 급제하여 처음으로 집현전 정자로 뽑혀 관료 생활을 시작했다. 이에 대한 구체적인 자료는 『세조실록』 10년 7월 10일조를 참조할 것.

3) 이 '나중에'가 언제인지 중요하다. 이러한 논의가 있었던 그해(1423년)일 수도, 아니면 몇 년이 지난 후일 수도 있을 것이다.

4) 장영실의 이름이 '蔣永實'로 잘못 적혀 있다. 하지만 이 정도는 큰 오류가 아니라고 할 수 있다. 1909년 장지연의 유명한 『만국사물기원역사』에는 자격루 창제를 다룬 서술에서 '장영(蔣永)'이 제작했다고 잘못 적혀 있다.

5) 『연려실기술』 별집 권15, 『천문전고』 첨성조.

6) 보루각루는 자격루를 흠경각루는 옥루를 말하므로, 보루각과 흠경각을 완성했다는 것은 자격루와 옥루를 완성했음을 의미한다.

7) 첨지를 제수했다는 기록도 『실록』과 많이 다르다. 실록은 이 시기에 정5품의 상의원 별좌를 얻었다고 되어 있으며, 정4품직을 얻은 것은 자격루 제작의 상으로 세종 15년(1433년) 호군직을 얻은 것이었다. 품계와 관직을 얻은 사실에 대해서만은 적어도 『실록』 기록이 믿을 만하다고 본다면, 첨지라는 벼슬을 얻었다는 것은 그것이 호군과 같이 정4품직이기 때문에 이긍익이 잘못 알고 있는 게 아닌가 생각된다.

8) 『세종실록』 권55, 세종 14년 1월 4일(갑자)조.

9) 『세종실록』 권78, 세종 19년 7월 6일(갑오)조.

10) 『세종실록』 권82, 세종 20년(1438) 9월 15(병신)조.

11) 장영실이 금속활자 주조사업에 참여한 사실은 『세종실록』 권65, 16년(1434) 7월 2일(정축)조를 참조할 것.

12) 『세종실록』 권95, 24년(1442) 3월 16일(정축)조.

13) 『세종실록』 권95, 24년 4월 27일(정사)조.

14) 임금이 임시로 거처하는 건물을 행궁이라 부른다.

15) 『세종실록』 권95, 24년 4월 25일(을묘)조.

16) 또한 장영실의 나이가 60줄에 달해 은퇴했을 가능성도 크다.

17) 예컨대 영웅사관이 그러한 예일 텐데, 한 개인을 영웅화·신비화할수록 그가 활동했던 사회와 역사는 상대적으로 왜소해 보이고, 더 나아가 부정적으로 보이기도 한다.

18) 이상과 같은 세종 2년 이후 7년 사이의 역사적 사실에 대해서는 『연려실기술』 별집 권15, 『천문전고』 첨성조를 참조할 것.

19) 『세종실록』 권21, 3년 7월 임술조.

20) 『국조역상고』 권3, 『의상』 1쪽.

21) 『(국역)증보문헌비고』 『상위고』 제2권 의상1, 134쪽.

22) 『국조역상고』 권3, 『의상』 1~2쪽.

23) 『세종실록』 권61, 15년 9월 16일(을미)조 참조.

24) 『세종실록』 권65, 16년 7월 1일(병자)조.

25) 『세종실록』 권77, 19년 4월 15일(갑술)조.

26) 행루는 파수호 하나와 수수호 하나로 이루어진 아주 간단한 물시계이다.

27) 김돈의 『흠경각기』 전문은 『세종실록』 권80, 세종 20년 1월 7일(임진)조를 참조할 것.

28) 김돈의 『흠경각기』를 보면 장영실이 대호군으로 되어 있다. 언제 대호군으로 승진했는지는 적혀 있지 않지만 아마도 자격루의 제작으로 호군이라는 파격적인 특진을 했던 장영실이 옥루의 제작으로 다시 대호군으로 특진된 게 아닌가 생각된다.

29) Joseph Needham, *The Hall of Heavenly Records*, 1986, p.91에 정남일구의 복원도가 나와 있다.

30) 『세종실록』 권80, 20년(1438) 1월 7일(임진)조 참조.

31) 『세종실록』 권93, 23년 8월 18일(임오)조.

32) 측우기의 구조와 측정 제도에 대한 『실록』의 자세한 기록은 『세종실록』 권95, 24년 5월 8일(정묘)조에 나와 있다.

33) 『세종실록』 권92, 23년 4월 29일(을미)조.

:: 무한우주를 바라본 경계인 __홍대용

1) 강재언, 정창열 옮김, 『한국의 개화사상』, 비봉출판사, 1981, 148쪽.

2) 음양, 오행, 주역의 괘를 통해 세계 만물의 변화를 이해하고 나아가 예측하는 학문으로, 중국 한나라 때에 체계적으로 등장했으며, 송나라의 소옹 등에 의해 더욱 정교하게 발전했다. 우리나라의 경우 조선 중기 서경덕에 의해 시작되어, 조선 후기에 이르러 김석문, 서명응 등의 대가가 나타났다.

:: 사막에서 홀로 몸부림친 천문학자 __이원철

1) 전 서울 YMCA 총무 전택부의 증언.

2) 개교한 지 2년 후 농과에 학생 몇 명이 입학하였으나 도중에 포기하고 1921년에 첫 졸업생 세 명이 배출되었다. 그러나 이것이 처음이자 마지막이었다.

3) 베커와 루퍼스는 연회전문학교가 설립된 1915년까지 평양의 숭실전문학교에서 과학을 가르치고 있었다. 이 두 사람에 대해서는 나일성의 「Albion에서 온 두 科學者—베커와 루퍼스의 敎育과 思想—」(東方學志, 46~48 합집, 206~218쪽, 1985, 『서양 과학의 도입과 연회전문학교』, 연세대학교 출판부, 2004, 206~218쪽 참조.

4) 나일성, 『서양 과학의 도입과 연회전문학교』, 2004, 277~315쪽.

5) 이원철이 1938년 수양동우회와 흥업구락부 사건으로 경찰에 체포되고 교직에서 물러났을 때, 집안 경제는 부인이 책임져야 했다. 그에게는 자녀가 없다. 그런 연유로 그와 김화순 여사는 재산 전부를 그가 열심히 봉사한 서울 YMCA에 기증했다. 현재 서울 YMCA 강남지회 회관에는 그를 기리는 우남홀이 있다. 한편 이때 결혼식 주례를 맡았던 빌링스 박사는 연회전문에서 신학을 강의하던 선교사였다.

6) 고 유경로 선생이 사석에서 한 이야기이다.

7) 루퍼스의 누이동생은 에델 폰 웨거너(Ethel von Wagoner)이며, 원한경(연회전문 제3대 교장, H. H. 언더우드)의 부인이다. 에델 여사는 1948년 연회동 교장 자택에서 있었

던 귀부인들의 정기 모임에 UN총회에 한국대표로 갔다가 막 돌아온 모윤숙 여사를 모시는 프로를 진행하고 있었다. 이 정보를 입수한 공산당 학생들(?)이 모윤숙을 죽이기 위해 왔다가 찾지 못한 분풀이로 에델 여사에게 총을 난사했다. 에델 여사도 알비언 대학 출신이다. 이 알비언 대학이 출판한 학교 홍보 책자의 표지에 에델 여사의 사진이 있으며, 최초의 순교자라고 소개하고 있다.

8) 나일성이 수집한 광복 후의 역서는 1947년도부터이지만, 1951년도 역서도 찾아내지 못했다. 이는 6 · 25동란이 일어난 1950년 하반에 역계산을 하여 연말에 발행하여야 했으므로 전쟁의 와중에 발행되지 못한 것으로 보인다. 이 일에 대해서는 다시 본문에 언급할 것이다.

9) 나일성, 『서양 과학의 도입과 연희전문학교』, 연세대학교 출판부, 239~141쪽.

10) 나일성, 『한국천문학사』, 2000, 52쪽.

11) 이낙복은 인민군이 북으로 후퇴할 때 가족을 남겨둔 채 평양으로 가서 김일성대학의 교수를 지내다가 평양천문대장을 역임하였다. 그는 대장직에서 물러나 향리인 함경북도 명천에서 살고 있다는 이야기가 전해오나 현재 생존 여부는 분명치 않다. 그의 자녀는 서울에 거주하고 있다.

12) 한국은 1976년에 국제천문연맹(IAU)에 가입하였다.

13) 1953년 부산에서 서울로 돌아온 후, 그는 다시 책을 모으기 시작했다. 그가 모은 책은 주로 천문학을 비롯한 과학책이었고, 영어와 일어로 쓰여진 책들이었다. 이 책들은 그의 부인이 건국대학교에 기증하여 한동안 '이원철문고'로 수장되어 있었는데, 나일성이 1980년대에 조사할 때 대략 200권이었다. 부인 김화순 여사는 석학이라는 분의 장서가 고작 이 정도라는 사실을 보면 많은 사람들이 의아해할 거라는 조카 이정근 교수의 권유로 연세대학교가 아닌 건국대학교에 기증하였다고 한다. 그러나 1953년에서 1963년 사이에 모은 책으로는 대단한 양이라고 생각된다. 1년 평균 20여 권이 되기 때문이다. 세계 최빈국에 속했던 시대에 살면서 그 비싼 책을 이렇게 모을 수 있었다는 것은 보통 학자들에게는 어려운 일이었다. 최근에 건국대학교 도서관을 다시 찾아가보니, '이원철문고'는 해체되어 그의 책들은 다시 분류되어 여기저기 흩어져 있어서 찾을 수 없었다.

참고문헌

:: 15세기 과학사의 중심 ─ 세종 임금

홍이섭, 『세종대왕』, 세종대왕기념사업회, 1971, 2004(수정판).

이한우, 『세종, 그가 바로 조선이다』, 동방미디어, 2003.

세종대왕기념사업회 엮음, 『세종문화사대계』, 전5권.

전상운, 『한국 과학사』, 사이언스북스, 2000.

:: 무한우주를 바라본 경계인 ─ 홍대용

『국역담헌서』 전5책, 민족문화추진회, 1974.

김태준, 『홍대용』, 한길사, 1998.

박성래, 「한국 근세의 서구과학 수용」, 『동방학지』 20, 1978.

박성래, 「洪大容의 科學思想」, 『한국학보』 23, 1981.

小川晴久, 「地轉(動)說에서 宇宙無限論으로」, 『東方學志』 21, 1979.

韓永浩, 「서양 기하학의 조선 전래와 홍대용의 『주해수용』」, 『역사학보』 170, 2001.

:: 조선 지리학을 완성한 위항인 ─ 김정호

『承政院日記』

「古山子를 懷함(上)-드러나가는 大潛龍」, 동아일보 1925년 10월 8일, 9일.

鄭寅普, 「朝鮮古書解題 大東輿地圖」, 동아일보 1931년 3월 9일 · 16일.

六堂學人, 「七十年前에 單身實査, 獨力創製한 古山子의 大東輿地圖」, 『별건곤』, 1928
　　년 5월.

文一平, 「金正浩」『朝鮮名人傳本』, 1941.

金泳鎬, 「實學과 開化思想의 聯關問題」, 『韓國史研究』 8, 한국사연구회, 1972.

김명호 · 남문현 · 김지인, 「南秉哲과 朴珪壽의 天文儀器 製作」『조선시대사학보』 12, 조
　　선시대사학회, 2000.

김종수, 「17세기 훈련도감 군제와 도감군의 활동」, 『조선 후기 서울의 사회와 생활』, 서울
　　학연구소, 1998.

배우성, 『조선후기 국토관과 천하관의 변화』, 일지사, 1998.

배우성, 「김정호의 삶과 지리지 · 지도 편찬」, 이달의 과학기술인물세미나 11, 한국 과학사
　　학회, 2004.

白賢淑, 「崔瑆煥의 人物과 著作物」, 『歷史學報』 103, 역사학회, 1984.

辛承云, 「유교사회의 출판문화」, 『대동문화연구』 39, 성균관대 대동문화연구원, 2001.

양보경, 「고산자 김정호의 지리지 편찬과 그 의의」, 『고산자 김정호 기념사업 연구보고서』,
　　국립지리원, 2001.

楊普景, 「古山子 地志의 現代的 評價」, 『대한지리학회 학술회의』, 대한지리학회, 1991.

楊普景, 「대동여지도를 만들기까지」, 『한국사시민강좌』, 16, 일조각, 1995.

오상학, 「고산자 김정호의 지도제작과 그 의의」, 『고산자 김정호 기념사업 연구보고서』, 국
　　립지리원, 2001.

元慶烈, 『大東輿地圖의 研究』 成地文化社, 1991.

李圭景, 『五州衍文長箋散稿』, 士小節分編刻本辨證說.

李起鳳, 「東輿圖 해설」, 『東輿圖』, 서울대 규장각, 2003.

李德懋, 『靑莊館全書』, 士小節 序.

李相泰, 「古山子 金正浩의 生涯와 身分 研究」, 『國事館論叢』, 8, 국사편찬위원회,
　　1989.

李相泰, 金正浩의 三大地志 研究, 『손보기교수정년논총』, 1988.

全炳澤, 「신분제의 이완과 신분의 변동」, 『한국사』 34, 국사편찬위원회, 1995.

鄭玉子, 「朝鮮後期 文風과 委巷文學」, 『韓國史論』 4, 서울대 국사학과, 1978.

鄭玉子, 「朝鮮後期 漢文學 思潮史 硏究」 『韓國史學』 5, 1983.

鄭玉子, 『朝鮮後期知性史』 一志社, 1991.

朝鮮總督府, 『朝鮮語讀本』 제5권, 1934.

千惠鳳, 「인쇄기술」, 『한국사』, 27, 국사편찬위원회, 1996.

:: 사막에서 홀로 몸부림친 천문학자 __이원철

「Changes in the Velocity of ρ Leonis」, Popular Astronomy, vol. 33 no. 5, 1925.

「Motions in the Atmosphere of η Aquilae」, Publications of the Observatory of the University of Michigan, vol. 4 no. 8, 1932.

「Marking Time in Korea」, Popular Astronomy, 44, 252~257, 1936.

「Astronomy」, Korean National Committee for UNESCO, UNESCO Korean Survey(UNESCO; Seoul), 1960.

「Meteorology」, Korean National Committee for UNESCO, UNESCO Korean Survey(UNESCO; Seoul), 1960.

「지구의 연령에 관하여」, 『과학』 제1권, 1929.

「우리의 標準時間 그 天文學的 解明」, 『신천지』 제9권 제5호, 1954.

「(趣味科學) 觀象臺의 明暗 맞지 않는다는 豫報의 辯明을 兼하여」, 『신태양』 제5권 제5호, 1956.

「萬古의 疑問: 生命의 起源」, 『신동아』 제1권 제1호, 1931.

「7月의 天象 少年天文學」, 『少年』 제4권 제7호, 1940.

「두 가지 願望」, 『연희동문회보』 제3호, 1953.

「氣象學上으로 본 韓國」, 『學術界』 제1권 제1호, 1958.

「創刊辭」, 『仁荷』 창간호, 1956.

「추천사」, 이은성, 『天文學槪論』, 1962.

:: 한국 화학계의 큰 별 _ 이태규

Collected Works of Taikyue Ree-In Commemoration of His Sixtieth Anniversary, Seoul:
Korean Chemical Society, 1962.

Collected Works of Taikyue Ree, Volume II (1962~1972) - In Commemoration of His
Seventieth Birthday, Seoul: Korean Chemical Society, 1972.

Collected Works of Taikyue Ree, Volume III (1972~1982) - In Commemoration of His
Eightieth Anniversary, Seoul: Korea Research Center for Theoretical Physics and
Chemistry, 1983.

이태규, 「나의 기억에 남는 논문」, 『어느 과학자의 이야기』, 163~167쪽.

――, 「회갑을 맞이하여」, 같은 책, 169~173쪽.

――, 「후진 학자들에게」, 같은 책, 175~181쪽.

――, 「科學의 振興과 國家의 將來」, 『化學과 工業의 進步』第5卷 第3號, 1965,
191~195쪽.

최상엽, 「은사의 미수(米壽)를 맞으며」, 『어느 과학자의 이야기』, 193~198쪽.

한상준, 「은사 이태규 선생님의 미수(米壽)를 축하드리며」, 같은 책, 199~205쪽.

이용태, 「은사 이태규 선생님에 대해서」, 같은 책, 207~214쪽.

장세헌, 「잊을 수 없는 스승 …… 그 강의」, 같은 책, 215~220쪽.

김각중, 「이태규 선생님과 나」, 같은 책, 221~226쪽.

김창홍, 「한국과학기술원에서의 이태규 선생님」, 같은 책, 227~230쪽.

張世憲, 「李泰圭 會員 (1902. 1. 26 - 1992. 10. 26)」, 『앞서 가신 회원의 발자취』, 대한민
국 학술원, 2004, 418~421쪽.

金東一, 追悼辭, 『과학과 기술』, 1992, 46~47쪽.

安東赫, 「과학 황무지 밝힌 희망의 등불 - 이태규 박사의 서거를 애도함」 동아일보, 1992

년 10월 30일.

安東赫,「李泰圭박사를 추념함」,『과학과 기술』, 1992. 47∼49쪽.

李龍兌,「곧고 맑은 외길 人生의 교훈」, 경향신문, 1992년 11월 26일.

정근모,「제3세대 과학기술자 양성하자」, 서울신문, 1992년 10월 30일.

尹漢殖,「李泰圭선생님」, 조선일보, 1993년 6월 8일.

黃錫鉉,「基礎科學 투자 늘려야 합니다. 元老 과학자 李泰圭 박사」, 서울신문, 1982년 4
월 11일.

金禧鎭,「硏究기관 부족 卓越한 資質 못 살려」, 李泰圭박사, 한국경제신문, 1985년 9월
22일.

李耕一,「과학에도 急行 풍조⋯ 기초가 없어요, 세계적 化學者 李泰圭박사」, 국민일보,
1989년 4월 25일.

姜容子,「기초과학에 投資하면 노벨賞 나온다」, 科學界 원로 李泰圭박사, 주간조선,
1989년 6월 11일, 57쪽.

崔得龍,「과학자는 外道 없이 학문에만 몰두해야, 米壽 맞은 李泰圭씨」, 세계일보, 1990
년 11월22일.

李龍水,「자기 맡은 일 다 하는 지 自省할 때, 李泰圭옹」, 동아일보 1991년 9월 29일.

辛然淑,「쓰러지기 전까지 강의하겠소, 90壽 맞은 KAIST 명예교수 李泰圭씨」, 서울신문,
1992년 1월 31일.

朴容彩,「化學에 일생 건 理學博士 1호, 科技院 석좌교수 李泰圭박사」, 경향신문, 1992년 4월
19일.

金根培,「日帝時期 朝鮮人 과학기술인력의 성장」, (서울대학교 대학원 이학박사 학위논
문), 1996.

김근배,「식민지 시기 과학기술자의 성장과 제약 — 인도⋅중국⋅일본과 비교해서」,『한국
근현대사연구』, 제8집, 160∼194쪽.

김근배,「남북의 두 화학자 이태규와 리승기 — 세계성과 지역성의 공존」(미발표 논문).

Kim Dong-Won & Kim Geun Bae,「Two Chemists in Two Koreas」, XXIth International
Congress of History of Science, Mexico City, July 2001.

Letter from Kim Dong-Won, 6 July 2004.

金昇元,「基礎 너무 輕視하는 科學政策」, 李泰圭 : 頂上人은 무엇을 생각하고 있는가」
　　『月刊中央』, 1978.1, 138~145쪽.

김용덕,『어느 과학자의 이야기 : 이태규의 생애와 학문』, 동아, 1990.

『나의 걸어온 길』, 대한민국 학술원, 1983.

水渡英二,「堀場信吉の業績と經歷」,『化學史研究』, 第22號, 1983.

박성래 외,『한국 과학기술자의 형성 연구』, 한국과학재단, 1995.

박성래 · 신동원 · 오동훈,『우리 과학 100년』, 현암사, 2001.

박성래,「이태규」,『과학과 기술』, 2000.8, 32~34 ; 2004.1, 89~91.

『서울大學校 三十年史』, 1946~1976, 서울대학교 출판부, 1976.

宋相庸,『工業化와 純粹科學』, 李泰圭 卷頭對談, 서울評論 제87호, 1975.7.17쪽, 8~17
　　쪽. (송상용 편저,『과학사 중심 교양과학』, 祐成文化社, 1980, 470~488에 재수록).

宋相庸,『科學技術의 成果』,『韓國科學技術三十年史』, 韓國科學技術團體總聯合會,
　　1980, 96~119쪽.

송상용 · 고경신,「한국의 화학, 1945~1979」,『한국 과학사학회지』, 제2권 제1호, 1980,
　　85~106쪽.

송상용,「제1기(1946~1960).」『대한화학회 50년사, 1946~1996』대한화학회, 1999,
　　35~40쪽.

송상용,「이태규와 이론화학」, 한국과학재단소식, 1992, 12.

SONG Sang-yong,「Two Kyoto Chemists Divided in Two Koreas」, XXth International
　　Congress of History of Science, Liège, July 1997.

송상용,「이태규와 리승기」, 第5次 朝鮮學國際學術討論會, 大阪, 1997. 8. 10.

송상용,「이태규와 리승기박사」, 한겨레신문 2000년 8월 4일.

송상용,「이태규와 리승기」, 한국과학저술인협회보, 제5호, 2000.11.25.

李健赫,「科學教育 振興政策과 科學技術部 設置에 對하야」李泰圭博士 對談記, 現代
　　科學 5, 1948, 40~43쪽.

Thackray, Arnold et al., *Chemistry in America*, 1876~1976, Dordrecht: Reidel, 1985.

河斗鳳,『서울大學校 自然科學大學 初期 略史(1920~1953)』, 서울대학교출판부, 1999.
「원로 과학기술자의 증언 ― 이태규 박사편」 상·하,『과학과 기술』, 1970.3, 40~44;
　　1970.4, 54~57.
이태규―한국 화학계의 성장에 기여한 이론화학자, 과학기술인 명예의 전당,
　　http://hall.scienceall.com/presenter/reetaikyue/taekyue_left.html

:: 황무지에서 삼림부국의 꿈을 키운 임목육종학자 __ 현신규

현신규,「나의 이력서 1-89」, 한국일보 1981년 4월 3일 ~ 7월 23일.
현신규,「회고록 1-17: 임학의 길을 더듬어 47년!」,『산림』산림조합중앙회, 1978년 1월
　　~1979년 5월.
『현신규박사회갑기념논문집』, 현신규박사회갑기념사업추진위원회, 1972.
박성래 외,『'과학기술인 명예의 전당' 헌정대상자에 관한 인물 및 자료 조사연구』, 한국과
　　학문화재단, 2003.
선유정,「현신규의 리기테다소나무 연구」(전북대학교 과학학과 석사학위논문), 2005.
이문규,「현신규의 임목육종 연구와 제도화」,『한국과학사학회지』26-2, 2004.
『林木育種 40年』, 임목육종연구소, 1996.
『林業試驗場六十年史』, 산림청 임업시험장, 1982.
『林業研究 70年』, 임업연구원, 1993.

한국 과학기술 인물 12인

1판 1쇄	2005년 8월 11일
1판 3쇄	2007년 10월 8일

지은이	김근배 외
펴낸이	김정순
책임편집	박기효
펴낸곳	(주)북하우스
출판등록	1997년 9월 23일 제406-2003-055 호

주　　소	413-756 경기도 파주시 교하읍 문발리 파주출판도시 513-8
전자우편	henamu@hotmail.com
전화번호	031) 955-2555
팩　　스	031) 955-3555

ISBN 89-89799-46-5 03900